全国一级造价工程师继续教育培训教材

建设工程造价管理理论与实务

（2019 年版）

中国建设工程造价管理协会　编

中国计划出版社

图书在版编目（CIP）数据

建设工程造价管理理论与实务 ：2019年版 / 中国建设工程造价管理协会编. -- 北京 ：中国计划出版社，2019.8
全国一级造价工程师继续教育培训教材
ISBN 978-7-5182-1043-5

Ⅰ．①建… Ⅱ．①中… Ⅲ.①建筑造价管理－继续教育－教材 Ⅳ．①TU723.3

中国版本图书馆CIP数据核字（2019）第147045号

全国一级造价工程师继续教育培训教材
建设工程造价管理理论与实务（2019 年版）
中国建设工程造价管理协会　编

中国计划出版社出版发行
网址：www.jhpress.com
地址：北京市西城区木樨地北里甲 11 号国宏大厦 C 座 3 层
邮政编码：100038　电话：（010）63906433（发行部）
北京市科星印刷有限责任公司印刷

787mm×1092mm　1/16　16 印张　406 千字
2019 年 8 月第 1 版　2019 年 8 月第 1 次印刷
印数 1—5000 册

ISBN 978-7-5182-1043-5
定价：53.00 元

编审人员名单

编 委 会 主 任：杨丽坤

编委会副主任：王中和　李成栋

顾　　　问：徐惠琴　刘伊生　谢洪学　吴佐民

编 写 人 员：

刘　爽	中建精诚工程咨询有限公司	第一章
张　毅	上海市建设工程安全质量监督总站	第二章
张长赢	上海百通项目管理咨询有限公司	第二章
龙乃武	深圳市斯维尔科技股份有限公司	第三章
张正勤	上海东方环发律师事务所	第四章

审 查 人 员：袁华之　恽其鋆　陈　彪　刘　刚

　　　　　　郝治福　杨海欧

前　言

为提高工程造价专业人才素养，持续更新行业人才知识结构，我协会选择了当前工程项目建设及工程咨询方面的热点、难点问题，组织有关造价管理机构、高等院校、律师事务所及咨询企业等单位的专家、学者，有针对性地共同研究编写了《建设工程造价管理理论与实务（2019 年版)》，作为全国一级造价工程师继续教育培训教材。本教材主要内容有：建设工程造价鉴定理论及应用，工程项目建设程序，BIM 技术造价应用，全过程工程咨询应知的法律问题。

本教材可作为全国一级造价工程师继续教育的培训教材使用，也可作为建设工程造价管理人员、项目经理及有关人员的学习资料和参考用书，以及高等院校相关专业的教学参考。

对在本教材的编审过程中给予帮助与支持的同仁，表示衷心的感谢！

由于时间仓促，书中难免有疏漏，恳请广大读者批评、指正。

中国建设工程造价管理协会

2019 年 6 月

目　　录

第一章　建设工程造价鉴定理论及应用

　　近年来，随着固定资产投资的增多、建筑业的快速发展和人们法律意识的增强，因建设工程纠纷而引起的民事诉讼案件逐年增多，这类案件往往争议标的额巨大、专业性强、争议多、案情复杂，审理难度相对较大，正日益成为法院审判工作的重点和难点，由此引发的工程造价司法鉴定问题也越来越突出，客观、公正、科学地进行工程造价司法鉴定是建设工程纠纷案件审判质量的重要保证。

第一节　工程造价鉴定术语和工程造价鉴定原则

一、工程造价鉴定术语

1. 工程造价鉴定

　　工程造价鉴定是指鉴定机构接受人民法院或仲裁机构委托，在诉讼或仲裁案件中，鉴定人运用工程造价方面的科学技术和专业知识，对工程造价争议中涉及的专门性问题进行鉴别、判断并提供鉴定意见的活动。全国人大常委会《关于司法鉴定管理问题的决定》第一条规定："司法鉴定是指在诉讼活动中鉴定人员运用科学技术或者专门知识对诉讼涉及的专门性问题进行鉴别和判断并提供鉴定意见的活动。"

2. 鉴定项目

　　鉴定项目是指对其工程造价进行鉴定的具体工程项目。

3. 鉴定事项

　　鉴定事项是指鉴定项目工程造价争议中涉及的问题，通过当事人的举证无法达到高度盖然性证明标准，需要对其进行鉴别、判断并提供鉴定意见的争议项目。

　　2012 年 8 月 31 日修改的《中华人民共和国民事诉讼法》第七十六条规定："当事人可以就查明事实的专门性问题向人民法院申请鉴定。当事人申请鉴定的，由双方当事人协商确定具备资格的鉴定人；协商不成的，由人民法院指定。当事人未申请鉴定，人民法院对专门性问题认为需要鉴定的，应当委托具备资格的鉴定人进行鉴定。"《中华人民共和国仲裁法》第四十四条规定："仲裁庭对专门性问题认为需要鉴定的，可以交由当事人约定的鉴定部门鉴定，也可以由仲裁庭指定的鉴定部门鉴定。"本条定义鉴定委托人为人民法院和仲裁机构，包括司法鉴定和仲裁鉴定，并明确其他鉴定可以参照执行。

4. 委托人

　　委托人是指委托鉴定机构对鉴定项目进行工程造价鉴定的人民法院或仲裁机构。

5. 鉴定机构

　　鉴定机构是指接受委托从事工程造价鉴定的工程造价咨询企业。应当是取得了工程造价咨询资质的企业。鉴定机构应在其专业能力范围内接受委托，开展工程造价鉴定活动。鉴定机构应对鉴定人的鉴定活动进行管理和监督，在鉴定意见书上加盖公章。当发现鉴定人有违反法律、法规和本规范规定行为的，鉴定机构应当责成鉴定人改正。鉴定机构应履行保密义务，未经委托人同意不得向其他人或者组织提供与鉴定事项有关的信息。法律、法规另有规定的除外。

《工程造价咨询企业管理办法》（建设部第 149 号令）第二十条规定："工程造价鉴定业务范围包括：工程造价经济纠纷的鉴定和仲裁咨询。"原建设部《关于对工程造价司法鉴定有关问题的复函》（建办标函〔2005〕155 号）第一条规定："从事工程造价司法鉴定，必须取得工程造价咨询资质，并在其资质许可范围内从事工程造价咨询活动。工程造价成果文件，应当由工程造价师签字，加盖执业专用章和单位公章后有效。"造价鉴定中存在的主要不当行为有：鉴定机构以分公司出具鉴定意见书、鉴定机构不具有工程造价咨询资质。

6. 鉴定人

鉴定人是指受鉴定机构指派，负责鉴定项目工程造价鉴定的注册造价工程师。应当是注册于该鉴定机构的造价工程师。鉴定人在工程造价鉴定中，应严格遵守民事诉讼程序或仲裁规则以及职业道德、执业准则。鉴定人应在鉴定意见书上签名并加盖注册造价工程师执业专用章，对鉴定意见负责。鉴定人应履行保密义务，未经委托人同意不得向其他人或者组织提供与鉴定事项有关的信息。法律、法规另有规定的除外。

原建设部《关于对工程造价司法鉴定有关问题的复函》（建办标函〔2005〕155 号）第二条规定："从事工程造价司法鉴定的人员，必须具备注册造价工程师执业资格，并只得在其注册的机构从事工程造价司法鉴定工作，否则不具有在该机构的工程造价成果文件上签字的权利。"造价鉴定中存在的主要不当行为有：鉴定人不是注册造价工程师、鉴定人不在本鉴定机构注册、署名鉴定人与实际鉴定人不符、鉴定人专业不对口、以分公司出具鉴定报告。

7. 当事人

当事人是指鉴定项目中各方法人，自然人或其他组织。人民法院中当事人是原告和被告，仲裁机构中当事人是申请人和被申请人。

8. 当事人代表

当事人代表是指鉴定过程中，经当事人授权以当事人名义参与提交证据、现场勘验、就鉴定意见书反馈意见等鉴定活动的组织或专业人员。

9. 工程合同

工程合同是指鉴定项目当事人在合同订立及实际履行过程中形成的，经当事人约定的与工程项目有关的具有合同约束力的所有书面文件或协议。工程合同包括合同协议书、中标通知书（如有）、投标书及其附件（如有）、合同专有条款、已标价工程量清单或报价书、合同通用条款、约定采用的标准规范、图纸等技术文件以及合同履行过程中，当事人有关工程洽商、变更、签证、索赔等书面协议、会议纪要等文件。

10. 证据

证据是指当事人向委托人提交的或委托人调查搜集的，存在于各种载体上的记录，包括当事人的陈述、书证、物证、视听资料、电子数据、证人证言、鉴定意见以及勘验笔录。造价鉴定中存在的主要不当行为是鉴定机构擅自接受当事人证据材料、擅自通知当事人补充证据。

11. 举证期限

举证期限是指委托人确定当事人应当提供证据的时限。《中华人民共和国民事诉讼法》

第六十五条规定，当事人对自己提出的主张应当及时提供证据。人民法院根据当事人的主张和案件审理情况，确定当事人应当提供的证据及其期限。

12. 现场勘验

现场勘验是指在委托人组织下，当事人、鉴定人以及需要时有第三方专业勘验人参加的，在现场凭借专业工具和技能，对鉴定项目进行查勘、测量等收集证据的活动。造价鉴定中存在的主要不当行为有：不经委托人组织或授权擅自进行现场勘验、现场勘验过程中接受当事人提供交通工具或吃请。

13. 鉴定依据

鉴定依据是指鉴定项目适用的法律、法规、规章、专业标准规范、计价依据，当事人提交经过质证并经委托人认定或当事人一致认可后用作鉴定的证据。规范定义的鉴定依据可归纳为两大类，一类是适用于鉴定项目的相关法律、法规、规章和工程标准、规范、计价依据等，可称为基础依据；另一类是依据《中华人民共和国民事诉讼法》第六十三条规定的"证据必须查证属实，才能作为认定事实的根据"。鉴定项目用作认定事实根据的证据，应具有证据效力。造价鉴定中存在的主要不当行为有：鉴定机构自行确定鉴定依据和鉴定范围。

14. 计价依据

计价依据是指由国家和省、自治区、直辖市建设行政主管部门或行业建设管理部门编制发布的适用于各类工程建设项目的计价规范、工程量计算规范、工程定额、造价指数、市场价格信息等。造价鉴定中存在的主要不当行为有：鉴定机构以行业惯例、造价规定为由，否定当事人的约定。

15. 鉴定意见

鉴定意见是指鉴定人根据鉴定依据，运用科学技术和专业知识，经过鉴定程序就工程造价争议事项的专门性问题作出的鉴定结论，表现为鉴定机构对委托人出具的鉴定项目鉴定意见书及补充鉴定意见书。《中华人民共和国民事诉讼法》第七十七条规定："鉴定人应当提出书面鉴定意见，在鉴定书上签名或盖章。"本书将鉴定的成果定义为鉴定意见。

二、工程造价鉴定原则

1. 工程造价鉴定应遵循合法的原则

该原则包括鉴定主体合法、鉴定程序合法、鉴定依据合法、鉴定范围和标准合法、鉴定意见书合法。

2. 工程造价鉴定应遵循独立的原则

该原则包括鉴定机构组织独立、鉴定人员工作独立、鉴定人员意见独立、独立鉴定接受监督。

3. 工程造价鉴定应遵循客观的原则

该原则包括鉴定证据真实客观、鉴定方法科学客观、鉴定意见准确客观。

4. 工程造价鉴定应遵循公正的原则

该原则包括鉴定立场公正、鉴定行为公正、鉴定程序公正、鉴定方法公正、鉴定意见公正。

第二节　工程造价鉴定管理流程及关键节点

工程造价鉴定管理流程及关键节点包括以下内容：鉴定的委托与接受，鉴定的证据资料收集，鉴定的组织与实施，鉴定的步骤和方法，鉴定证据的采用，鉴定意见的处理，鉴定意见书的制作，鉴定人出庭作证和鉴定业务档案管理。

一、鉴定的委托与接受

鉴定委托与接受是工程造价鉴定工作的首要环节，鉴定机构接受委托人的鉴定委托，其主要表现形式是委托人向鉴定机构下发鉴定委托书。接受委托人的鉴定委托是鉴定机构开展工程造价鉴定工作的重要依据。

1. 鉴定项目的委托

（1）委托人委托鉴定机构从事工程造价鉴定业务，不受地域范围的限制。

（2）委托人向鉴定机构出具鉴定委托书，应载明委托的鉴定机构名称、委托鉴定的目的、范围、事项和鉴定要求、委托人的名称等。

（3）委托人委托的事项属于重新鉴定的，应在委托书中注明。

依据最高人民法院《关于适用〈中华人民共和国民事诉讼法〉的解释》（法释〔2015〕5 号）第一百二十一条规定："人民法院准许当事人鉴定申请的，应当组织双方当事人协商具备相应资格的鉴定人。当事人协商不成，由人民法院指定。符合依职权调查收集证据条件的，人民法院应当依职权委托鉴定，在询问当事人的意见后，指定具备相应资格的鉴定人。"本章再结合相关法律规定和部门规章，对鉴定主体资格作了规范。依据《全国人民代表大会常务委员会关于司法鉴定管理问题的决定》第九条规定："鉴定人从事司法鉴定业务，由所在的鉴定机构统一接受委托。"

根据我国目前的规定，鉴定人必须在一个鉴定机构中执业，接受鉴定项目的委托只能以鉴定机构的名义进行，鉴定人不能私自接受鉴定业务。人民法院或仲裁机构就诉讼或仲裁中工程造价纠纷认为却有必要进行工程造价鉴定时，向具备工程造价鉴定资格的鉴定机构下发工程造价鉴定委托书。鉴定机构的选择主要分随机抽取和当事人共同选择两种方式。目前，诉讼案件的工程造价鉴定一般统一由人民法院随机抽取鉴定机构并向鉴定机构下发鉴定委托书后，由鉴定机构向承办案件的法院联系具体鉴定事宜，仲裁委员会直接向在鉴定机构入库名单中选定的鉴定机构下发委托鉴定书和签订鉴定委托合同。

人民法院委托书样例如下：

司法鉴定委托书

委托人		案号	
案由		承办法官	
联系人		联系电话	
委托发出日期		机构受理日期	
鉴定机构			
委托事项及要求			
委托人是否就同一鉴定事项同时委托其他司法鉴定机构进行鉴定	□否　□是		
是否属于重新鉴定	□否　□是 原鉴定机构：		
鉴定用途	为民商事、行政审判或执行程序中人民法院查明或认定案件事实使用		
与鉴定有关的基本案情	□详见案卷材料 □表述：		
当事人姓名及联系方式			
鉴定材料目录和数量	1. 起诉书（注明原件或复印件） 2. 申请书（注明原件或复印件） 3. 笔录（注明原件或复印件） 4. 质证意见（注明原件或复印件） 5. 评估鉴定意见（注明原件或复印件） 6. 建设工程施工合同（注明原件或复印件） 7. 材料认质认价（注明原件或复印件） 8. 项目目录（注明原件或复印件） 9. 图纸会审记录（注明原件或复印件） 10. 洽商变更记录（注明原件或复印件） 11. 工程签证单（注明原件或复印件） 12. 图纸（注明原件或复印件）		

鉴定材料的 使用和退还	□所有鉴定材料无需退还。 □第_____项鉴定材料须完整、无损坏地退还委托人。 □因鉴定需要，鉴定材料可能会损坏、耗尽，导致无法完整退还。 □对保管和使用鉴定材料的特殊要求：_____	
鉴定费用 及缴费方式	是否减免 鉴定费	□否。 □是，减收_____元鉴定费。 □是，免收鉴定费。 □是，其他要求：_____
	预计收费总金额：￥：_____，大写：_____。 □按基准价浮动后收费。 □按基准价上浮（下浮）_____% 收费。 □按疑难、复杂及有重大社会影响的案件，与缴费义务人协商确定收费标准。 □由委托人直接缴费。缴费时限为：□签订本委托即时缴费； 　　　　　　　　　　　　　　　　□领取鉴定意见时缴费。 □由委托人指定缴费义务人缴费。 缴费义务人： □其他缴费方式：_____	
鉴定时限	□司法鉴定机构应当自委托书生效之日起30 个工作日内完成鉴定。 □鉴定事项涉及复杂、疑难、特殊的技术问题，或者鉴定过程需要较长时间的，经本机构负责人批准，完成鉴定的时限可以延长，延长时限一般不得超过30 个工作日。鉴定时限延长的，应当函告委托人。 □特别复杂的鉴定确需延长鉴定期限的，鉴定机构应当在上述期限届满前函告委托人，由协议双方根据具体案情协商确定完成期限。 注：在鉴定过程中补充或者重新提取鉴定材料所需的时间，不计入鉴定时限。鉴定活动需要相关人员到场见证，而见证人员未到场导致相关鉴定活动无法开展的，延误时间不计入鉴定时限	
回避事项	委托方是否要求鉴定人回避： □不要求回避。 □要求回避。要求回避的鉴定人：_____。 回避事由：□司法鉴定人本人或者其近亲属与诉讼当事人、鉴定事项涉及的案件有利 　　　　　　　害关系，可能影响其独立、客观、公正进行鉴定。 　　　　　　□司法鉴定人曾经参加过同一鉴定事项鉴定，或者曾经作为专家提供过咨 　　　　　　　询意见，或者曾被聘请为有专门知识的人参与过同一鉴定事项法庭质证	

续表

鉴定风险提示	1. 司法鉴定人依法独立、客观、公正地进行鉴定，并对自己作出的鉴定意见负责。委托人不得要求或者暗示司法鉴定机构、司法鉴定人按其意图或者特定目的提供鉴定意见。 2. 司法鉴定活动依法独立、客观、公正地进行，鉴定意见对案件任何一方当事人（参与人）而言可能有利，也可能不利。 3. 由于鉴定材料或者客观条件限制，并非所有的鉴定活动都能得出明确的鉴定意见。 4. 鉴定意见属于专家专业性意见，其是否被采信取决于办案机关的审查和判断，鉴定人和鉴定机构无权干涉。 5. 在诉讼中，当事人对鉴定意见有异议的，可向人民法院要求司法鉴定人出庭，回答与鉴定事项有关的问题
特殊情形	□需要到现场提取鉴定材料； □需要对无民事行为能力人或限制民事行为能力人进行身体检查； □需要对被鉴定人进行法医精神病鉴定； □需要进行尸体解剖； □需要对被鉴定人身体进行法医临床检查
司法鉴定意见书 发送方式	□委托单位自取。 □邮寄地址：＿＿＿＿＿＿＿＿＿＿＿＿＿＿＿＿＿＿。 □其他方式
其他约定事项	1. 如遇当事人不缴费、当事人不配合鉴定、需补充材料或重新提取鉴定材料、鉴定活动受到干扰等情形，请及时与我院负责人联系，并函告我院。 2. 如需法官组织现场踏勘，请及时与我院负责人联系。 3. 经双方协商一致，鉴定过程中可变更委托书内容
委托补充 变更事项	
委托人 （签名、盖章） 　　　　　年　　月　　日	司法鉴定机构 （签名、盖章） 　　　　　年　　月　　日
备注：司法鉴定机构应当自收到委托之日起7个工作日内作出是否受理的决定。对于复杂、疑难或者特殊鉴定事项的委托，司法鉴定机构可以函告我院，协商确定受理的时间。司法鉴定机构决定不予受理鉴定委托的，应当函告我方并说明理由，退还鉴定材料	

说明：1. 文内为5号宋体。

　　　　2. 涉及选择项目的，确定后需将"□"打"√"。

　　　　3. 在"鉴定材料的目录和数量"一项，如果鉴定材料较多，可另附《鉴定材料清单》。

仲裁机构委托书样例如下：

鉴定委托书

××××××有限公司：

我会受理××××××号工程合同争议案，现仲裁庭决定委托贵司对申请人在本案中施工的工程造价金额予以鉴定。

一、委托鉴定范围为：

鉴于申请人与被申请人之间，因《××××××号工程合同》所引起的争议仲裁案，双方当事人对工程价款产生争议，仲裁庭决定委托贵司对本案所涉××××××号工程进行造价鉴定。

二、根据仲裁规则的规定，仲裁庭有权要求当事人、当事人也有义务向贵司提供鉴定所需的全部鉴定资料。贵司可据此向有关当事人提出相应的具体要求（相关通知等文件请留存，并附在鉴定意见书中），如贵司鉴定中涉及其他问题，可与本会案件经办秘书联系。

三、贵司出具的鉴定意见书，应按照委托鉴定事项有关要求，由鉴定部门和鉴定人提出书面鉴定结论，并在鉴定书上签名、盖章。

四、《鉴定意见书》或者《补充鉴定意见书》请准备正本一式六份，以便由我会分发、使用。

本会经办秘书及联系方式：

×××

电话：010 - ××××××××

传真：010 - ××××××××

电子邮件：×××××××××××××

申请人及其代理人联系方式：

×××

电话：010 - ××××××××

被申请人及其代理人联系方式：

×××

电话：010 - ××××××××

××××××仲裁委员会

年　　月　　日

2. 鉴定项目委托的接受

（1）委托鉴定机构应在收到鉴定委托书之日起 7 个工作日内，决定是否接受委托并书面函复委托人，复函应包括下列内容：

1）同意接受委托的意思表示。

2）鉴定所需证据资料。

向当事人双方发出提交鉴定证据资料函，需明确鉴定资料提交时间。

3）鉴定工作负责人及其联系方式。

4）鉴定费用和收取方法。

鉴定机构收取鉴定费用应根据鉴定项目和鉴定事项的服务内容、服务成本与委托人协商确定。当委托人明确由申请鉴定当事人先行垫付的，应由委托人监督实施。鉴定费收取或代收后启动鉴定工作。

5）鉴定机构认为应当写明的其他事项。

应增加对委托鉴定期限的承诺，详见鉴定期限表格。

鉴定机构收到鉴定委托书后，应在鉴定委托书规定的回复期限内就委托鉴定的具体鉴定范围和鉴定内容核实是否可以接受委托。如满足接受委托条件，按照委托书要求的回函格式明确接受委托，委托鉴定关系成立；如不能满足委托鉴定要求，也需明确回函，并说明不能接受委托的具体原因，委托鉴定关系不成立。但鉴定机构不能无故不接受委托。在常规操作中，诉讼鉴定委托一般按照鉴定单位选择程序选择鉴定单位后由法院直接向鉴定单位下发鉴定委托书，鉴定单位收到鉴定委托书后再明确回函是否接受鉴定委托。仲裁鉴定委托在仲裁庭选定鉴定单位后仲裁庭先通知鉴定单位到仲裁庭查阅相关案件资料，如鉴定单位认为具备鉴定能力，仲裁庭再向鉴定单位下发鉴定委托书。

样例如下：

关于工程造价鉴定委托的复函

×××价鉴函〔20××〕×××号

_____（委托人）：

我方收到贵方就_____项目（案号：×××）的鉴定委托书，现回复如下：

1. 我方接受贵方的委托书（如不接受，简要说明理由），鉴定工作按照贵方要求和《建设工程造价鉴定规范》GB/T 51262—2017规定的程序进行。

2. 我方将在本函发出之日起5个工作日内，向贵方送达《鉴定组成人员通知书》，请贵方及时告知各方当事人，以便当事人决定是否申请本鉴定机构和鉴定人回避。

3. 在鉴定过程中，遇有《建设工程造价鉴定规范》GB/T 51262—2017第3.3.6条规定情形之一的，我方有权终止鉴定，并根据终止的原因及责任，酌情退还有关鉴定费用。

4. 请贵方提供证据材料，详见所附《送鉴证据材料目录》。

5. 鉴定时间从贵方移交送鉴证据材料之日_____个工作日起。按《建设工程造价鉴定规范》GB/T 51262—2017规定的鉴定时间计算。如需延长，另向贵方申请。

6. 鉴定费用：按鉴定项目争议标的的_____%计算。

鉴定费应在贵方移交送鉴证据材料之日起10个工作日内支付总费用的_____%，我方正式开始鉴定工作。鉴定意见书发出前，应支付完毕。

鉴定期间，贵方单方面取消鉴定委托或终止鉴定的，鉴定费将不予退还。

7. 联系方式：

联系地址：　　　　　　　　　　　　邮政编码：

联 系 人：　　　　　　　　　　　　联系电话：

　　传　　真：　　　　　　　　　　　　　电子邮箱：

　　　　　　　　　　　　　　　　　　　　　　　年　　月　　日

　　（2）释明。对案件争议的事实初步了解后，当对委托鉴定的范围、事项和鉴定要求有不同意见时，应向委托人释明，释明后按委托人的决定进行鉴定。

　　基于工程造价的复杂性和专业性，委托人在委托文书中不一定能准确表达委托意图，鉴定人应认真阅读委托人的委托书，对鉴定范围、内容、要求或期限有疑问的，宜及时、主动与委托人联系，目的是从专业角度明确鉴定项目的鉴定范围、内容及要求，必要时甚至可协助委托人重新出具委托书，用专业术语准确地表达出鉴定项目的鉴定范围、事项、要求和期限，避免对委托书的误解导致鉴定误差。

3. 鉴定机构不予接受委托

　　（1）有下列情形之一的，鉴定机构应当自行回避，向委托人说明，不予接受委托：

　　1）担任过鉴定项目咨询人的；

　　2）与鉴定项目有利害关系的。

　　鉴定机构为了避免有失公正，应主动回避以上情形。

　　（2）有下列情形之一的，鉴定机构应不予接受委托：

　　1）委托事项超出本机构业务经营范围的；

　　2）鉴定要求不符合本行业执业规则或相关技术规范的；

　　3）委托事项超出本机构专业能力和技术条件的；

　　4）其他不符合法律、法规规定情形的。

　　不接受委托的，鉴定机构应在收到鉴定委托书之日起 7 个工作日内通知委托人并说明理由，退还其提供的鉴定材料。

　　由于客观原因不能实现鉴定委托目的，无法完成鉴定工作的情形，此时应作出说明，拒绝接受该项鉴定工作。

4. 鉴定项目终止

　　鉴定过程中遇到下列情形之一的，鉴定机构可终止鉴定：

　　（1）委托人提供的证据材料未达到鉴定的最低要求，导致鉴定无法进行的。

　　包括鉴定机构提出请求补充鉴定材料，当事人无法提供或提供后仍达不到鉴定的最低要求。

　　（2）因不可抗力致使鉴定无法进行的。

　　（3）委托人撤销鉴定委托或要求终止鉴定的。

　　（4）委托人或申请鉴定当事人拒绝按约定支付鉴定费用的。

　　（5）约定的其他终止鉴定的情形。

　　终止鉴定的，鉴定机构应当通知委托人，说明理由并退还其提供的鉴定材料。

　　鉴定机构基于以上情况拒绝鉴定工作，并非是不履行职责，而是为了避免由于特定的原因导致鉴定活动丧失了科学性和公正性，避免鉴定工作的任意性。同时，为了避免鉴定机构滥用此项权利，鉴定机构一旦拒绝接受或终止鉴定工作，应向委托人说明理由，同时递交书面说明。

样例如下：

<h1 style="text-align:center">终止鉴定函</h1>

×××价鉴函〔20××〕×××号

致_____（委托人）：

　　贵方委托我方进行工程造价鉴定的_____项目（案号：×××），因存在《建设工程造价鉴定规范》GB/T 51262—2017 第 3.3.6 条第_____项原因，致使鉴定无法继续进行，我方决定终止鉴定，并退还所有鉴定材料。

鉴定机构：_____（公章）
_____年____月____日

　　注：本函一式二份，报委托人一份，鉴定机构留底一份。

5. 鉴定机构回避与承诺

　　（1）回避制度是我国司法制度中一项基本制度。鉴定人的回避，既是鉴定人的义务又是当事人的权利。这一制度在我国的法律、法规和部门规章中均有明确规定，本章结合工程造价鉴定的特点，规定了鉴定机构、鉴定人应回避的几种情形。现实生活中，人际关系十分复杂，是否具备回避的条件，回避对象是最为清楚的。因此应建立鉴定机构和鉴定人回避声明制度，即回避对象在履行职务前，应事先声明自己无法律所规定的应回避的情形，同时将此项声明载于《鉴定人员组成通知书》中，由鉴定机构盖章送达委托人。

　　鉴定机构回避应在《鉴定人员组成通知书》中载明回避声明和公正承诺：

　　1）本鉴定机构声明：没有担任过鉴定项目的咨询人，与鉴定项目没有利害关系（除本鉴定项目的鉴定工作酬金外）。

　　鉴定机构有担任过鉴定项目咨询人或与鉴定项目有利害关系的情形之一未自行回避的，且当事人向委托人申请鉴定机构回避的，由委托人决定其是否回避，鉴定机构应执行委托人的决定。

　　2）鉴定人声明：不是鉴定项目的当事人、代理人的近亲属，与鉴定项目没有利害关系，与鉴定项目当事人、代理人没有其他利害关系。

　　3）本鉴定机构和鉴定人承诺：遵守民事诉讼法（或仲裁法及仲裁规则）的规定，不偏袒任何一方当事人，按照委托书的要求，廉洁、高效、公平、公正地作出鉴定意见。

　　鉴定人有下列情形之一的，应当自行提出回避；未自行回避，经当事人申请，委托人同意，通知鉴定机构决定其回避的，必须回避：①是鉴定项目当事人、代理人近亲属的；②与鉴定项目有利害关系的；③与鉴定项目当事人、代理人有其他利害关系，可能影响鉴定公正的；④鉴定人的辅助人员适用上述回避规定。

　　（2）当事人向委托人申请鉴定人员回避的，应在收到《鉴定人员组成通知书》之日起 5 个工作日内以书面形式向委托人提出，并说明理由。委托人应向鉴定机构作出人员是否回避的决定，鉴定机构和鉴定人员应执行委托人的决定。若鉴定机构不执行该决定，委托人可以撤销鉴定委托。

　　（3）鉴定人主动提出回避并且理由成立的，鉴定机构应予批准，并另行指派符合要求的鉴定人。

（4）在鉴定过程中，鉴定人有下列情形之一的，当事人有权向委托人申请其回避，但应提供证据，由委托人决定其是否回避：

1）接受鉴定项目当事人、代理人吃请和礼物的；

2）索取、借用鉴定项目当事人、代理人款物的。

二、鉴定的证据资料收集

1. 鉴定人自备

（1）鉴定人进行工程造价鉴定工作，应自行收集适用于鉴定项目的法律、法规、规章和规范性文件。

（2）鉴定人应自行准备与鉴定项目相关的标准、规范，若工程合同约定的标准、规范不是国家或行业标准，则应由鉴定项目当事人提供。

（3）鉴定人应自行收集与鉴定项目同时期、同地区、相同或类似结构工程的技术经济指标以及各类生产要素价格。

2. 委托人移交

（1）委托人移交的证据材料宜包含但不限于下列内容：

1）起诉状（仲裁申请书）、反诉状（仲裁反申请书）及答辩状、代理词；

2）证据及《送鉴证据材料目录》；

3）质证记录、庭审记录等卷宗；

4）鉴定机构认为需要的其他有关资料。

鉴定机构接受证据材料后应开具接收清单。

样例如下：

送鉴证据材料目录

选择项	序号	文件资料名称	选择项	序号	文件资料名称
☐	1	起诉状（仲裁申请书）	☐	17	工程洽商记录
☐	2	反诉状（仲裁反申请书）	☐	18	工程会议纪要
☐	3	答辩状（仲裁答辩状）	☐	19	工程验收记录
☐	4	地质勘察报告	☐	20	单位工程竣工报告
☐	5	工程招投标文件	☐	21	单位工程验收结论
☐	6	施工组织设计	☐	22	工程质量检测报告
☐	7	中标通知书	☐	23	工程计量单
☐	8	工程监理合同	☐	24	工程结算单
☐	9	建设工程施工合同（补充协议）	☐	25	进度款支付单
☐	10	开工报告	☐	26	工程结算审核书
☐	11	施工图设计文件审查报告	☐	27	合同约定的主要材料价格
☐	12	施工图纸（或竣工图纸）	☐	28	甲供材料、设备明细
☐	13	图纸会审记录	☐	29	侵权损害赔偿的有关资料
☐	14	设计变更单	☐	30	当事人存在的矛盾和争议事实
☐	15	工程签证单	☐	……	……
☐	16	工程变更单			

说明：1. 需提供的证据材料在选择项的"□"打"√"；

　　　2. 委托人送鉴的证据材料应经当事人质证，复印件由委托人注明与原件核对无误，当事人是否认可；

　　　3. 鉴定机构认为需要的其他证据材料，可另行通知。

（2）委托人向鉴定机构直接移交的证据，应注明质证及证据认定情况，未注明的，鉴定机构应提请委托人明确质证及证据认定情况。

（3）鉴定机构对收到的证据应认真分析，必要时可提请委托人向当事人转达要求补充证据材料的函件。

样例如下：

提请委托人补充证据材料的函

×××价鉴函〔20××〕×××号

致_____项目委托人_____：

根据贵方的委托，我方正在开展项目的鉴定工作，依据有关规定和本项目鉴定工作的需要，请提交（或补充提交）如下证据材料（请注明证据认定情况）：

除上述证据材料以外，请贵方根据项目情况转交鉴定可能需要用到的其他材料，以免鉴定工作发生偏差而影响鉴定质量。

鉴定机构：_____（公章）
_____年____月____日

注：本函一式两份，委托人一份，鉴定机构留底一份。

（4）鉴定机构收取复印件应与证据原件核对无误。鉴定机构不宜收取证据材料原件，宜收取经核对无误的复制件，必要时可采取原件扫描、拍照、摄像等方法留取证据。

3. 当事人提交

（1）鉴定工作中，委托人要求当事人直接向鉴定机构提交证据的，鉴定机构应提请委托人确定当事人的举证期限，并应及时向当事人发出函件。要求其在取证期限内提交证据材料。

基于工程建设项目计价的复杂性和实践，工程造价鉴定可能涉及巨量的证据材料。在未决定是否进行工程造价鉴定前，部分证据材料，尤其是一些专业技术资料，如图纸、施工方案等可能不事先向委托人提交，往往是委托人决定进行工程造价鉴定后，要求当事人直接向鉴定机构提交。因此委托人要求鉴定机构直接向当事人收取证据材料，鉴定人应提请委托人确定当事人的举证期限。

样例如下：

<h1 style="text-align:center">要求当事人提交证据材料的函</h1>

×××价鉴函〔20××〕×××号

致_____项目当事人_____：

　　根据委托人_____的委托，我方正在开展该项目的鉴定工作，依据有关规定和本项目鉴定工作的需要，经委托人授权，请贵方在_____年_____月_____日_____时前提交（或补充提交）如下证据材料：

　　如在上述期限内不能提交所列证据或提交虚假证据的，将承担相应的法律后果。除上述证据以外，请主动举证与该项目相关的其他证据，以免鉴定工作发生偏差影响鉴定质量和当事人的利益。

鉴定机构：_____（公章）
_____年___月___日

　　注：本函一式_____份，报委托人备案一份，送当事人_____方各一份，鉴定机构留底一份。

　　（2）鉴定机构收到当事人提交的证据材料后，应当出具收据，写明证据名称、页数、份数、原件或者复印件以及签收日期，由经办人员签名或盖章。

　　（3）鉴定人应及时将收到的证据材料移交委托人，并提请委托人组织质证并确认证据的证明力。

　　鉴定机构不能组织当事人双方对鉴定资料进行质证，但可以组织双方对提供的鉴定资料进行核对并发表意见。要求鉴定人在接到没有经过交换和质证的举证材料后，应及时将收到的证据材料移交委托人，进行证据交换，并提请委托人组织质证并确认证据的证明力。

　　（4）若委托人委托鉴定机构组织当事人交换证据的，鉴定人应将证据逐一登记，当事人签领，若一方当事人拒绝参加交换证据的，鉴定机构应及时报告委托人，由委托人决定证据的交换。

　　（5）鉴定人应组织当事人对交换的证据进行确认，当事人对证据有无异议都应详细记载，形成书面记录，请当事人各方核实后签字。并将签字后的书面记录报送委托人。若一方当事人拒绝参加对证据的确认，应将此报告委托人，由委托人决定证据的使用。

　　（6）当事人申请延长举证期限的，鉴定人应告知其在举证期限届满前向委托人提出申请，由委托人决定是否准许延期。

　　4. 证据的补充

　　（1）鉴定过程中，鉴定人可根据鉴定需要提请委托人通知当事人补充证据，对委托人组织质证并认定的补充证据，鉴定人可直接作为鉴定依据；对委托人转交，但未经质证的证据，鉴定人应当提请委托人组织质证并确认证据的证明力。

（2）当事人逾期向鉴定人补充证据的，鉴定人应告知当事人向委托人申请，由委托人决定是否接受。鉴定人应按委托人的决定执行。

三、鉴定的组织与实施

1. 鉴定项目组织

（1）鉴定机构接受委托后，应指派本机构中满足鉴定项目专业要求，具有相关项目经验的鉴定人进行鉴定。

工程造价鉴定的难度一般较大，因此规定进行工程造价鉴定时，鉴定机构应指派对鉴定项目专业对口、经验丰富的造价工程师承担鉴定工作，以保证工程造价鉴定的质量。

（2）根据鉴定工作需要，鉴定机构可安排非造价工程师的专业人员作为鉴定人的辅助人员，参与鉴定的辅助性工作。

根据《造价工程师职业资格制度规定》（建人〔2018〕67 号）及《关于全国建设工程造价员有关事项的复函》（建标造函〔2018〕188 号）规定，取得《全国建设工程造价员资格证书》并在本鉴定机构登记的，可以作为鉴定的辅助人员。除此之外，鉴于建设工程的复杂性，鉴定机构也可能在鉴定中需要某些精通设计、施工、设备性能的专业人士参加，作为鉴定团队的成员，本规范将其纳入辅助人员范畴。

（3）鉴定机构对同一鉴定事项，应指定两名及以上鉴定人共同进行鉴定。对争议标的较大或涉及工程专业较多的鉴定项目，应成立由三名及以上鉴定人组成的鉴定项目组。

为了确保鉴定意见的准确性、客观性，鉴定同一个专门性问题，应由两名及以上有资格的鉴定人进行。同时明确了对项目部组成人员的基本要求。

（4）鉴定机构应在接受委托，复函之日起 5 个工作日内，向委托人、当事人送达《鉴定人员组成通知书》，载明鉴定人员的姓名、执业资格专业及注册证号、专业技术职称等信息。

根据工程造价公正鉴定的原则，鉴定过程要坚持公开。当事人有申请鉴定人回避的权利，鉴定机构就应有告知的义务。因此规定鉴定机构应在接受鉴定委托复函之日起 5 个工作日内，向委托人送达《鉴定人员组成通知书》，并在其中作出回避声明。

《鉴定人员组成通知书》样例如下：

鉴定人员组成通知书

　　　　　　　　　　　　　×××价鉴函〔20××〕×××号

案号：×××

　　　　　　　编号：

_____：

　　根据《建设工程造价鉴定规范》GB/T 51262—2017 的有关规定，现将贵方委托的
_____一案的鉴定人员组成名单通知如下：

　　鉴定人：_____，专业及注册证号：_____，职称：_____

　　鉴定人：_____，专业及注册证号：_____，职称：_____

　　鉴定人：_____，专业及注册证号：_____，职称：_____

辅助人员：_____，专业及资格证号：_____，职称：_____
辅助人员：_____，专业及资格证号：_____，职称：_____

本鉴定机构和鉴定人慎重声明，对鉴定项目各方当事人不存在任何现时或预期利益（除鉴定该项目的酬金外）；与鉴定项目当事人没有发生过任何利益往来；对鉴定项目各方当事人没有任何偏见；不存在现行法律规定所要求的回避情形。

如果当事人对本鉴定机构和以上鉴定人申请回避，请在收到本通知之日起 5 个工作日内书面向委托人或本鉴定机构提出，并说明理由。

鉴定机构：_____（公章）
_____年____月____日

注：本通知一式____份，报委托人一份，送当事人____方各一份，鉴定机构留底一份。

（5）鉴定机构应按照工程造价执业规定对鉴定工作实行审核制。

建设工程造价鉴定应依照本行业有关的执业规定执行审核制（即常规的编制、审核、审定制度）确定，以求通过审核制度，减少误差。不同单位工程的鉴定经办人与鉴定审核人可以互相交叉，但同一鉴定人不得兼任任何同一单位工程的经办、审核工作。

（6）鉴定机构应建立科学、严密的管理制度，严格监控证据材料的接收、传递、鉴别、保存和处置。

鉴定证据材料是形成客观正确的鉴定意见的基础，同时也是当事人的重要档案资料。因此应对鉴定证据材料妥善保管，谨慎使用。

（7）鉴定机构应按照委托书确定的鉴定范围、事项、要求和期限，根据本机构质量管理体系，鉴定方案等督促鉴定人完成鉴定工作。

（8）鉴定人应建立《鉴定工作流程信息表》，将鉴定过程中每一事项发生的时间、事由、形成等进行完整的记录，并进行唯一性、连续性标识。

鉴定机构应对建设工程造价鉴定过程进行记录和监控，使整个鉴定过程具有标识和可追溯性，以保证鉴定意见达到法定性（法律性）、中立性（独立性）和客观性（真实性）的统一。

样例如下：

鉴定工作流程信息表

案号：×××　　　　　　　　　　　　　　　　　　编号：

序号	时　间	事　项	记录种类	记录编号
	年　月　日			
	年　月　日			
	年　月　日			
	年　月　日			

序号	时　间	事　项	记录种类	记录编号
	年　月　日			
	年　月　日			
	年　月　日			
	年　月　日			
	年　月　日			
	年　月　日			
	年　月　日			
	年　月　日			
	年　月　日			
	年　月　日			
	年　月　日			
	年　月　日			
	年　月　日			

（9）鉴定中需向委托人说明或需要委托人了解、澄清、答复的各种问题和事项，鉴定机构应及时制作联系函送达委托人。

2. 鉴定准备

（1）鉴定人应全面了解熟悉鉴定项目，对送鉴证据要认真研究，了解各方当事人争议的焦点和委托人的鉴定要求。委托人未明确鉴定事项的，鉴定机构应提请委托人确定鉴定事项。

（2）鉴定人应根据鉴定项目的特点，鉴定事项、鉴定目的和要求制定鉴定方案。方案内容包括鉴定依据、应用标准、调查内容、鉴定方法、工作进度及需由当事人完成的配合工作等。

鉴定方案应经鉴定机构批准后执行，鉴定过程中需调整鉴定方案的，应重新报批。

3. 鉴定期限

（1）鉴定期限由鉴定机构与委托人根据鉴定项目争议标的涉及的工程造价金额、复杂程度等因素在表1-1规定的期限内确定。鉴定机构与委托人对完成鉴定的期限另有约定的，从其约定。

表 1 - 1　鉴定期限表

争议标的涉及工程造价	期限（工作日）
1000 万元以下（含 1000 万元）	40
1000 万元以上 3000 万元以下（含 3000 万元）	60
3000 万元以上 10000 万元以下（含 10000 万元）	80
10000 万元以上（不含 10000 万元）	100

（2）鉴定期限从鉴定人接收委托人按规定移交证据材料之日的次日起计算。

实际操作中，委托人转交的鉴定证据材料并不完善，应从接收到当事人提交证据材料之日起的次日起计算。

（3）鉴定事项涉及复杂、疑难、特殊的技术问题需要较长时间的，经与委托人协商，完成鉴定的时间可以延长，每次延长时间一般不超过 30 个工作日，每个鉴定项目延长次数一般不得超过 3 次。

（4）在鉴定过程中，经委托人认可，等待当事人提交、补充或者重新提交证据，勘验现场等所需的时间，不计入鉴定期限。

四、鉴定的步骤和方法

1. 鉴定事项调查

（1）根据鉴定需要，鉴定人有权了解进行鉴定所需要的证据材料并进行复制。

（2）根据鉴定需要，鉴定人可以询问当事人、证人，询问应形成询问笔录。

样例如下：

询问笔录

案号：××××× 　　　　　　　　　　　　　编号：××××××

一、时间：_____年____月____日____时。

二、地点：_____。

三、询问人：_____记录人：_____；见证人：_____。

四、被询问人：姓名：_____，年龄_____，性别_____，工作单位及职务_____，住址及电话_____。

问：我们是鉴定机构鉴定人（出示证件），我们就_____一案接受_____的委托，需要通过您了解一下与本案的有关情况，希望您能实事求是回答我们提出的问题，以利维护当事人的合法权益。您愿意接受我们的询问吗？

答：_____

_____

签名：　　　　　　　　　　　　　　　　　　　电话：

（3）鉴定人对特别复杂、疑难、特殊技术、特殊专业等问题或鉴定意见有重大分歧时，可以向本机构以外的相关专家进行咨询，但最终的鉴定意见应由鉴定人作出，鉴定机构出具。

2. 现场勘验

（1）当事人（一方或多方）要求鉴定人对鉴定项目标的物进行现场勘验的，鉴定人应告知当事人向委托人提交书面申请，经委托人同意后并组织现场勘验，鉴定人应当参加。

（2）鉴定人认为根据鉴定工作需要现场勘验时，鉴定人应提请委托人同意并由委托人组织当事人对鉴定项目的标的物进行现场勘验。

（3）鉴定项目标的物因特殊要求，需要第三方专业机构进行现场勘验的，鉴定机构应说明理由，提请委托人、当事人委托第三方专业机构进行勘验，委托人同意并组织现场勘验，鉴定人应当参加。

（4）鉴定机构按委托人要求通知当事人进行现场勘验的，应填写现场勘验通知书，通知各方当事人参加，并提请委托人组织。一方当事人拒绝参加现场勘验的，不影响现场勘验的进行。

样例如下：

现场勘验通知书

×××价鉴函〔20××〕×××号

致_____项目当事人_____：

根据委托人_____的委托，我方正在进行该项目的鉴定工作，由于鉴定工作的需要并经委托人同意，请贵方在_____年____月____日____时派授权代表到_____（地点）参加现场勘验工作。

如贵方在上述时间不能派员参加现场勘验工作，不影响现场勘验工作的进行，但将承担相应的法律后果。

鉴定机构：_____（公章）

_____年____月____日

注：本通知一式_____份，报委托人备案一份，送当事人_____方各一份，鉴定机构留底一份。

（5）勘验现场应制作勘验笔录或勘验图表，记录勘验的时间、地点、勘验人、在场人、勘验经过、结果，由勘验人、在场人签名或者盖章。对于绘制的现场图表应注明绘制的时间、方位、绘测人姓名、身份等内容。必要时鉴定人应采取拍照或摄像取证的方式，留下影像资料。

样例如下：

现场勘验记录

案号：×××　　　　　　　　　　　　　　　　　　编号：

　　＿＿＿年＿＿月＿＿日＿＿午，在＿＿＿＿＿＿法官（仲裁员）组织下，＿＿＿＿＿鉴定人＿＿＿＿＿、＿＿＿＿＿，工作人员＿＿＿＿＿、＿＿＿＿＿会同本案当事人＿＿＿＿＿、代表＿＿＿＿＿及委托代理人＿＿＿＿＿，本案当事人＿＿＿＿＿代表＿＿＿＿＿及委托代理人＿＿＿＿＿共同到达本工程现场，对＿＿＿＿＿进行了勘验，现记录如下：＿＿＿＿＿＿＿＿＿＿＿＿＿＿＿＿＿＿＿＿＿＿＿＿＿＿＿＿＿＿＿＿＿＿

委托人签名： 年　月　日	当事人签名： 年　月　日	当事人签名： 年　月　日	鉴定人签名： 年　月　日

　　注：1. 如当事人缺席，应如实记载说明；
　　　　2. 如绘有勘测图，应注明附勘测图＿＿＿＿＿份。

　　（6）当事人代表参与了现场勘验，但对现场勘验图表或勘验笔录等不予签字，又不提出具体书面意见的，不影响鉴定人采用勘验结果进行鉴定。

3. 鉴定方法确定

　　（1）鉴定项目可以划分为分部分项工程、单位工程、单项工程的，鉴定人应分别进行鉴定后汇总。

　　鉴定方法应符合单项工程、单位工程、分部分项工程计价的规定，然后汇总，形成成果文件，避免疏忽及不合理合并造成的鉴定误差，便于委托人和当事人理解计价结果的构成和形成关系。

　　（2）鉴定人应根据合同约定的计价原则和方法进行鉴定。如因证据所限，无法采用合同约定的计价原则和方法的，应按照与合同约定相近的原则，选择施工图预算或工程量清单计价方法或概算、估算的方法进行鉴定。

　　工程造价确定具有多次性和动态性的特点，其准确度是一个由粗到精逐步实现的过程。考虑到实践中，一些工程造价鉴定由于证据所限（如施工图或竣工图不全等）不能采取施工图算的方式进行鉴定，但仍然可采用设计概算、估算的方法进行鉴定，避免或减少不能鉴定的现象。

根据鉴定项目证据材料是否完整、充分、详细，应优先选择精算法，如受证据所限，可采用粗算法进行鉴定。精算法包括施工图预算法、清单计价法，粗算法包括概算法、估算法。

（3）根据案情需要，鉴定人应当按照委托人的要求，根据当事人的争议事项列出鉴定意见，便于委托人判断使用。

鉴定人应按委托人的要求，根据争议项目列出鉴定意见，避免鉴定意见过于笼统，不便于委托人判断使用。

（4）鉴定过程中，鉴定人可从专业的角度，促使当事人对一些争议事项协商达成妥协性意见，并告知委托人。鉴定人应将妥协性意见制作成书面文件由当事人各方签字（盖章）确认，并在鉴定意见书中予以说明。

鉴定的过程应当是减少争议、化解争议的过程，鉴定人从专业角度促使当事人对一些争议事项达成妥协性意见，也有利于确定性意见的形成。

（5）鉴定过程中，当事人之间的争议通过鉴定逐步减少，有和解意向时，鉴定人应以专业的角度促使当事人和解，并将此及时报告委托人，便于争议的顺利解决。

如果当事人通过自愿协商来解决合同纠纷，可以有效降低双方的对抗性。实践中，随着鉴定的逐步完成，一些鉴定项目的当事人出现和解意向时，鉴定人应从专业角度促使当事人达成调解并及时报告委托人。

4. 鉴定自行计算

（1）鉴定过程中，鉴定人、当事人对鉴定范围、事项、要求等有疑问和分歧的，鉴定人应及时提请委托人处理，并将结果告知当事人。

要求鉴定机构和鉴定人在当事人对鉴定范围、内容和要求有歧义时，不宜拒绝当事人的异议，应及时向委托人反映情况，并可从专业角度协助当事人用专业术语准确地向委托人表达出鉴定项目的鉴定范围、内容和要求，以供委托人进一步明确鉴定委托文书内容。

（2）鉴定人宜采取先自行按照鉴定依据计算再与当事人核对等方式逐步完成鉴定。

根据证据资料，先行计算。工程造价结算审查工作的行业要求是造价咨询企业与承包人进行核对后再出报告。没有规定鉴定项目必须具备与当事人核对计算过程的程序，但提出鉴定机构仍宜采取与当事人逐步核对的方式作鉴定。同时也规定，在一定条件下，如项目小、当事人未委托专业人士参加核对等，鉴定机构可以直接出具鉴定意见书的征求意见稿。

5. 鉴定核对签认

（1）鉴定机构应在核对工作前向当事人发出《邀请当事人参加核对工作函》，当事人不参加核对工作的，不影响鉴定工作的进行。

鉴定工作只要设有核对程序，每一个程序均应向当事人发出书面通知，以提高效率、规避程序性风险。

样例如下：

邀请当事人参加核对工作函

××× 价鉴函〔20××〕×××号

致_____项目当事人_____：

根据委托人_____的委托，我方正在进行该项目的鉴定工作，由于鉴定工作的需要，请贵方派员于_____年____月____日____时到_____（地点）参加造价核对工作，核对期约需____天，具体时间安排待贵方派出的造价核对工作人员见面后再行商定。

如贵方在上述时间不能派员参加造价核对工作，不影响鉴定工作的进行，但将承担相应的法律后果。

鉴定机构：_____（公章）

_____年____月_____日

注：本函一式____份，报委托人备案一份，送邀请的当事人一份，鉴定机构留底一份。

（2）在鉴定核对过程中，鉴定人应对每一个鉴定工作程序的阶段性成果提请所有当事人提出书面意见或签字确认。当事人既不提出书面意见又不签字确认的，不影响鉴定工作的进行。

鉴定工作应要求当事人将核对中的每一个阶段性成果均书面确认，以逐步逼近鉴定结论意见。

6. 鉴定征求意见

（1）鉴定机构在出具正式鉴定意见书之前，应提请委托人向各方当事人发出鉴定意见书征求意见稿和征求意见函，征求意见函应明确当事人的答复期限及其不答复将承担的法律后果，即视为对鉴定意见书无意见。

工程造价鉴定的最终目的是尽可能将当事人之间的分歧缩小直至化解，为调解、裁决或判决提供科学合理的依据。因此为保证工程造价鉴定的质量，规定鉴定机构在出具正式鉴定意见书之前，应向当事人或提请委托人向各方当事人发出鉴定意见书征求意见稿，请他们就鉴定意见提出修改建议。同时在发出征求意见稿的函件中，应指明书面答复的期限及其不答复的相应法律责任，以引起当事人的重视。

样例如下：

工程造价鉴定意见书征求意见函

××× 价鉴函〔20××〕×××号

致_____项目当事人_____：

根据委托人_____的委托，经过前段时间的工作，我方已经形成_____项目鉴定意见书的征求意见稿，经委托人同意，现将该项目的鉴定征求意见稿送达贵方，请在_____年____月____日____时前将意见反馈给我方。

如贵方在上述期限内不能提交反馈意见，可能将被视为贵方认可该项目的鉴定意见，承担相应的法律后果。

鉴定机构：_____（公章）

_____年____月_____日

注：本函一式____份，报委托人备案一份，送当事人____方各一份，鉴定机构留底一份。

（2）当事人对鉴定意见书征求意见稿仅提出不认可的异议，未提出具体修改意见，无法复核的，鉴定机构应在正式鉴定意见书中加以说明，鉴定人应做好出庭作证的准备。

鉴定人应对当事人对鉴定意见征求意见稿提出异议的解决办法，对未采纳的异议也可以做好出庭质证的准备。

（3）当事人逾期未对鉴定意见书征求意见稿提出修改意见，不影响正式鉴定意见书的出具，鉴定机构应对此在鉴定意见书中予以说明。

7. 出具鉴定意见书

（1）鉴定项目组实行合议制，在充分讨论的基础上用表决方式确定鉴定意见。合议会应做详细记录，鉴定意见按多数人的意见作出，少数人的意见也应如实记录。

参照全国人大常委会《关于司法鉴定管理问题的决定》第十条规定，引进了审判中的合议制定案及其管理办法，以应对工程造价鉴定中的复杂情况。实行合议制的项目组应由三人以上奇数鉴定人员组成。

（2）鉴定人收到当事人对鉴定意见书征求意见稿的复函后，鉴定人应根据复函中的异议及其相应证据对征求意见稿逐一进行复核，修改完善，直到对复函中未解决的异议都能答复时，鉴定机构再向委托人出具正式鉴定意见书。

当事人对征求意见稿拒绝复核提出意见的，不影响鉴定意见书的出具。合议完成，出具正式鉴定意见书。

8. 补充鉴定意见书

（1）有下列情形之一的，鉴定机构应进行补充鉴定：

1）委托人增加新的鉴定要求的；

2）委托人发现委托的鉴定事项有遗漏的；

3）委托人就同一委托鉴定事项又提供或者补充新的证据材料的；

4）鉴定人通过出庭作证或自行发现有缺陷的；

5）其他需要补充鉴定的情形。

（2）补充鉴定是原委托鉴定的组成部分。补充鉴定意见书中应注明与原委托鉴定事项相关联的鉴定事项；补充鉴定意见与原鉴定意见明显不一致的，应说明理由并注明应采用的鉴定意见。

补充鉴定是原鉴定的继续，是对原鉴定进行补充、修正、完善的再鉴定活动。重新鉴定程序中也可能产生补充鉴定活动。补充鉴定一般由原委托人委托，仍由原鉴定机构和原鉴定人或其他鉴定人实施鉴定。补充鉴定是原委托鉴定的组成部分。鉴定机构和鉴定人严禁在原鉴定意见书上批字、盖章，以反映补充鉴定过程与结果。

9. 重新鉴定

（1）接受重新鉴定委托的鉴定机构，指派的鉴定人应具有相应专业的注册造价工程师执业资格。

应由当事人向委托人申请，鉴定机构的资质应高于或相当于原鉴定机构。

（2）进行重新鉴定，鉴定人有下列情形之一的，必须回避：

1）有《建设工程造价鉴定规范》GB/T 51262—2017 第 3.5.3 条规定情形的；

2）参加过同一鉴定事项的初次鉴定的；

3）在同一鉴定事项的初次鉴定过程中作为专家提供过咨询意见的。

重新鉴定是指经过鉴定的专门性问题，由于鉴定程序、方法、结果的某种缺陷或争议，当事人或委托人有充足理由按规定程序请求再次鉴定而产生的一系列活动过程。重新鉴定一般应委托原鉴定机构和鉴定人以外的其他鉴定主体实施，个别案件在特殊情况时（如委托人指定等），可以委托原鉴定机构鉴定，但不能由原鉴定人鉴定。接受重新鉴定委托的鉴定人的技术职称或执业资格，应相当于或高于原委托的鉴定人。

五、鉴定证据的采用

（1）鉴定应提请委托人对以下事项予以明确，作为鉴定依据：

1）委托人已查明的与鉴定事项相关的事实；

2）委托人已认定的与鉴定事项相关的法律关系性质和行为效力；

3）委托人对证据中影响鉴定结论重大问题的处理决定；

4）其他应由委托人明确的事项。

经过当事人质证认可，委托人确认了证明力的证据，或在鉴定过程中，当事人经证据交换已认可无异议并报委托人记录在卷的证据，鉴定人应当作为鉴定依据。

本条规定委托人经过当事人交换证据并质证认可的，当事人没有争议的证据材料，可以直接作为鉴定依据。

（2）当事人对证据的真实性提出异议，或证据本身彼此矛盾，鉴定人应及时提请委托人认定并按照委托人认定的证据作为鉴定依据。

如委托人未及时认定，或认为需要鉴定人按照争议的证据出具多种鉴定意见的，鉴定人应征求当事人对于有争议的证据的意见并书面记录后，将该部分有争议的证据分别鉴定并将鉴定意见单列，供委托人判断使用。

（3）当事人对证据的异议，鉴定人认为可以通过现场勘验解决的，应当提请委托人组织现场勘验。

（4）当事人对证据的关联性提出异议，鉴定人应提请委托人决定。委托人认为是专业性问题并请鉴定人鉴别的，鉴定人应依据相关法律法规、工程造价专业技术知识，经过甄别后提出意见，供委托人判断使用。

（5）同一事项当事人提供的证据相同，一方当事人对此提出异议但又未提出新证据的；或一方当事人提供的证据，另一方当事人提出异议但又未提出能否认该证据的相反证据的，在委托人未明确前，鉴定人可暂用此证据作为鉴定依据进行鉴定，并将鉴定意见单列，供委托人判断使用。

（6）一方当事人不参加按《建设工程造价鉴定规范》GB/T 51262—2017 第 4.3.4 条和 4.3.5 条规定组织的证据交换、证据确认的，鉴定人应提请委托人决定并按委托人的决定执行；委托人未及时决定的，鉴定人可暂按另一方当事人提交的证据进行鉴定并在鉴定意见书中说明这一情况，供委托人判断使用。

《中华人民共和国民事诉讼法》第六十八条规定："证据应当在法庭上出示，并由当事人互相质证。"《中华人民共和国仲裁法》第四十五条规定："证据应当在开庭出示，当事人可以质证。"最高人民法院《关于适用〈中华人民共和国民事诉讼法〉的解释》（法释〔2015〕5号）第一百零三条规定："证据应当在法庭上出示，由当事人互相质证。未经当事人质证的证据，不得作为认定案件事实的依据。当事人在审理前的准备阶段认可的证据，经审判人员在庭审中说明后，视为质证过的证据。"第一百零四条规定："能够反映案件真实情况、与待证事实相关联、来源和形式符合法律规定的证据，应当作为认定案件事实的根据。"第一百零五条规定："人民法院应当按照法定程序，全面、客观地审核证据，依照法律规定，运用逻辑推理和日常生活经验法则，对证据有无证明力和证明力大小进行判断，并公开判断的理由和结果。"

在工程造价鉴定中，由于多种因素的影响，对证据的采用是一个疑难问题。按照上述法律规定，可做如下理解：一是质证是当事人的权利，但质证也只是审理案件诸多程序中的一个程序，经过质证的证据有时也不可能作为鉴定依据，因为可能仍然存疑（如当事人提出异议或者提出反证等），不一定被委托人采信作为认定事实的根据；二是认定证据是委托人的权力，但委托人通常不会在委托鉴定之前对证据材料单独进行认定。很多情况下，委托人还要求当事人直接向鉴定机构提交鉴定证据材料。本章根据法律规定并结合实践提出如下思路：只要当事人各方对证据无异议，鉴定人就可以作为鉴定依据。这既尊重了当事人的权利，又保证了鉴定的效率；即使当事人对证据有异议，或提交的证据彼此矛盾，委托人对此又未作出认定的情况下，鉴定人可根据自己的专业判断分别出具鉴定意见，供委托人判断采用，这样既尊重了委托人的权力，又保证了鉴定的正常进行。

六、鉴定意见的处理

从广义上讲，建设工程合同包括建设工程勘察合同、建设工程设计合同、建设工程施工合同、建设工程监理合同等，狭义的建设工程合同仅指建设工程施工合同。《中华人民共和国合同法》中规定了建设工程勘察合同、建设工程设计合同、建设工程施工合同等三种类型。在司法实践中，建设工程设计合同和建设工程施工合同纠纷案件居多，建设工程勘察合同、建设工程监理合同纠纷案件较少发生。此处鉴定类型和方法主要针对建设工程施工合同引起的建设工程纠纷。

1. 合同争议的鉴定

（1）委托人认定鉴定项目合同有效的，鉴定人应根据合同约定进行鉴定。

受合同法律关系的制约，工程造价争议首先是一个合同问题。一项具体的建设工程项目的合同造价是当事人经过利害权衡、竞价谈判等博弈方式所达成的特定的交易价格，而不是某一合同交易客体的市场平均价格或公允价格。在工程合同纠纷案件中，根据合同法的自愿和诚实信用原则，只要当事人的约定不违反国家法律和行政法规的强制性规定，不管双方签订的合同或具体条款是否合理，鉴定人均无权自行选择鉴定依据或否定当事人之间在合同中的约定内容，不能以专业技术方面的惯例来否定合同的约定。《最高人民法院关于审理建设工程施工合同纠纷案件适用法律问题的解释》（法释〔2004〕14号）第十六条规定："当事人对建设工程的计价标准或者计价方法有约定的，按照约定结算工程价款"，因此如委托人明确告知合同有效，就必须依据合同约定进行鉴定，不得随便改变当事人双方合法的合意。

这也是工程造价鉴定必须遵循的从约原则。

（2）委托人认定鉴定项目合同无效的，鉴定人应按照委托人的决定进行鉴定。

《中华人民共和国合同法》第五十八条规定："合同无效或者被撤销后，因该合同取得的财产，应当予以返还；不能返还或者没有必要返还的，应当折价补偿。有过错的一方应当赔偿对方因此所受到的损失，双方都有过错的，应当各自承担相应的责任。"建设工程施工合同的特殊之处在于合同无效，发包人取得的财产形式上是承包人建设的工程，实际上是承包人对工程建设投入劳务及工程材料，故而无法适用无效恢复原状的返还原则，只能折价补偿。由于在当前建设市场中，关于工程价款的计算标准较多，计算方法复杂多样。合同无效后，以何种标准折价补偿承包人工程价款，一直是工程造价鉴定中的难点问题。就建设工程施工合同而言，工程质量是建设工程的生命，《中华人民共和国建筑法》及相关行政法规，均将保证工程质量作为立法的主要出发点和主要目的。规定未经验收或者验收不合格的建设工程，不得交付使用。在建设工程经竣工验收合格后，无效合同与有效合同在《中华人民共和国建筑法》制定的根本目的上已无很大区别。如果抛开合同约定的工程价款，发包人按照何种标准折价补偿承包人，均有不当之处，不能很好地平衡双方之间的利益关系。工程经竣工验收，已经达到《中华人民共和国建筑法》保护的目的。为平衡当事人各方之间利益关系，便捷、合理解决纠纷，确定建设工程施工合同无效，应依据工程经竣工验收是否合格分别处理。

1）《最高人民法院关于审理建设工程施工合同纠纷案件适用法律问题的解释》（法释〔2004〕14 号）第二条规定："建设工程施工合同无效，但建设工程经竣工验收合格，承包人请求参照合同约定支付工程价款的，应予支持"，此时工程造价鉴定应参照合同约定鉴定。

2）《最高人民法院关于审理建设工程施工合同纠纷案件适用法律问题的解释》（法释〔2004〕14 号）第三条规定："建设工程合同无效，且建设工程经竣工验收不合格的按照以下情形分别处理：（一）修复后的建设工程经竣工验收合格，发包人请求承包人承担修复费用的，应予支持"，此时，工程造价鉴定中应不包括修复费用，如系发包人修复，委托人要求鉴定修复费用，修复费用应单列。

3）《最高人民法院关于审理建设工程施工合同纠纷案件适用法律问题的解释》（法释〔2004〕14 号）第三条规定："因建设工程不合格造成的损失，发包人有过错的，也应承担相应的民事责任"，此时，工程造价鉴定也应根据过错大小作出鉴定意见。

特别要注意的是，合同无效的认定权或者合同的撤销权，应由人民法院或仲裁机构行使。

（3）鉴定项目合同对计价依据、计价方法约定不明的，鉴定人应厘清合同履行的事实，如是按合同履行的，应向委托人提出按其进行鉴定；如没有履行，鉴定人可向委托人提出"参照鉴定项目所在地同时期适用的计价依据、计价方法和签约时的市场价格信息进行鉴定"的建议，鉴定人应按照委托人决定进行鉴定。

由于建设工程施工合同对计价标准、计价方法约定不明或没有约定，极容易导致合同双方互相扯皮，酿成纠纷。根据《中华人民共和国合同法》第六十一条的规定，当事人可以协议补充，如仍不能确定的，按该法第六十二条的规定，鉴定项目工程合同对计价方法和计价标准约定不明或者没有约定的，鉴定人应提请委托人决定按鉴定项目工程合同履行期间适用的工程造价计价依据确定鉴定项目造价。

（4）鉴定项目合同对计价依据、计价方法没有约定的，鉴定人可向委托人提出"参照鉴定项目所在地同时期适用的计价依据、计价方法和签约时的市场价格信息进行鉴定"的建议，鉴定人应按照委托人决定进行鉴定。

（5）鉴定项目合同对计价依据、计价方法约定条款前后矛盾的，鉴定人应提请由委托人决定适用条款；委托人暂不明确的，鉴定人应按不同的约定条款分别作出鉴定意见，供委托人判断使用。

由于工程合同对计价标准、计价方法约定前后矛盾，致使工程造价鉴定难以得出唯一确定的意见时，鉴定人应结合案情按不同的标准和计算方法，根据证据成立与否出具不同的鉴定意见，供委托人根据开庭和评议对鉴定意见进行取舍。有的鉴定人根据自己的意愿，径自认定一种证据材料，甚至认定合同无效，然后据此作出鉴定意见，这实质上是代行了审判权。鉴定人应提供按不同约定计价的两个鉴定意见供委托人判定。

（6）当事人分别提出不同的合同签约文本的，鉴定人应提请由委托人决定适用合同文本，委托人暂不明确的，鉴定人可按不同的合同文本分别作出鉴定意见，供委托人判断使用。

当事人分别提出不同的合同签约文本，即通常所说的"黑白合同"或者"阴阳合同"，如委托人不明确合同效力，鉴定人可按不同的合同分别出具鉴定意见，供委托人选择使用。

最高人民法院《关于审理建设工程施工合同纠纷案件适用法律问题的解释（二）》（法释〔2004〕20号）约定如下：

第一条 招标人和中标人另行签订的建设工程施工合同约定的工程范围、建设工期、工程质量、工程价款等实质性内容，与中标合同不一致，一方当事人请求按照中标合同确定权利义务的，人民法院应予支持。

招标人和中标人在中标合同之外就明显高于市场价格购买承建房产、无偿建设住房配套设施、让利、向建设单位捐赠财物等另行签订合同，变相降低工程价款，一方当事人以该合同背离中标合同实质性内容为由请求确认无效的，人民法院应予支持。

第二条 当事人以发包人未取得建设工程规划许可证等规划审批手续为由，请求确认建设工程施工合同无效的，人民法院应予支持，但发包人在起诉前取得建设工程规划许可证等规划审批手续的除外。

发包人能够办理审批手续而未办理，并以未办理审批手续为由请求确认建设工程施工合同无效的，人民法院不予支持。

第三条 建设工程施工合同无效，一方当事人请求对方赔偿损失的，应当就对方过错、损失大小、过错与损失之间的因果关系承担举证责任。

损失大小无法确定，一方当事人请求参照合同约定的质量标准、建设工期、工程价款支付时间等内容确定损失大小的，人民法院可以结合双方过错程度、过错与损失之间的因果关系等因素作出裁判。

……

第九条 发包人将依法不属于必须招标的建设工程进行招标后，与承包人另行订立的建设工程施工合同背离中标合同的实质性内容，当事人请求以中标合同作为结算建设工程价款依据的，人民法院应予支持，但发包人与承包人因客观情况发生了在招标投标时难以预见的变化而另行订立建设工程施工合同的除外。

第十条　当事人签订的建设工程施工合同与招标文件、投标文件、中标通知书载明的工程范围、建设工期、工程质量、工程价款不一致，一方当事人请求将招标文件、投标文件、中标通知书作为结算工程价款的依据的，人民法院应予支持。

第十一条　当事人就同一建设工程订立的数份建设工程施工合同均无效，但建设工程质量合格，一方当事人请求参照实际履行的合同结算建设工程价款的，人民法院应予支持。

实际履行的合同难以确定，当事人请求参照最后签订的合同结算建设工程价款的，人民法院应予支持。

2. 证据欠缺的鉴定

（1）鉴定项目施工图（或竣工图）缺失，鉴定人应按以下规定进行鉴定：

1）建筑标的物存在的情况下，鉴定人应提请委托人组织现场勘验计算工程量作出鉴定；

2）建筑标的物已经隐蔽的，鉴定人可根据工程性质、是否为其他工程的组成部分等作出专业分析进行鉴定；

3）建筑标的物已经灭失，鉴定人应提请委托人对不利后果的承担主体作出认定，再根据委托人的决定进行鉴定。

（2）在鉴定项目施工图或合同约定工程范围以外，承包人以完成了发包人通知的零星工程为由，要求结算价款，但未提供发包人的签证或书面认可文件，鉴定人应按以下规定作出专业分析进行鉴定：

1）发包人认可或承包人提供的其他证据可以证明的，鉴定人应作出肯定性鉴定，供委托人判断使用；

2）发包人不认可，但该工程可以进行现场勘验，鉴定人应提请委托人组织现场勘验，根据勘验结果进行鉴定。

在诉讼或仲裁案件中，需做工程造价鉴定的，有时当事人提供的证据存在缺陷，造成这种情况是多方面的，如管理不善造成施工图或竣工图不齐或者缺失；按发包人口头指令完成了某一合同外工程或零星工作，但承包人提不出书证，而发包人也不予承认等，本章针对此类现象提出了鉴定的技术路线。

3. 计量争议的鉴定

（1）当鉴定项目图纸完备，当事人就计量依据发生争议时，鉴定人应以现行国家相关工程计量规范规定的工程量计算规则计量；无国家标准的，按行业标准或地方标准计量。但当事人合同中约定了计量规则的除外。

（2）一方当事人对双方当事人已经签认的某一工程项目的计量结果有异议的，鉴定人应按以下规定进行鉴定：

1）当事人一方仅提出异议未提供具体证据的，按原计量结果进行鉴定；

2）当事人一方既提出异议又提出具体证据的，应对原计量结果进行复核，必要时可到现场复核，按复核后的计量结果进行鉴定。

（3）当事人就总价合同计量发生争议的，总价合同对工程计量标准有约定的，按约定进行鉴定；没有约定的，仅就工程变更部分进行鉴定。

在工程合同纠纷案件中，当事人之间就工程量问题产生争议的占有较大比例。工程量计算准确与否直接影响到当事人的切身利益。当事人都往往强调有利于自己的方面，最终导致工程量计算和确认上出现争议。本章针对此类现象提出了鉴定的技术路线。

4. 计价争议的鉴定

（1）当事人因工程变更导致工程量数量变化要求调整综合单价发生争议的，或对新增工程项目组价发生争议的，鉴定人应按以下规定进行鉴定：

1）合同中有约定的，应按合同约定进行鉴定；

2）合同中约定不明的，应厘清合同履行情况，如是按合同约定履行的，应向委托人提出按其进行鉴定；如没有履行，可按现行国家标准计价规范的相关规定进行鉴定，供委托人判断使用。

3）合同中没有约定的，应提请委托人决定并按其决定进行鉴定。委托人暂不决定的，按现行国家标准计价规范的相关规定进行鉴定，供委托人判断使用。

建设工程施工合同是基于签订时静态的承包范围、设计标准、施工条件等为前提的，发承包双方权利和义务的分配也是以此为基础的。因此工程实施过程中如果这种静态前提被打破，则必须在新的承包范围、新的设计标准或新的施工条件等前提下建立新的平衡，追求新的公平和合理。由于施工条件变化和发包人要求变化等原因，往往会发生合同约定的工程材料性质和品种、建筑物结构形式、施工工艺和方法等的变动，此时必须变更才能维护合同的公平。因此规定合同中没有约定或约定不明的，可按《建设工程工程量清单计价规范》GB 50500—2013 的相关规定进行鉴定。

（2）当事人因物价波动要求调整合同价款发生争议的，鉴定人应按以下规定进行鉴定：

1）合同中约定了计价风险范围和幅度的，按合同约定进行鉴定；合同中约定了物价波动可以调整，但没有约定风险范围和幅度的，应提请委托人决定，按现行国家标准计价规范的相关规定进行鉴定；但已经采用价格指数法进行了调整的除外。

2）合同中约定物价波动不予调整的，仍应对实行政府定价或政府指导价的材料按《中华人民共和国合同法》的规定进行鉴定。

目前，我国仍有一些原材料价格按照《中华人民共和国价格法》的规定实行政府定价或者政府指导价，如水、电、燃油等。按照《中华人民共和国合同法》第六十三条规定："执行政府定价或者政府指导价的，在合同约定的交付期限内价格调整时，按照交付时的价格计价。逾期提交标的物的，遇价格上涨时，按照原价格执行；价格下降时，按照新价格执行。逾期提取标的物或者逾期付款的，遇价格上涨时，按照新价格执行；价格下降时，按照原价格执行"。因此对政府定价或政府指导价管理的原材料价格应按照这一规定进行鉴定。

（3）当事人因人工费调整文件要求调整人工费发生争议的，鉴定人应按以下规定进行鉴定：

1）如合同中约定不执行的，鉴定人应提请委托人决定并按其决定进行鉴定。

2）合同中没有约定或约定不明的，鉴定人应提请委托人决定并按其决定进行鉴定，委任人要求鉴定人提出意见的，鉴定人应分析鉴别：如人工费的形成是以鉴定项目所在地工程造价管理部门发布的人工费为基础在合同中约定的，可按工程所在地人工费调整文件进行作出鉴定意见；如不是，则应作出否定性意见，供委托人判断使用。

（4）当事人因材料价格发生争议的，鉴定人应提请委托人决定并按其决定进行鉴定。

委托人未及时决定可按以下规定进行鉴定，供委托人判断使用：

1）材料价格在采购前经发包人或其代表签批认可的，应按签批的材料价格进行鉴定；

2）材料采购前未报发包人或其代表认质认价的，应按合同约定的价格进行鉴定；

3）发包人认为承包人采购的材料不符合质量要求不予认价的，应按双方约定的价格进行鉴定，质量方面的争议应告知发包人另行申请质量鉴定。

（5）发包人以工程质量不合格为由，拒绝办理工程结算而发生争议的，鉴定人应按以下规定进行鉴定：

1）已竣工验收合格或已竣工未验收但发包人已投入使用的工程，工程结算按合同约定进行鉴定；

2）已竣工未验收且发包人未投入使用的工程以及停工、停建工程，鉴定人应对无争议、有争议的项目分别按合同约定进行鉴定。工程质量争议应告知发包人申请工程质量鉴定，待委托人分清当事人的质量责任后，分别按照工程造价鉴定意见判断采用。

5. 工期索赔争议的鉴定

（1）当事人对鉴定项目开工时间有争议的，鉴定人应提请委托人决定，委托人要求鉴定人提出意见的，鉴定人应按以下规定提出鉴定意见，供委托人判断使用：

1）合同中约定了开工时间，但发包人又批准了承包人的开工报告或发出了开工通知，应采用发包人批准的开工报告或发出的开工通知的时间。

2）合同中未约定开工时间，应采用发包人批准的开工时间；没有发包人批准的开工时间，可根据施工日志、验收记录等相关证据确定开工时间。

3）合同中约定了开工时间，因承包人原因不能按时开工，发包人接到承包人延期开工申请且同意承包人要求的，开工时间相应顺延；发包人不同意延期要求或承包人未在约定时间内提出延期开工要求的，开工时间不予顺延。

4）因非承包人原因不能按照合同中约定的开工时间开工，开工时间相应顺延。

5）因不可抗力原因不能按时开工的，开工时间相应顺延。

6）证据材料中，均无发包人或承包人提前或推迟开工时间的证据，采用合同约定的开工时间。

最高人民法院《关于审理建设工程施工合同纠纷案件适用法律问题的解释（二）》（法释〔2018〕20 号）第五条规定：“当事人对建设工程开工日期有争议的，人民法院应当分别按照以下情形予以认定：

（一）开工日期为发包人或者监理人发出的开工通知载明的开工日期；开工通知发出后，尚不具备开工条件的，以开工条件具备的时间为开工日期；因承包人原因导致开工时间推迟的，以开工通知载明的时间为开工日期。

（二）承包人经发包人同意已经实际进场施工的，以实际进场施工时间为开工日期。

（三）发包人或者监理人未发出开工通知，亦无相关证据证明实际开工日期的，应当综合考虑开工报告、合同、施工许可证、竣工验收报告或者竣工验收备案表等载明的时间，并结合是否具备开工条件的事实，认定开工日期。”

建设工程的开工时间是《中华人民共和国合同法》规定施工合同应包括的主要内容，发包人和承包人都必须严格履行。由于建设工程涉及的面广，往往有一些预想不到的因素，影响按约定的日期开工，因此规定了开工时间鉴定的技术路线。

（2）当事人对鉴定项目工期有争议的，鉴定人应按以下规定进行鉴定：

1）合同中明确约定了工期的，以合同约定工期进行鉴定；

2）合同对工期约定不明或没有约定的，鉴定人应按工程所在地相关专业工程建设主管部门的规定或国家相关工程工期定额进行鉴定。

（3）当事人对鉴定项目实际竣工时间有争议的，鉴定人应提请委托人决定，委托人要求鉴定人提出意见的，鉴定人应按照以下规定提出鉴定意见，供委托人判断使用：

1）鉴定项目经竣工验收合格的，以竣工验收之日为竣工时间；

2）承包人已经提交竣工验收报告，发包应在收到竣工验收报告之日起在合同约定的时间内完成竣工验收而未完成验收的，以承包人提交竣工验收报告之日为竣工时间；

3）鉴定项目未经竣工验收，未经承包人同意而发包人擅自使用的，以占有鉴定项目之日为竣工时间。

竣工日期采用一个时间段或截止日为表现方式，一般都在鉴定项目施工合同中予以写明，而实际竣工日期往往会引起争议。有时承包人可能会比合同预计的日期提前完工，有时也可能因为种种原因不能如期完工，而工程完工之日和竣工验收合格之日也可能有个时间差，究竟以哪个时间点作为实际竣工日期至关重要。确定鉴定项目实际竣工日期，其法律意义涉及给付工程款的本金及利息起算时间、计算违约金的数额以及风险转移等诸多问题。

工程实际竣工日期的确认，如经双方签字确认竣工日期的，应以双方确认的日期为竣工日期。当双方对实际竣工日期有争议时，应提请委托人决定，委托人不决定或委托鉴定人鉴别的，按以上进行鉴定。

（4）当事人对鉴定项目暂停施工、顺延工期有争议的，鉴定人应按以下规定进行鉴定：

1）因发包人原因暂停施工的，相应顺延工期；

2）因承包人原因暂停施工的，工期不予顺延；

3）工程竣工前，发包人与承包人对工程质量发生争议停工待鉴的，如工程质量鉴定合格，承包人无过错的，工期顺延。

最高人民法院《关于审理建设工程施工合同纠纷案件适用法律问题的解释（二）》（法释〔2018〕20号）第六条规定："当事人约定顺延工期应当经发包人或者监理人签证等方式确认，承包人虽未取得工期顺延的确认，但能够证明在合同约定的期限内向发包人或者监理人申请过工期顺延且顺延事由符合合同约定，承包人以此为由主张工期顺延的，人民法院应予支持。

当事人约定承包人未在约定期限内提出工期顺延申请视为工期不顺延的，按照约定处理，但发包人在约定期限后同意工期顺延或者承包人提出合理抗辩的除外。"

设计变更导致工程量的增加，并不必然导致工期的增加，如果增加的工程量并非是关键工作，可以组织平行施工和交叉施工，还可以增加作业工人和施工机械等组织措施，承包人可以要求增加工程造价而不影响总工期。

关键线路指在工期网络计划中从起点节点开始，沿箭线方向通过一系列箭线与节点，最后到达终点节点为止所形成的通路上所有工作持续时间总和最大的线路。

关键工作指关键线路上的工作，关键工作上各项工作持续时间总和即为网络计划的工期。关键工作的进度将直接影响到网络计划的工期。

（5）当事人对鉴定项目因设计变更顺延工期有争议的，鉴定人应参考施工进度计划，判别是否增加了关键线路和关键工作的工程量而引起工期变化，如增加了工期，应相应顺延工期；如未增加工期，工期不予顺延。

（6）当事人对鉴定项目因工期延误索赔有争议的，鉴定人应按《建设工程造价鉴定规范》GB/T 51262—2017 第 5.7.1～第 5.7.5 条确定实际工期，再与合同工期对比，以此确定是否延误及延误的具体时间。

对工期延误责任的归属，鉴定人可从专业鉴别、判断的角度提出建议，最终由委托人根据当事人的举证判断确定。

6. 费用索赔争议的鉴定

（1）当事人因提出索赔发生争议的，鉴定人应提请委托人就索赔事件的成因、损失等作出判断，委托人明确索赔成因、索赔损失、索赔时效均成立的，鉴定人应运用专业知识作出因果关系的判断，作出鉴定意见，供委托人判断使用。

（2）一方当事人提出索赔，对方当事人已经答复但未能达成一致，鉴定人可按以下规定进行鉴定：

1）对方当事人以不符合事实为由不同意索赔的，鉴定人应在厘清证据事实以及事件的因果关系的基础上作出鉴定；

2）对方当事人以该索赔事项存在，但认为不存在赔偿的或认为索赔过高的，鉴定人应根据相关证据和专业判断作出鉴定。

（3）当事人对暂停施工索赔费用有争议的，鉴定人应按以下规定进行鉴定：

1）合同对上述费用的承担有约定的，应按合同约定作出鉴定；

2）因发包人原因引起的暂停施工，费用由发包人承担，包括：对已完工程进行保护的费用、运至现场的材料和设备保管费、施工机具租赁费、现场生产工人与管理人员工资、承包人为复工所需的准备费用等；

3）因承包人原因引起的暂停施工，费用由承包人承担。

（4）因不利的物质条件或异常恶劣的气候条件的影响，承包人提出应增加费用和延误工期的，鉴定人应按以下规定鉴定：

1）承包人及时通知发包人，发包人同意后及时发出指示同意的，采取合理措施而增加的费用和延误的工期由发包人承担；发承包双方就具体数额达成一致的，鉴定人应采纳这一数额鉴定；发承包双方未就具体数额达成一致的，鉴定人通过专业鉴别、判断作出鉴定。

2）承包人及时通知发包人，发包人未及时回复，鉴定人可从专业角度进行鉴别、判断作出鉴定。

（5）因发包人原因，发包人删减了合同中的某项工作或工程项目，承包人提出应由发包人给予合理的费用及预期利润，委托人认定该事实成立的，鉴定人进行鉴定时，其费用可按相关工程企业管理费的一定比例计算，预期利润可按工程项目报价中的利润一定比例或工程所在统计部门发布的建筑企业统计年报的利润率计算。

建设工程施工中的索赔是发承包双方行使正当权利的行为，承包人可向发包人索赔，发包人也可向承包人索赔。任何索赔事件的确立，其前提条件是必须有正当的索赔理由。对正当索赔理由的说明必须具有证据，因为进行索赔主要是靠证据说话，没有证据或证据不足，索赔是难以成功的，并应在合同约定的时限内提出。

7. 工程签证争议的鉴定

（1）当事人因工程签证费用发生争议，鉴定人应按以下规定进行鉴定：

1）签证明确了人工、材料、机械台班数量及其价格的，按签证的数量和价格计算；

2）签证只有用工数量没有人工单价的，其人工单价按照工作技术要求比照鉴定项目相应工程人工单价适当上浮计算；

3）签证只有材料和机械台班用量没有价格的，其材料和台班价格按照鉴定项目相应工程材料和台班价格计算；

4）签证只有总价款而无明细表述的，按总价款计算；

5）签证中的零星工程数量与该工程应予实际完成数量不一致，应按实际完成工程数量计算。

（2）当事人因工程签证存在瑕疵发生争议的，鉴定人应按以下规定进行鉴定：

1）签证发包人只签字证明收到，但未表示同意，承包人有证据证明该签证已经完成，鉴定人可作出鉴定意见并单列，供委托人判断使用。

2）签证既无数量又无价格，只有工作事项的，由当事人双方协商；协商不成的，鉴定人可根据工程合同约定的原则、方法对该事项进行专业分析，作出推断性意见，供委托人判断使用。

（3）承包人仅以发包人口头指令完成了某项零星工作或工程，要求费用支付，而发包人又不认可，且无物证的，鉴定人应以法律证据缺失为由，作出否定性鉴定。

由于施工生产的特殊性，在施工过程中往往会出现一些与合同工程或合同约定不一致或未约定的事项，这时就需要发承包双方用书面形式记录下来，各地对此的称谓不一，如工程签证、施工签证、技术核定单等，《建设工程工程量清单计价规范》GB 50500—2013 将其定义为现场签证。签证有多种情形，一是发包人的口头指令，需要承包人将其提出，由发包人转换成书面签证；二是发包人的书面通知如涉及工程实施，需要承包人就完成此通知需要的人工、材料、机械设备等内容向发包人提出，取得发包人的签证确认；三是合同工程招标工程量清单中已有，但施工中发现与其不符，比如土方类别，出现流沙等，需承包人及时向发包人提出签证确认，以便调整合同价款；四是由于发包人原因，未按合同约定提供场地、材料、设备或停水、停电等造成承包人的停工，需承包人及时向发包人提出签证确认，以便计算索赔费用；五是合同中约定的材料等价格由于市场发生变化，需承包人向发包人提出采购数量及其单价，以取得发包人的签证确认；六是其他由于合同条件变化需要现场签证的事项等。

8. 合同解除争议的鉴定

（1）工程合同解除后，当事人就价款结算发生争议，如送鉴的证据满足鉴定要求的，按送鉴证据进行鉴定；不能满足鉴定要求的，鉴定人应提请委托人组织现场勘验或核对，会同当事人采取以下措施进行鉴定：

1）清点已完工程部位、测量工程量；

2）清点施工现场人、材、机数量；

3）核对签证、索赔所涉及的有关资料；

4）将清点结果汇总造册请当事人签认，当事人不签认的及时报告委托人，但不影响鉴定工作的进行；

5）分别计算价款。

（2）当事人对已完成工程数量不能达成一致意见，鉴定人现场核对也无法确认的，应提请委托人委托第三方专业机构进行现场勘验，鉴定人应按勘验结果进行鉴定。

（3）委托人认定发包人违约导致合同解除的，应包括以下费用：

1）完成永久工程的价款；

2）已付款的材料设备等物品的金额（付款后归发包人所有）；

3）临时设施的摊销费用；

4）签证、索赔以及其他应支付的费用；

5）撤离现场及遣散人员的费用；

6）发包人违约给承包人造成的实际损失（其违约责任的分担按委托人的决定执行）；

7）其他应由发包人承担的费用。

（4）委托人认定承包人违约导致合同解除的，应包括以下费用：

1）完成永久工程的价款；

2）已付款的材料设备等物品的金额（付款后归发包人所有）；

3）临时设施的摊销费用；

4）签证、索赔以及其他应支付的费用；

5）承包人违约给发包人造成的实际损失（其违约责任的分担按委托人的决定执行）；

6）其他应由承包人承担的费用。

（5）委托人认定因不可抗力导致合同解除的，鉴定人应按合同约定进行鉴定；合同没有约定或约定不明的，鉴定人应提请委托人认定不可抗力导致合同解除后适用的归责原则，可建议按现行国家标准计价规范的相关规定进行鉴定，由委托人判断，鉴定人按委托人的决定进行鉴定。

（6）单价合同解除后的争议，按以下规定鉴定，供委托人判断使用：

1）合同有约定的，按合同约定进行鉴定；

2）委托人认定承包人违约导致合同解除的，单价项目按已完工程量乘以约定的单价计算（其中单价措施项目应考虑工程的形象进度），总价措施费项目按与单价项目的关联度比例计算；

3）委托人认定发包人违约导致合同解除的，单价项目按已完工程量乘以约定单价计算，其中剩余工程量超过15%的单价项目可适当增加企业管理费计算。总价措施项目全部实施的，全额计算；未实施完的，按单价项目的关联度比例计算。未完工程量与约定的单价计算后按工程所在地统计部门所发布的建筑企业统计年报的利润率计算利润。

（7）总价合同解除后的争议，按以下规定进行鉴定，供委托人判断使用：

1）合同有约定的，按合同约定进行鉴定；

2）委托人认定承包人违约导致合同解除的，鉴定人可参照工程所在地同时期适用的计价依据计算出未完工程价款，再用合同约定的总价款减去未完工程款计算；

3）委托人认定发包人违约导致合同解除的，承包人请求按照工程所在地同时期适用的计价依据计算已完工程价款，鉴定人可采用这一方式鉴定，供委托人判断使用。

合同解除是合同非常态终止，为了限制合同的解除，法律规定了合同解除制度。根据解除权来源划分，可分为协议解除和法定解除。鉴于建设工程施工合同的特性，为了防止社会资源浪费，法律不赋予发承包人享有任意单方解除权。因此除了协议解除，按照《最高人民法院关于审理建设工程施工合同纠纷案件适用法律问题的解释》（法释〔2014〕14 号）第八条、第九条的规定，施工合同的解除有承包人根本违约的解除和发包人根本违约的解除两种。

既然施工合同的解除是一个合法有效合同的非常态解除，就存在对解除前行为和解除事项的处理问题。《最高人民法院关于审理建设工程施工合同纠纷案件适用法律问题的解释》（法释〔2014〕14 号）第十条规定："建设工程施工合同解除后，已经完成的建设工程质量合格的，发包人应当按照约定支付相应的工程价款已经完成的建设工程质量不合格的，参照本解释第三条规定处理。因一方违约导致合同解除的，违约方应当赔偿因此而给对方造成的损失"。因此本章针对工程合同解除后的造价鉴定提出技术路线。

9. 鉴定意见

（1）鉴定意见可同时包括确定性意见、推断性意见或供选择性意见。

确定性意见—事实清楚、证据充分、依据有力。

（2）当鉴定项目或鉴定事项内容事实清楚，证据充分，应作出确定性意见。

（3）当鉴定项目或鉴定事项内容客观，事实较清楚，但证据不够充分，应作出推断性意见。

（4）当鉴定项目合同约定矛盾或鉴定项目中部分内容证据矛盾，委托人暂不明确要求鉴定人分别鉴定的，可分别按照不同的合同约定或证据，作出选择性意见，由委托人判断使用。

（5）在鉴定过程中，对鉴定项目或鉴定项目中部分内容，当事人相互协商一致，达成的书面妥协性意见应纳入确定性意见，但应在鉴定意见中注明。

（6）重新鉴定时，对当事人达成的书面妥协性意见，除当事人再次达成一致同意外，不得作为鉴定依据直接使用。

《关于适用〈中华人民共和国民事诉讼法〉的解释》（法释〔2015〕5 号）第一百零七条规定："在诉讼中，当事人为达成调解协议或者和解协议作出妥协而认可的事实，不得在后续的诉讼中作为对其不利的根据，但法律另有规定或者当事人均同意的除外。"

鉴定意见是鉴定类证据的书面表现形式。鉴定意见的表现形式很多，按其对鉴定结果的确定程度及其证明意义，有确定性意见与推断性意见两类。

确定性意见是对被鉴定问题作出断然性结论，包括对被鉴定问题的"肯定"或"否定"、"是"或"不是"、"有"或"没有"等。由于确定性意见是明确回答鉴定要求的意见，评断其客观性与关联性难度相对较小，证明作用也相对较大。因此鉴定人总是力图作出确定性意见，委托人也总是希望鉴定人出具这种意见。但是在有些案件中确实很难实现这一目的。因为不论哪一个鉴定门类，出具这类意见都有严格的鉴定条件和具体的鉴定标准。鉴定条件较差或鉴定标准不够的难以作出确定性意见。

推断性意见是对被鉴定问题作出不确定的分析意见，如"可能是"或"可能不是"，"可能有"或"可能没有"，"可能相同"或"可能不同"等。鉴定人出具推断性意见的基本条件是：被鉴定问题条件差但又具备一定的鉴定条件，或者被鉴定的问题本身技术难度大，经过鉴定难以形成确定性意见。从科学认识方法和证据要求角度来讲，鉴定人出具推断性意见是正常的、合理的。

选择性意见是由于合同约定矛盾或证据矛盾，为使鉴定工作不至于停顿，鉴定人只好分别按照不同的合同约定或证据作出不同的可供选择的意见供委托人判断使用。

鉴定人规避鉴定中的两种倾向：一方面，是将鉴定工作等同于审判工作，在合同证据不力或依据不足且当事人无法达成妥协的条件下，擅自作出确定性鉴定意见；另一方面，在合同证据不力或依据不足且当事人无法达成妥协的条件下，未通过专业的分析、鉴别和判断，作出推断性意见，达不到委托人需要的鉴定工作深度。

七、鉴定意见书的制作

1. 一般规定

（1）鉴定机构和鉴定人在完成委托的鉴定事项后，应向委托人出具鉴定意见书。

（2）鉴定意见书的制作应标准、规范，语言表述应符合下列要求：

1）使用符合国家通用语言文字规范、通用专业术语规范和法律规范的用语，不得使用文言、方言和土语；

2）使用国家标准计量单位和符号；

3）文字精练，用词准确，语句通顺，描述客观清晰。

（3）鉴定意见书不得载有对案件性质和确定当事人责任进行认定的内容。

（4）多名鉴定人参加鉴定，对鉴定意见有不同意见的，应当在鉴定意见书中予以注明。

鉴定意见书是鉴定机构和鉴定人对委托的鉴定事项进行鉴别和判断后，出具的记录鉴定人专业判断意见的文书。反映了鉴定受理、实施过程、鉴定技术方法及鉴定意见等内容。鉴定意见书不仅要回答和解决专门性问题，也是鉴定人个人科学技术素养、法律知识素养、逻辑思维能力的系统展示。鉴定意见书的使用人、关系人，既包括法官、仲裁员，也包括当事人及其他诉讼或仲裁参与人，他们的唯一共同点就是并不具备相关科学技术知识的背景。因此，鉴定意见书除了应文字简练，用词专业、科学外，还应考虑鉴定的目的和实际用途，注意逻辑推理和表述规范，力求让上述人员能够看明白从而做到正确使用。

鉴定人对案件中的专门性问题，只能就案件事实作出鉴定意见，而不能作出法律结论。所谓作出法律结论，是指鉴定人超越职权范围，对被鉴定的问题作出法律认定结论，即鉴定意见对案件定性或确定鉴定事项当事人的法律责任。鉴定意见中如果含有鉴定人的法律结论，就容易引发偏见，妨碍公正地认定事实；鉴定意见如果解决法律问题，就侵犯了司法机关的审判权。

2. 鉴定意见书格式

（1）鉴定意见书一般由封面、声明、基本情况、案情摘要、鉴定过程、鉴定意见、附注、附件目录、落款、附件等部分组成：

1）封面：应写明鉴定机构名称、鉴定意见书的编号、出具年月；其中意见书的编号应包括鉴定机构缩略名、文书缩略语、年份及序号。

2）鉴定声明：写明鉴定机构独立公正的专业立场，明确鉴定意见书的使用原则，阐明鉴定人是否存在应当回避的情形，说明发表及转载的保密要求。

3）基本情况：写明委托人、委托日期、鉴定项目、鉴定事项、送鉴材料、送鉴日期、鉴定人、鉴定日期、鉴定地点。

　　4）案情摘要：写明委托鉴定事项涉及鉴定项目争议的简要情况。

　　5）鉴定过程：写明鉴定的实施过程和科学依据（包括鉴定程序、所用技术方法、标准和规范等），分析说明根据送鉴证据材料形成鉴定意见的分析、鉴别和判断过程。

　　6）鉴定意见：应当明确、具体、规范、具有针对性和可适用性。

　　7）附注：对鉴定意见书中需要解释的内容，可以在附注中作出说明。

　　8）附件目录：相对于鉴定意见书正文后面的附件，应按附件在正文中出现的顺序，统一编号形成目录。

　　9）落款：鉴定人应在鉴定意见书上签字盖执业专用章，日期上应加盖鉴定机构的印章。

　　10）附件：包括鉴定委托书，与鉴定意见有关的现场勘验、测绘报告，调查笔录，相关的图片、照片，鉴定机构资质证书及鉴定人执业资格证书复印件。

　　本条明确了鉴定意见书应包括的内容及有关规定，但因工程造价鉴定项目规模会相差很大、鉴定材料的收集情况各异、委托人的管理差异性，实际工作中可视具体项目作出取舍，但第一级目录的内容不宜缺少。

　　1）封面：规定工程造价鉴定意见书同时加盖鉴定机构的行政印章红印和钢印两种印模。

　　封二声明内容可由鉴定机构根据需要撰写，鉴定机构的回避声明也可在声明内容中载明。声明的内容需和以下内容相近：

　　①本鉴定意见书中陈述的事实是真实和准确的，其中的分析说明、鉴定意见是本鉴定机构鉴定人公正的专业分析。

　　②本鉴定意见书的分析说明、鉴定意见仅对送鉴材料负责。

　　③本鉴定意见书的正文和附件是不可分割的统一组成部分，使用人不能就某项条款或某个附件单独使用，由此而作出的任何推论、理解、判断，本鉴定机构概不负责。

　　④本鉴定机构收取本案的鉴定费用与本鉴定意见书中的分析说明、鉴定意见无关，也与本鉴定意见书的使用无关。

　　⑤本鉴定机构及鉴定人不存在现行法律规定所要求的回避情形，与鉴定项目不拥有现存的或预期的利益，与各方当事人没有利益关系，对各方当事人没有任何偏见。

　　⑥未经本鉴定机构同意，本鉴定意见书的全部或部分内容不得在任何公开刊物和新闻媒体上发表或转载，不得向与本案无关的任何单位及个人提供，否则本鉴定机构将追究相应的法律责任。

　　⑦本鉴定意见书的使用人和关系人复制本鉴定意见书，未重新加盖鉴定机构公章无效。

　　⑧鉴定机构的地址和联系信息。

　　2）案情摘要：主要描述与委托鉴定事项有关的案件的简要情况。案情摘要应以第三方立场，客观、综合、简明扼要、公正地叙述案件的实际情况，不掺杂鉴定人个人的主观意见和看法。案情摘要描述应避免以下情形：未抓住整个案件的重点，只是罗列一些与鉴定关系不大，甚至无关的"故事性情节"；过于简单，不能系统全面地反映案情；先入为主，只摘要有助于本鉴定意见的情节，或片面地引用当事人一方的一面之词；断章取义，未能反映某句话、某个事实出现的前提。

　　3）分析说明：是根据鉴定证据材料并结合案情，应用科学原理进行分析、鉴别和判断的过程。分析说明应紧紧围绕委托鉴定的事项来进行，根据客观的鉴定证据材料，通过逻辑推理和科学分析，为最终的鉴定意见提供充分的依据。分析说明应根据相应的标准、规范、规程，也可以引用业内认可的观点或资料，但引用的观点或资料应注明出处。分析说明的书写质量反映了鉴定人的综合业务水平、分析归纳能力、文字表达能力及工作责任心。

4）鉴定意见：是鉴定人根据鉴定证据材料，运用科学原理和逻辑推理，经过分析说明，回答委托人提出的鉴定事项的意见，是鉴定人思维过程的结晶，也是造价鉴定的落脚点。鉴定意见常用三言两语，甚至一句话即可简明表达。鉴定意见应精炼、明确、具体、规范，有针对性和可适用性。鉴定意见只回答委托鉴定的专业问题，不回答法律问题，不能超出委托鉴定事项的范围。

5）附注：位于落款之前，是对鉴定意见书中需要解释的内容进行说明，有多处需要进行说明的地方，在附注中按顺序进行说明。附注的内容需和以下内容相近：

①本鉴定意见书仅对鉴定项目的造价进行了鉴别和判定，并作出了客观、独立、公正的鉴定意见，而未考虑鉴定项目当事人签订的工程合同中涉及的违约规定的条款及其他问题，也不涉及合同履行过程中当事人之间往来的财务费用。

②本鉴定意见书未考虑当事人各方其他的民事约定及本案鉴定费用等有关问题。

③本鉴定意见书正本份数，副本份数，具有同等法律效力，鉴定机构存档一份正本。

6）附件：是鉴定意见书的有效组成部分，位于正文之后，因此应在正文中列明附件的目录，以便鉴定意见书使用人明晰附件的组成及便于查阅。

7）考虑到工程造价鉴定每个项目至少应由两名及以上鉴定人共同进行鉴定，并由具有本专业高级技术职务任职资格的鉴定人复核，鉴定意见书落款鉴定人应签字和加盖注册造价工程师执业专用章。

8）附件：是鉴定意见书的重要组成部分，起到支撑鉴定意见的作用。附件主要包括与鉴定意见有关的现场勘验、测绘报告，案情调查中形成的记录，其他必要的资料和相关的图片、照片等，鉴定机构资质证、鉴定人执业资格证书复印件。附件附在鉴定意见书的正文之后，并应按附件目录相同的编号进行编号和装订。

样例如下：

1）工程造价鉴定意见书封面：

_____工程

工程造价鉴定意见书

××价鉴（××××）×号

（鉴定机构名称）

（工程造价咨询企业章）

年　　月　　日

2）鉴定人声明：

声　明

　　本鉴定机构和鉴定人郑重声明：

1. 本鉴定意见书中依据证据材料陈述的事实是真实和准确的，其中的分析说明、鉴定意见是我们独立、公正的专业分析。

2. 工程造价及其相关经济问题存在固有的不确定性，本鉴定意见的依据是贵方委托书和送鉴证据材料，仅负责对委托鉴定范围及内容作出鉴定意见，未考虑与其他方面的关联。

3. 本鉴定意见书的正文和附件是不可分割的统一组成部分，使用人不能就某项条款或某个附件单独使用，由此而作出的任何推论、理解、判断，本鉴定机构概不负责。

4. 本鉴定机构收取本鉴定项目的鉴定费用与本鉴定意见书的分析说明、鉴定意见无关，也与本鉴定意见书的使用无关。

5. 本鉴定机构及鉴定人与本鉴定项目不存在现存的或预期的利益；与各方当事人没有任何利益往来，对各方当事人没有任何偏见；也不存在现行法律法规所要求的回避情形。

6. 未经本鉴定机构同意，本鉴定意见书的全部或部分内容不得在任何公开刊物和新闻媒体上发表或转载，不得向与本鉴定项目无关的任何单位和个人提供，否则，本鉴定机构将追究相应的法律责任。

3）工程造价鉴定意见书落款：

正文××××

鉴定人：＿＿＿＿＿＿＿＿＿＿＿　（签字并盖造价工程师执业章）

鉴定人：＿＿＿＿＿＿＿＿＿＿＿　（签字并盖造价工程师执业章）

审定人：＿＿＿＿＿＿＿＿＿＿＿　（签字并盖造价工程师执业章）

负责人：＿＿＿＿＿＿＿＿＿＿＿　（签名）

鉴定机构盖章

年　　月　　日

（2）补充鉴定意见书在鉴定意见书格式的基础上，应说明以下事项：

1）补充鉴定说明：阐明补充鉴定理由和新的委托鉴定事由；

2）补充资料摘要：在补充资料摘要的基础上，注明原鉴定意见基本内容；

3）补充鉴定过程：在补充鉴定、勘验的基础上，注明原鉴定过程的基本内容；

4）补充鉴定意见：在原鉴定意见的基础上，提出补充鉴定意见。

（3）应委托人、当事人的要求或者鉴定人自行发现有下列情形之一的，经鉴定机构负责人审核批准，应对鉴定意见书进行补正：

1）鉴定意见书的图像、表格、文字不清晰的；

2）鉴定意见书中的签名、盖章或者编号不符合制作要求的；

3）鉴定意见书文字表达有瑕疵或者错别字，不影响鉴定意见、不改变鉴定意见书的其他内容的。

对已发出鉴定意见书的补正，如以追加文件的形式实施，应包括如下声明："对××××字号（或其他标识）鉴定意见书的补正"，鉴定意见书补正应满足《建设工程造价鉴定规范》GB/T 51262—2017 的相关要求。如以更换鉴定意见书的形式实施，应经委托人同意，在全部收回原有鉴定意见书的情况下更换。重新制作的鉴定意见书除补正内容外，其他内容应与原鉴定意见书一致。

（4）鉴定机构和鉴定人发现所出具的鉴定意见存在错误的，应及时向委托人作出书面说明。

鉴定意见书常见的缺陷有两类，一类是程序性的缺陷，另一类是实体性的缺陷。程序性的缺陷表现为：鉴定机构和鉴定人不具有相应的鉴定资格；鉴定程序违法；文字表述部分有错别字；意思表述不准确，论述不完整或不充分；鉴定意见部分与论证部分有逻辑矛盾；只回答鉴定要求所提出的部分问题；鉴定意见在程度判断上界限不明确；没有鉴定人签名或盖章，或者没有加盖鉴定机构印章等。这些问题违反了程序法的要求或鉴定意见书制作规范的要求，对鉴定意见的效力产生影响。虽然这种影响并不必然会左右对鉴定意见的实质判断，但其影响了对鉴定意见的审查评断及合法性，所以为了保障诉讼或仲裁活动的效率，可以依照诉讼或仲裁以及有关鉴定的程序规范进行补救。实体性的缺陷表现为鉴定方法运用不正确，鉴定依据不充分等。如果鉴定意见书存在实质性的缺陷，则必然影响鉴定意见的可靠性和可采性。

在实践中，鉴定人或当事人如果发现鉴定意见书有缺陷应向委托人申请补救，委托人接到鉴定人或当事人的申请后应该进行审查，然后根据情况作出是否补救或作其他处理的决定。如需对已发出的鉴定意见书作出修正（或补正），甚至需要签发新的鉴定意见书，这两条对发生以上事项时的处理方法作出了规定。

3. 鉴定意见书制作

（1）鉴定意见书的制作应符合下列要求：

1）使用 A4 规格纸张，打印制作；

2）在正文每页页眉的右上角或页脚的中间位置以小五号字注明正文共几页，本页是第几页；

3）落款应当与正文同页，不得使用"此页无正文"字样；

4）不得有涂改；

5）应装订成册。

以上根据司法部《司法鉴定文书规范》（司发通〔2007〕71号）第十条规定，对鉴定意见书的制作提出了要求。

（2）鉴定意见书应根据委托人及当事人的数量和鉴定机构的存档要求确定制作份数。

《司法鉴定程序通则》（司法部令第107号）第三十五条规定："司法鉴定文书一般应当一式三份，两份交委托人收执，一份由本机构存档。"根据工程造价鉴定工作的实际情况分析，鉴定意见书制作一式三份不能满足当事各方的需要：合议庭或仲裁庭均需持有鉴定意见书；案件中双方或多方当事人；鉴定机构存档一般应需三份，一份正本与其他鉴定过程中形成的资料一起装订成册归档，另备一份以供鉴定人出庭作证或协助调解处理纠纷之需，另存鉴定意见书清样，以供事后案件有关当事人复制鉴定意见书之需。因此规定鉴定意见书应根据委托人的要求、当事人的数量和鉴定机构的存档要求来确定制作份数。

4. 鉴定意见书送达

（1）鉴定意见书制作完成后，应及时向委托人送达。

（2）鉴定意见书送达应由委托人在《送达回证》签收。

样例如下：

送 达 回 证

编号：

兹收到_____鉴定机构（××〔×××〕建鉴字×××号）工程造价鉴定意见书正本_____份，副本_____份。

送 达 机 构：_____鉴定机构

送 达 人：_____

送 达 地 点：_____

受送达单位：_____

受 送 达 人：_____

送 达 时 间： 年 月 日

八、鉴定人出庭作证

（1）鉴定人经委托人通知，应当依法出庭作证，接受当事人对工程造价鉴定意见书的质询，回答与鉴定事项有关的问题。

（2）鉴定人因法定事由不能出庭作证的，经委托人同意后，可以书面形式答复当事人的质询。

（3）未经委托人同意，鉴定人拒不出庭作证，导致鉴定意见不能作为认定事实的根据的；支付鉴定费用的当事人要求返还鉴定费用的，应当返还。

（4）鉴定人出庭作证时，应当携带鉴定人的身份证明，包括身份证、造价工程师注册证、专业技术职称证等，在委托人要求时出示。

（5）鉴定人出庭前应作好准备工作，熟悉和准确理解专业领域相应的法律、法规和标准、规范以及鉴定项目的合同约定等。

（6）鉴定机构宜在开庭前，向委托人要求当事人提交所需回答的问题或对鉴定意见书有异议的内容，以便于鉴定人准备。

（7）鉴定人出庭作证时，应依法、客观、公正、有针对性地回答鉴定的相关问题。

（8）鉴定人出庭作证时，对与鉴定事项无关的问题，可经委托人允许，不予回答。

《中华人民共和国民事诉讼法》第七十八条规定："当事人对鉴定意见有异议或者人民法院认为鉴定人有必要出庭的，鉴定人应当出庭作证。经人民法院通知，鉴定人拒不出庭作证的，鉴定意见不得作为认定事实的根据；支付鉴定费用的当事人可以要求返还鉴定费用。"

由于鉴定工作解决的是案件中的专门性问题，鉴定意见是法定证据之一，鉴定意见是鉴定人运用专门知识对案件中的专门性问题进行分析判断后得出的。因此，为了保证鉴定意见的科学性、确认鉴定意见的证明力，鉴定人就应依法出庭接受质证。出庭作证是鉴定人的重要义务之一。鉴定人出庭举证、质证，以科学的态度阐明该项鉴定意见的可靠性和证据意义，并回答有关人员提出的疑问，对于支持诉讼或仲裁，对于维护当事人的合法权利，对于依法判决或裁决，对于宣传科学技术证据的效力都具有重要的意义。

鉴定人出庭作证的条件是，凡是担任鉴定项目的鉴定人接到委托人的出庭通知以后，都应按时出庭作证，除非存在《中华人民共和国民事诉讼法》第七十三条规定的理由并经委托人批准，否则，鉴定人不能免除出庭义务。对于违反这一义务的鉴定人，法律规定了相关的处罚措施。鉴定人出庭作证的具体任务包括：一是宣读鉴定意见书，即完成举证任务；二是接受当事人、委托人按照法律程序就有关鉴定意见方面的问题进行的询问，即完成质证任务。

九、鉴定业务档案管理

1. 基本要求

（1）鉴定机构应建立完善的工程造价鉴定档案管理制度。档案文件应符合国家和有关部门发布的相关规定。

（2）归档的照片、光盘、录音带、录像带、数据光盘等，应当注明承办单位、制作人、制作时间、说明与其他相关的鉴定档案的参见号，并单独整理存放。

（3）卷内材料的编号及案卷封面、目录和备考表的制作应符合以下要求：

1）卷内材料经过系统排列后，应当在有文字的材料正面的右下角、背面的左下角用阿拉伯数字编写页码。

2）案卷封面可打印或书写。书写应用蓝黑墨水或碳素墨水，字迹要工整、清晰、规范。

3）卷内目录应按卷内材料排列顺序逐一载明，并表明起止页码。

4）卷内备考表应载明与本案卷有关的影像、声像等资料的归档情况；案卷归档后经鉴定机构负责人同意入卷或撤出的材料情况，主卷人、机构负责人、档案管理人的姓名；立卷接收日期，以及其他需说明的事项。

（4）需存档的施工图设计文件（或竣工图）按国家有关标准折叠后存放于档案盒内。

（5）案卷应当做到材料齐全完整、排列有序，标题简明确切，保管期限划分准确，装订不掉页不压字。

（6）档案管理人对已接受的案卷，应按保管期限、年度顺序、鉴定类别进行排列编号并编制《案卷目录》、计算机数据库等检索工具。涉密案卷应当单独编号存放。

（7）出具鉴定意见书的鉴定档案，保存期为8年。

（8）档案应按"防火、防盗、防潮、防高温、防鼠、防虫、防光、防污染"等条件进行安全保管。档案管理人应当定期对档案进行检查和清点，发现破损、变质、字迹褪色和被虫蛀、鼠咬的档案应当及时采取防治措施，并进行修补和复制。发现丢失的，应当立即报告，并负责查找。

2. 档案内容

（1）下列材料应整理立卷并签字后归档：

1）鉴定委托书；

2）鉴定过程中形成的文件资料；

3）鉴定意见书正本；

4）鉴定意见工作底稿；

5）送达回证；

6）现场勘验报告、测绘图纸资料；

7）需保存的送鉴资料；

8）其他应归档的特种载体材料。

（2）需退还委托人的送鉴材料，应复印或拍照存档。鉴定档案应纸质版与电子版双套归档。

3. 查阅或借调

（1）鉴定机构应根据国家有关规定，建立鉴定档案的查阅和借调制度。

（2）司法机关因工作需要查阅和借调鉴定档案的，应出具单位函件，并履行登记手续。借调鉴定档案的应在一个月内归还。

（3）其他国家机关依法需要查阅鉴定档案的，应出具单位函件，经办人工作证，经鉴定机构负责人批准，并履行登记手续。

（4）其他单位和个人一般不得查阅鉴定档案，因特殊情况需要查阅的，应出具单位函件，出示个人有效身份证明，经委托人批准，并履行登记手续。

（5）鉴定人查阅或借调鉴定档案，应经鉴定机构负责人同意，履行登记手续。借调鉴定档案的应在7天内归还。

（6）借调鉴定档案到期未还的，档案管理人员应当催还。造成档案损毁或丢失的，依法追究相关当事人责任。

（7）鉴定机构负责人同意，卷内材料可以摘抄或复制。复制的材料，由档案管理人核对后，注明"复印件与案卷材料一致"的字样，并加盖鉴定机构印章。

鉴定机构和鉴定人应对鉴定材料依鉴定程序逐项建立档案。鉴定档案的内容应包括鉴定委托书，送鉴证据材料副本，案情简介、鉴定记录、鉴定意见书以及需要留档的其他资料。鉴定档案是鉴定人出庭质证和复查鉴定情况以及评估鉴定工作质量的物质依据。鉴定机构应当建立鉴定档案的立卷和归档制度、查阅和借调制度及销毁和移交制度。

第三节　《工程造价鉴定意见书》样例

《工程造价鉴定意见书》样例如下：

××××××工程

工程造价鉴定意见书

××××××公司

××××年××月××日

项目名称：××××××工程

委托单位：××××××人民法院

鉴定单位：××××××工程咨询有限公司

执业专用章：

地　　址：

电　　话：

传　　真：

网　　址：

营业执照复印件

资质证书复印件

鉴　定　人：×××　　　　　注册造价工程师

鉴　定　人：×××　　　　　注册造价工程师

鉴　定　人：×××　　　　　注册造价工程师

辅助人员：×××　　　　　造价员

辅助人员：×××　　　　　造价员

审　核　人：×××　　　　　注册造价工程师

审　定　人：×××　　　　　注册造价工程师

目　录

声 明

本鉴定机构和鉴定人郑重声明：

1. 本鉴定意见书中依据证据材料陈述的事实是真实和准确的，其中的分析说明、鉴定意见是我们独立、公正的专业分析。

2. 工程造价及其相关经济问题存在固有的不确定性，本鉴定意见的依据是贵方委托书和送鉴证据材料，仅负责对委托鉴定范围及内容作出鉴定意见，未考虑与其他方面的关联。

3. 本鉴定意见书的正文和附件是不可分割的统一组成部分，使用人不能就某项条款或某个附件单独使用，由此而作出的任何推论、理解、判断，本鉴定机构概不负责。

4. 本鉴定机构及鉴定人与本鉴定项目不存在现行法律法规所要求的回避情形。

5. 未经本鉴定机构同意，本鉴定意见书的全部或部分内容不得在任何公开刊物和新闻媒体上发表或转载，不得向与本鉴定项目无关的任何单位和个人提供，否则，本鉴定机构将追究相应的法律责任。

××××××有限公司（盖章）

年 月 日

×××××工程

工程造价鉴定意见书

一、基本情况

1. 委托人：×××××人民法院

2. 委托日期：　　年　　月　　日

3. 鉴定项目：（×××）×字第×××号案

4. 鉴定事项：对×××××工程造价进行鉴定

5. 送鉴材料：详见鉴定资料目录

6. 送鉴日期：原告于××××年××月提交鉴定材料，被告于××××年××月提交鉴定材料

7. 鉴定人：×××××有限公司

8. 鉴定日期：　　年　　月　　日

9. 鉴定地点：×××××

二、案情概述

1. 本案当事人双方分别是×××××有限责任公司（以下简称原告）和××××××（以下简称被告），双方之间因为×××××工程合同及补充协议争议引起本案。

2. 原告人主张结算金额为×××××元，被告主张结算金额为×××××元。

3. 其他需要说明的概述。

三、鉴定过程

1. 鉴定人于　　年　　月　　日收到委托人《关于（××××）×字第××××号案委托鉴定函》（以下简称委托鉴定函），鉴定人于　　年　　月　　日向委托人发出《关于（××××）×字第×××号案委托鉴定函的回复函》回函，表示愿意接受委托，待鉴定人组织开庭确定鉴定范围后，对鉴定费及计算依据进行报价。

2. 　　年　　月　　日，×××××人民法院开庭要求当事人双方对"被告提出双方前期已确认部分审定金额"的鉴定范围进行确认。

3. 　　年　　月　　日，鉴定人组织双方召开本案已完工程量确认会议，双方同意于　　年　　月　　日前提供"双方确认工程量核对记录"，若到期未提供，则表示双方对工程量未达成一致。

4. 鉴定人收齐当事人双方提交的鉴定材料，原告分别于　　年　　月　　日、　　年　　月　　日提交鉴定资料。被告分别于　　年　　月　　日和　　年　　月　　日提交鉴定资料。

5. 　　年　　月　　日，鉴定人组织双方在会议室就双方各自提供的鉴定资料举行了互相核认会议。鉴于双方当事人对不需要进行工程造价鉴定的工程范围未达成一致，鉴定人发函征询×××人民法庭同意后，确定按照原告全部施工范围进行本案的工程造价鉴定。

6. 　　年　　月　　日，鉴定人组织双方当事人就本案造价鉴定依据的图纸和施工范围举行了核对会议，双方于　　年　　月　　日前按照会议要求分别提供了各自认可的施工界面划分。

7. 　　年　　月　　日，鉴定人组织双方当事人进行现场勘验，并共同签署了《现场勘验会议纪要》。

8. 　　年　　月　　日，鉴定人组织双方当事人召开鉴定会议，对施工合同、补充协议、抢工费、延期增加费和专项施工方案阐述了各自主张。

9. 本着客观、独立、公正、实事求是的原则，鉴定人在出具鉴定意见书前充分听取了原告和被告双方的陈述意见。在此基础上，通过对双方提供的现有鉴定依据资料的认真分析、研究、复核和计算，依据国家相关法律法规、标准规范和相关行业规范性文件的规定，并结合本工程的实际情况，鉴定人针对本案出具工程造价鉴定意见。

四、鉴定范围

根据×××××人民法院《关于（××××）×字第××××号案委托鉴定函》内容，依据原告和被告之间签订的《合同文件》，对×××××工程中原告实际施工的工程进行造价鉴定。

五、鉴定依据

1. 国家相关法律法规、标准规范和×××市相关行业规范性文件，（××××）×字第×××号案委托鉴定函。

2. ×××××工程建筑设计有限公司设计的×××××建筑、结构及安装施工图纸和竣工图纸。

3. ×××××建筑设计研究院有限责任公司设计的精装修工程施工图纸。

4. 本工程施工总承包招标文件、中标通知书、施工组织设计等资料。

5. 本工程有关设计变更通知单、工程洽商记录、工作联系单和会议纪要等资料。

6. 　　年　　月签订的《×××××工程施工总承包合同文件》（以下简称总承包合同）。

7. 　　年　　月　　日签订的《×××××工程施工总承包合同文件补充协议》（以下简称补充协议书）。

8. 原告、被告和精装修专业施工单位三方签订的精装修合同（以下简称精装修三方合同）。

9. 　　年　　月　　日《鉴定会议纪要》及《会议签到表》。

10. 　　年　　月　　日《鉴定资料核对会议纪要》及《会议签到表》。

11. 　　年　　月　　日《鉴定会议纪要》及《会议签到表》。

12. 　　年　　月　　日《现场勘验鉴定会议纪要》及《会议签到表》。

13. 《建设工程工程量清单计价规范》GB 50500。

14. ××××年《×××市建设工程预算定额》、××××年《×××市建设工程费用定额》和《×××市工程造价信息》等。

15. 　年　　月　　日××××××工程监理有限公司（以下简称监理公司）出具的《××××××工程审核工期延误报告》。

六、鉴定原则

1. 工程量依据双方确认的施工图纸、设计变更单及工程洽商记录单，按《建设工程工程量清单计价规范》GB 50500 计算规则进行计量。

2. 清单计价及取费标准按总承包合同及相关文件规定执行。

3. 人工工日依据总承包合同约定原则计价和调整价差。

4. 材料价格：依据总承包合同约定计价，暂估价材料按甲方批价执行调价，对于没有批价的依据造价信息价格和市场询价计入。

5. 甲供材依据领取记录单据扣减超供部分材料费。

七、鉴定说明

1. 关于原告施工工程范围的说明。

本鉴定意见书根据施工图纸、总承包施工合同，以及鉴定人组织的鉴定会议中双方共同确认的会议纪要，确定申请人施工的工程范围为：××××××。

2. 关于补充协议的说明。

在鉴定过程中，双方对履约过程中共同签订的补充协议是否应当作为造价鉴定的依据争议较大，因补充协议的每一条款均涉及工程结算调价，故补充协议始终是双方争议的焦点，且涉及协议书的法律效力问题，鉴定人将依据补充协议计算的造价金额在本鉴定意见书中列为"供选择性意见"，由委托人判断使用。

八、鉴定意见

鉴定人按照鉴定计量和计价原则，经过认真分析和计算，出具的鉴定意见包括确定项目意见和供选择性意见，说明如下：

1. 确定项目鉴定金额。

人民币：　　　　　　　　　（￥：　　元）

2. 供选择性项目鉴定金额。

按补充协议书约定计算的调价金额

人民币：　　　　　　　　　（￥：　　元）

附件：

1. 确定部分造价鉴定汇总表

2. 供选择部分造价鉴定汇总表

3. 确定部分造价鉴定明细表

4. 供选择部分造价鉴定明细表

5. 工程造价鉴定附件资料

××××工程咨询有限公司

年　　月　　日

工程造价鉴定汇总表

工程名称：××××××工程

序号	项 目 名 称	单位	金额（元）	备注
1	建筑工程	元		
2	装饰工程	元		
3	电气工程	元		
4	给排水及消防工程	元		
5	通风空调工程	元		
6	室外工程	元		
...	……	元		
	合计	元		

建筑工程造价鉴定明细表

工程名称：××××××工程

序号	项 目 名 称	单位	金额（元）	备注
1	建筑工程	元		
2	工程变更、洽商	元		
...	……	元		
	合计	元		

工程造价鉴定附件资料

（本工程造价鉴定依据的工程施工合同、工程设计变更单、工程洽商变更单、材料批价单、现场勘测记录单等资料）

・56・

第二章　工程项目建设程序

第一节　工程项目建设概述

工程项目是指同时具有投资行为和建设行为的工程建设项目。工程项目建设程序是指工程项目建设从投资意向、选择、评估、决策、设计、施工到竣工验收和投产使用的全部建设环节和先后顺序。它是工程项目建设内在规律的反映，体现了工程项目各建设环节的内在关系，不可随意减少环节和改变顺序。政府通过行政审批和设立项目法人责任制、项目投资咨询评估制、资本金制度、工程招投标制、工程建设监理制等制度，保证工程项目按建设程序实施，实现工程项目预期目标。

一、工程项目建设程序

工程项目建设各阶段、各环节、各项工作之间存在着固有关系和规律，工程项目建设根据规律和按一定顺序分阶段和步骤依次展开实施，形成工程建设项目规律性的建设程序。

1. 我国的工程项目建设程序

我国现阶段的工程项目建设程序，也称基本建设程序，是根据国家经济体制改革和国务院投资体制改革的要求及国家现行法律法规规定确立的。根据《国务院关于投资体制改革的决定》，工程项目立项实行审批、核准和备案三种形式。我国的工程项目建设程序主要包括立项决策阶段、设计及准备阶段、实施阶段和竣工验收交付使用阶段，如图2-1所示。

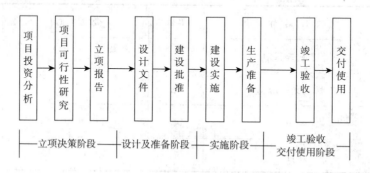

图2-1　工程项目建设程序简图

图2-1各阶段都包括许多工作内容和内在环节，形成一个循序渐进的工作流程，演变成工程建设项目，也形成了我国工程项目建设程序，如图2-2所示。纳入国务院工程建设项目审批制度改革试点的一般政府投资项目工程建设审批流程如图2-3所示，其中还包括建设用地划拨土地、自有土地模式工程建设审批流程；一般企业投资项目建设审批流程，其中还包括建设用地核准制（备案制）划拨土地、出让土地、自有土地模式工程建设审批流程。

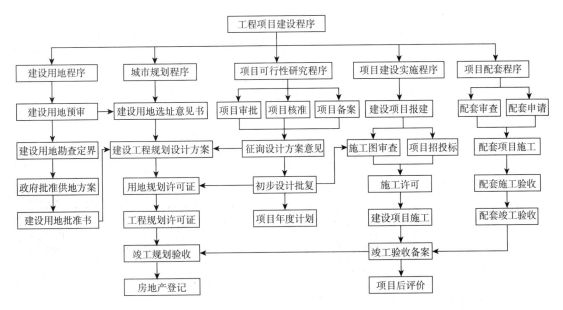

图2-2　我国工程项目建设程序

2. 外商和境外投资项目建设程序

根据《国务院关于投资体制改革的决定》和《外商投资项目核准暂行管理办法》，中外合资、中外合作、外商独资、外商购并境内企业、外商投资企业增资等各类外商投资项目需按要求向国家和地方发改委进行投资核准。工程项目的建设程序一般也按立项决策阶段、设计及准备阶段、实施阶段和竣工验收交付使用阶段分阶段实施。凭国家发展改革委的核准文件，依法办理土地使用、城市规划、质量监管、安全生产、资源利用、企业设立（变更）、资本项目管理、设备进口及适用税收政策等方面手续，履行建设项目程序。

根据《境外投资项目核准暂行管理办法》，境外投资项目的核准具体指中国境内各类法人，及其通过在境外控股的企业或机构，在境外进行的投资项目向国家或地方发改委申请核准，同时也包括投资主体在香港特别行政区、澳门特别行政区和台湾地区进行的投资项目的核准。境外项目应按照投资所在国家和地区的法律法规规定的建设程序实施。

3. 国外工程项目建设程序

按照项目建设工作展开的时间顺序，项目阶段划分为决策、实施阶段。从发放贷款的角度，世界银行项目阶段划分为：项目选定，项目准备，项目评估，项目谈判，实施监督，总结评价。联合国工业组织项目阶段划分为：形成概念，确定定义和要求，形成项目，授权，具体活动开始，责任终止，总结评价等七个阶段。

二、工程项目管理组织

工程项目管理组织是指作为业主方应具有的组织结构及组织能力。一个合格的业主方的组织机构和组织能力，对项目建设的顺利开展至关重要。工程建设项目从立项决策、设计及准备、实施和竣工验收交付使用各阶段，均具有整体组织、管理、审核及决策的能力。

1. 项目业主的职能

工程建设项目业主必须运用系统工程的观念、理论和方法进行决策，其主要职能为：决

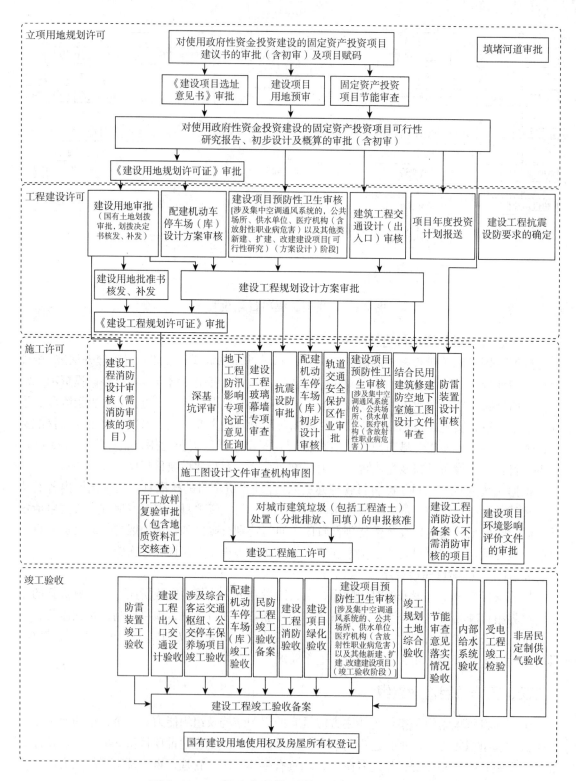

图 2-3　一般政府投资项目工程建设审批流程

策职能、计划职能、组织职能、协调职能、控制职能。工程建设项目管理的主要任务就是对投资、进度和质量进行控制。建设单位项目负责人是指建设单位法定代表人或经法定代表人授权，代表建设单位全面负责工程项目建设全过程管理，并对工程质量承担终身责任的人员。建设工程开工建设前，建设单位法定代表人应当签署授权书，明确建设单位项目负责人。

2. 工程项目管理

工程项目管理是指从事工程项目管理的企业受业主委托，按照合同约定，代表业主对工程项目的组织实施进行全过程或若干阶段的管理和服务。项目管理企业应当改善组织结构，建立项目管理体系，开展工程项目管理业务。工程项目业主方可以通过招标或委托等方式选择项目管理企业，并与选定的项目管理企业以书面形式签订委托项目管理合同。合同中应当明确履约期限，工作范围，双方的权利、义务和责任，项目管理酬金及支付方式，合同争议的解决办法等。工程项目管理服务收费应在工程概算中列支。在履行委托项目管理合同时，项目管理企业及其人员应当遵守国家现行的法律法规、工程建设程序，执行工程建设强制性标准，遵守职业道德，公平、科学、诚信地开展项目管理工作。业主方应当对项目管理企业提出并落实的合理化建议按照相应节省投资额的一定比例给予奖励。奖励比例由业主方与项目管理企业在合同中约定。

3. 工程项目承包模式

根据业主需求，针对具体工程项目采取合适的工程项目承包模式，一般有项目管理（合作服务承包或代建）模式、EPC 总承包（分阶段范围承包）模式、BOT 模式（围绕建造运营）、私民营机构建造模式（围绕融资）、转让 - 经营 - 转让模式（国有与私营之间）、公共部门与私人企业合作等模式（签订特许权合作协议）。

（1）项目管理合作（CM）是指业主和受委托方共同开展项目管理工作；项目管理服务（PM）是指专业化的项目管理公司为业主提供专业的项目管理服务工作；PMC 项目管理承包（PMC），是项目管理承包商代表业主对工程项目进行全过程、全方位的项目管理，是针对大型、复杂、管理环节多的项目管理模式，为业主对包括项目管理的整体策划、项目定义、工程招标、对承包商的设计、采购、施工活动的过程进行全面管理；代建制是指政府通过招标的方式，选择专业化的项目管理单位，负责项目的投资管理和建设组织实施工作，项目建成后交付使用单位的制度。

（2）设计 - 采购 - 施工总承包（EPC）。EPC 总承包模式是指建设单位作为业主将建设工程发包给总承包单位，由总承包单位承揽整个建设工程的设计、采购、施工，并对所承包的建设工程的质量、安全、工期、造价等全面负责，最终向建设单位提交一个符合合同约定、满足使用功能、具备使用条件并经竣工验收合格的建设工程承包模式。交钥匙工程，指跨国公司为建造工程项目，一旦设计与建造工程完成，包括设备安装、试车及初步操作顺利运转后，即将该工厂或项目所有权和管理权的"钥匙"依合同完整地"交"给对方，由对方开始经营，交钥匙工程是 EPC 的主要模式之一；施工管理承包 CM 模式，为分阶段发包方式或快速轨道方式，CM 模式是由业主委托 CM 单位，以一个承包商的身份，采取有条件的"边设计、边施工"，着眼于缩短项目周期，它与业主的合同通常采用"成本 + 利润"方式的承发包模式，完成一部分分项（单项）工程设计后，即对该部分进行招标，发包给一家承包商，由业主直接按每个单项工程与承包商分别签订承包合同。这是近年在国外广泛流行的合同管理模式。

（3）建造–移交（BT），是政府利用非政府资金来进行基础非经营性设施建设项目的一种融资模式，是BOT模式的一种变换形式，指项目的运作通过项目公司总承包，融资、建设验收合格后移交给业主，业主向投资方支付项目总投资加上合理回报的过程；建设–运营–转让（BOT），是指政府通过契约授予私营企业以一定期限的特许专营权，许可其融资建设和经营特定的公用基础设施，并准许其通过向用户收取费用或出售产品以清偿贷款，回收投资并赚取利润，特许权期限届满时，该基础设施无偿移交给政府；建造–拥有–运营（BOO），私营部门的合作伙伴融资、建立、拥有并永久的经营基础设施，承包商根据政府赋予的特许权，建设并经营某项产业项目；建设–拥有–经营–转让（BOOT），是私人合伙或某国际财团融资建设基础产业项目，项目建成后，在规定的期限内拥有所有权并进行经营，期满后将项目移交给政府。

（4）建设–移交–运营（BTO），民营机构为设施融资并负责其建设，完工后即将设施所有权移交给政府方，随后政府方再授予其经营该设施的长期合同；重构–运营–移交（ROT），民营机构负责既有设施的运营管理以及扩建/改建项目的资金筹措、建设及其运营管理，期满将全部设施无偿移交给政府部门；设计–建造（DB），在私营部门的合作伙伴设计和制造基础设施，以满足公共部门合作伙伴的规范，往往是固定价格私营部门合作伙伴承担所有风险；设计–招标–建造承包（DBB），是国际上最为通用传统的工程项目管理模式，可自由选择咨询、设计、监理方，各方均熟悉使用标准的合同文本，有利于合同管理、风险管理和减少投资，以世界银行、亚洲开发银行贷款项目和国际咨询工程师联合会的合同条件为依据的项目均采用这种模式；设计–建造–融资及经营（DB–FO），私营部门的合作伙伴设计，融资和构造一个新的基础设施组成部分，以长期租赁的形式，运行和维护。当租约到期时，私营部门的合作伙伴将基础设施部件转交给公共部门的合作伙伴；购买–建造–营运（BBO），一段时间内，公有资产在法律上转移给私营部门的合作伙伴。

（5）转让–经营–转让（TOT），通常是指政府部门或国有企业将建设好的项目的一定期限的产权或经营权，有偿转让给投资人，由其进行运营管理，投资人在约定的期限内通过经营收回全部投资并得到合理的回报，双方合约期满之后，投资人再将该项目交还政府部门或原企业的一种融资方式；只投资，私营部门的合作伙伴，通常是一个金融服务公司，投资建立基础设施，并向公共部门收取使用这些资金的利息；运营与维护合同（O&M），私营部门的合作伙伴根据合同在特定的时间内，运营公有资产。公共合作伙伴保留资产的所有权。

（6）公共部门与私人企业合作（PPP），为了合作建设城市基础设施项目，以特许权协议为基础，彼此之间形成一种伙伴式的合作关系，并通过签署合同来明确双方的权利和义务，最终使合作各方达到比预期单独行动更为有利的结果；私人主动融资（PFI），是对BOT项目融资的优化，指政府部门根据社会对基础设施的需求，提出需要建设的项目，通过招投标，由获得特许权的私营部门进行公共基础设施项目的建设与运营，并在特许期结束时将所经营的项目完好地、无债务地归还政府，而私营部门则从政府部门或接受服务方收取费用以回收成本的项目融资方式。PPP模式适用于投资额大、建设周期长、资金回报慢的项目。

三、项目全过程工程咨询

1. 全过程工程咨询

全过程工程咨询采用多种服务方式组合，为项目决策、实施和运营持续提供局部或整体解决方案以及管理服务。全过程工程咨询是智力型服务，运用多学科知识和经验、现代科学技术和管理办法，遵循独立、科学、公正的原则，为建设单位的建设工程项目投资决策与实施提供咨询服务，以提高宏观和微观经济效益。全过程工程咨询是指建设单位根据工程项目特点和自身需求，把全过程工程咨询作为优先采用的建设工程组织管理方式，将项目建议书、可行性研究报告编制、项目实施总体策划、报批报建管理、合约管理、勘察管理、设计优化、工程监理、招标、造价控制、验收移交、配合审计等全部或部分业务一并委托给一个企业进行专业化咨询和服务的活动。

2. 全过程工程咨询业务范围

承担全过程工程咨询企业应当具有与工程规模和委托工作内容相适应的工程设计、工程监理、造价咨询的一项或多项资质，全过程工程咨询实行项目责任制。全过程工程咨询业务范围：编制项目建议书，包括项目投资机会研究、预可行性研究等；编制项目可行性研究报告、项目申请报告和资金申请报告等；协助建设单位进行项目前期策划，经济分析、专项评估与投资确定等工作；协助建设单位办理土地征用、规划许可等有关手续；协助建设单位与工程项目总承包企业或施工企业及建筑材料、设备、构配件供应商等签订合同并监督实施；协助建设单位提出工程设计要求、组织评审工程设计方案、组织工程勘察设计招标、签订勘察设计合同并监督实施，组织设计单位进行工程设计优化、技术经济方案比选并进行投资控制；招标代理；工程监理、设备监理等监理工作；协助建设单位提出工程实施用款计划，进行工程竣工结算和工程决算，处理工程索赔，组织竣工验收，向建设单位移交竣工档案资料，配合审计，生产试运行及工程保修期管理，组织项目后评估；工程咨询合同约定的工作。

3. 全过程工程咨询的实施

社会投资项目可以直接委托实施全过程工程咨询服务。依法应当招标的项目，可在计划实施投资时通过招标方式委托全过程工程咨询服务；委托内容不包括前期投资咨询的，也可在项目立项后由项目法人通过招标方式委托全过程工程咨询服务。建设单位亦可通过招标或政府购买服务的方式将一个项目或多个项目一并打包委托全过程工程咨询服务。建设单位应与选定的全过程工程咨询企业以书面形式签订委托工程咨询合同。合同中应当明确履约期限，工作范围，双方的权利、义务和责任，工程咨询酬金及支付方式，合同争议的解决办法等。全过程工程咨询服务收费应当根据受委托工程项目规模、范围、内容、深度和复杂程度等，由建设单位与工程咨询企业在工程咨询委托合同中约定。全过程工程咨询服务费用应列入工程概算，各项专业服务费用可分别列支。全过程工程咨询服务费可实行以基本酬金加奖励的方式，鼓励建设单位对全过程工程咨询企业提出并落实的合理化建议按照节约投资额的一定比例给予奖励，奖励比例由双方在合同中约定。两个及以上的工程咨询企业可以组成联合体以一个投标人身份共同投标。联合体中标的，联合体各方应当共同与建设单位签订工程咨询委托合同，对工程咨询委托合同的履行承担连带责任。联合体各方应签订联合体协议，明确各方权利、义务和责任，并确定一方作为联合体的主要责任方。

4. 工程咨询试点项目和条件

全过程工程咨询试点项目应是本地区有代表性的建设项目，原则上应为采用通用技术的房屋建筑、市政基础设施工程，工程造价在 3000 万元以上，并且必须包含设计优化、工程监理、造价控制三项工程咨询内容。建设主管部门要积极引导建设单位根据工程项目特点和自身需求，把全过程工程咨询作为优先采用的建设工程组织管理方式，政府投资项目采用全过程工程咨询。全过程工程咨询试点企业除应在资质等级、综合实力、社会信誉和相关业绩等方面满足条件外，还应具备：主持或参与制定过相关行业标准和技术规范的优先；掌握现代工程技术和项目管理方法，技术装备先进，具有较完整的专业技术资料积累和处理国内外相关业务信息的手段；直接从事业务的专业技术人员均应配备计算机等工具，通信及信息处理手段完备，能应用工程技术和经济评价系统软件开展业务，全部运用计算机和系统软件完成工程咨询成果文件编制和经济评价。政府投资项目的全过程工程咨询业务的实施企业应通过公开招标的方式在全过程工程咨询试点企业中产生。

四、工程项目建设各类费用

1. 建设项目总投资费用项目组成

建设项目总投资是指为完成工程项目建设并达到使用要求或生产条件，在建设期内预计或实际投入的总费用，包括工程造价、增值税、资金筹措费和流动资金。工程项目建设费用，即建设项目投资。建设项目投资含固定资产投资和流动资产投资两部分，建设项目总投资中的固定资产投资与建设项目的工程造价在量上相等。工程造价的构成按工程项目建设过程中各类费用支出或花费的性质、途径等来确定，是通过费用划分和汇集所形成的工程造价的费用分解和安装施工所需支出的费用，用于委托工程勘察设计应支付的费用，用于购置土地所需的费用，也包括用于建设单位自身进行项目筹建和项目管理所花费的费用等。总之，工程造价是工程项目按照确定的建设内容、建设规模、建设标准、功能要求和使用要求等全部建成并验收合格交付使用所需的全部费用。

工程费用是指建设期内直接用于工程建造、设备购置及其安装的费用，包括建筑工程费、设备购置费和安装工程费。工程建设其他费用是指建设期发生的与土地使用权取得、整个工程项目建设以及未来生产经营有关的，除工程费用、预备费、增值税、资金筹措费、流动资金以外的费用。主要包括土地使用费和其他补偿费、建设管理费、可行性研究费、专项评价费、研究试验费、勘察设计费、场地准备费和临时设施费、引进技术和进口设备材料其他费、工程保险费、联合试运转费、特殊设备安全监督检验费、市政公用配套设施费、专利及专有技术使用费、生产准备费等。按国家、行业或项目所在地相关规定计算，有合同或协议的按合同或协议计列。预备费是指在建设期内因各种不可预见因素的变化而预留的可能增加的费用，包括基本预备费和价差预备费。

2. 工程总承包费用项目构成

（1）在计价方式中明确工程总承包的费用构成为勘察设计费、建安工程费和设备购置费、总承包其他费。价格表现形式为所有项目包括成本、利润和税金。合同方式为总价合同，除合同另有约定，不予调整。计价风险规定总承包人对风险的承担是除合同约定外的全部风险。建设项目工程总承包费用项目详见表 2-1。

表 2-1 工程总承包费用构成参照表

费用名称	可行性研究	方案设计	初步设计
建筑安装工程费	√	√	√
设备购置费	√	√	√
勘察费	√	部分费用	—
设计费	√	除方案设计的费用	除方案设计、初步设计的费用
研究试验费	√	大部分费用	部分费用
土地租用及补偿费	根据工程建设期间是否需要定		
税费	根据工程具体情况计列应由总承包单位缴纳的税费		
总承包项目建设管理费	大部分费用	部分费用	小部分费用
临时设施费	√	√	部分费用
招标投标费	大部分费用	部分费用	部分费用
咨询和审计费	大部分费用	部分费用	部分费用
检验检测费	√	√	√
系统集成费	√	√	√
财务费	√	√	√
专利及专有技术使用费	根据工程建设是否需要定		
工程保险费	根据发包范围定		
法律费	根据发包范围定		
暂列费用	根据发包范围定，进入合同，但由建设单位掌握使用		

注：表中"√"指由建设单位计算的全部费用，"大部分费用""部分费用"指由建设单位参照现行
　　规定或同类与类似工程计算出的费用扣除建设单位自留使用外的用于工程总承包的费用。

（2）建筑安装工程费不包括应列入设备购置费的被安装设备本身的价值。该费用由建
设单位按照合同约定支付给总承包单位。建设单位应根据建设项目工程发包在可行性研究或
方案设计、初步设计后的不同要求和工作范围，分别按照现行的投资估算、设计概算或其他
计价方法编制计列。设备购置费不包括应列入安装工程费的工程设备本身的价值。该费用由
建设单位按照合同约定支付给总承包单位。建设单位应按照批准的设备选型，根据市场价格
计列。批准采用进口设备的，包括相关进口、翻译等费用。总承包其他费由建设单位应根据
建设项目工程发包在可行性研究或方案设计或初步设计后的不同要求和工作范围计列。总承
包其他费指建设单位应当分摊计入工程总承包相关项目的各项费用和税金支出，并按照合同
约定支付给总承包单位的费用。总承包项目建设管理费建设单位应按财政部规定的项目建设
管理费发包内容计列计算。暂列费用指建设单位为工程总承包项目预备的用于建设期内不可
预见的费用，包括基本预备费、价差预备费。根据工程总承包不同的发包阶段，分别参照现
行估算或概算方法编制计列。在发承包时，发包人可设置暂列金额，进入合同总价，但应由

发包人掌握使用。对利率、汇率和价格等因素的变化，可按照风险合理分担的原则确定范围在合同中约定，约定范围内的不予调整。未在本项目组成列出，根据项目建设实际需要补充的项目，可分别列入其他专项费或暂列费用项目中。

3. 工程项目建设费用控制

工程项目建设费用控制的工作程序在项目管理中，费用控制是和质量控制、进度控制、安全控制一起并称为项目的四大目标控制。这种目标控制是动态的，并且贯穿于工程项目实施的始终。建设项目费用控制以建设项目为对象，为在投资费用计划值内实现项目而对工程建设活动中的投资所进行的规划、控制和管理。费用控制的目的，就是在建设项目的实施阶段，通过投资规划与动态控制，将实际发生的投资额控制在投资的计划值以内，以使建设项目的投资目标尽可能地实现。在建设项目的建设前期，以投资的规划为主；在建设项目实施的中后期，投资的控制占主导地位。分阶段设置的费用控制目标如图 2-4 所示。

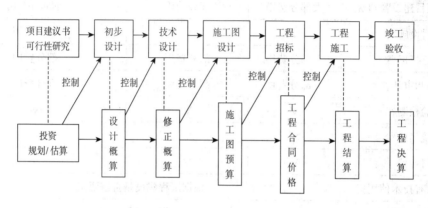

图 2-4　分阶段设置的费用控制目标

4. 各阶段的建设项目管理费用

不同阶段费用控制的工作内容与侧重点各不相同，各个阶段节约投资的可能性随着项目的建设逐渐衰弱。项目前期和设计阶段对建设项目投资具有决定作用，其影响程度也符合经济学中的"二八定律"。项目前期和设计阶段投资控制的重要作用，建设项目规划和设计阶段已经决定了建设项目生命周期内 80% 的费用；而设计阶段尤其是初步设计阶段已经决定了建设项目 80% 的投资。工程项目建设过程中，熟悉工程项目建设费用项目组成和管理程序对做好工程项目的费用管理至关重要，也是完成项目管理费用控制目标的基本条件。因此为了保证建设项目的顺利实施，作为工程项目投资主体，应成立管理组织或委托有能力的项目管理公司对工程项目建设费用进行有效的控制。工程建设费用管理的程序是：设立项目资源计划、项目费用估算、确定（分解）费用目标、项目费用计划实施、费用计划值与实施值比较、分析偏差原因、未完工程费用预测、采取纠偏措施、项目费用计划调整。

五、基本建设项目财务管理

1. 基本建设财务管理

基本建设是指以新增工程效益或者扩大生产能力为主要目的新建、续建、改扩建、迁建、大型维修改造工程及相关工作。基本建设财务管理应当严格执行国家有关法律、行政法规和财务规章制度，坚持勤俭节约、量力而行、讲求实效，正确处理资金使用效益与资金供给的关系。其主要任务：依法筹集和使用基本建设项目建设资金，防范财务风险；合理编制项目资金预算，加强预算审核，严格预算执行；加强项目核算管理，规范和控制建设成本；及时准确编制项目竣工财务决算，全面反映基本建设财务状况；加强对基本建设活动的财务控制和监督，实施绩效评价。

2. 基本建设成本管理

建设成本是指按照批准的建设内容由项目建设资金安排的各项支出，包括建筑安装工程投资支出、设备投资支出、待摊投资支出和其他投资支出。建筑安装工程投资支出是指项目建设单位按照批准的建设内容发生的建筑工程和安装工程的实际成本。设备投资支出是指项目建设单位按照批准的建设内容发生的各种设备的实际成本。待摊投资支出是指项目建设单位按照批准的建设内容发生的，应当分摊计入相关资产价值的各项费用和税金支出。其他投资支出是指项目建设单位按照批准的建设内容发生的房屋购置支出，基本畜禽、林木等的购置、饲养、培育支出，办公生活用家具、器具购置支出，软件研发和不能计入设备投资的软件购置等支出。项目建设单位应当严格控制建设成本的范围、标准和支出责任，以下支出不得列入项目建设成本：超过批准建设内容发生的支出；不符合合同协议的支出；非法收费和摊派；无发票或者发票项目不全、无审批手续、无责任人员签字的支出；因设计单位、施工单位、供货单位等原因造成的工程报废等损失，以及未按照规定报经批准的损失；项目符合规定的验收条件之日起 3 个月后发生的支出；其他不属于本项目应当负担的支出。财政资金用于项目前期工作经费部分，在项目批准建设后，列入项目建设成本。没有被批准或者批准后又被取消的项目，财政资金如有结余，全部缴回国库。

3. 项目绩效评价

项目绩效评价是指财政部门、项目主管部门根据设定的项目绩效目标，运用科学合理的评价方法和评价标准，对项目建设全过程中资金筹集、使用及核算的规范性、有效性，以及投入运营效果等进行评价的活动。项目绩效评价应当坚持科学规范、公正公开、分级分类和绩效相关的原则，坚持经济效益、社会效益和生态效益相结合的原则。项目绩效评价应当重点对项目建设成本、工程造价、投资控制、达产能力与设计能力差异、偿债能力、持续经营能力等实施绩效评价，根据管理需要和项目特点选用社会效益指标、财务效益指标、工程质量指标、建设工期指标、资金来源指标、资金使用指标、实际投资回收期指标、实际单位生产（营运）能力投资指标等评价指标。绩效评价结果作为项目财政资金预算安排和资金拨付的重要依据。建立具体的绩效评价指标体系，确定项目绩效目标，具体组织实施本部门或者本行业绩效评价工作，并向财政部门报送绩效评价结果。

4. 竣工财务决算审查重点

财政部门和项目主管部门审核批复项目竣工财务决算时，重点审查以下内容：工程价款结算是否准确，是否按照合同约定和国家有关规定进行，有无多算和重复计算工程量、高估冒算建筑材料价格现象；待摊费用支出及其分摊是否合理、正确；项目是否按照批准的概算（预）算内容实施，有无超标准、超规模、超概（预）算建设现象；项目资金是否全部到位，核算是否规范，资金使用是否合理，有无挤占、挪用现象；项目形成资产是否全面反映，计价是否准确，资产接受单位是否落实；项目在建设过程中历次检查和审计所提的重大问题是否已经整改落实；待核销基建支出和转出投资有无依据，是否合理；竣工财务决算报表所填列的数据是否完整，表间逻辑关系是否清晰、正确；尾工工程及预留费用是否控制在概算确定的范围内，预留的金额和比例是否合理；项目建设是否履行基本建设程序，是否符合国家有关建设管理制度要求等；决算的内容和格式是否符合国家有关规定；决算资料报送是否完整、决算数据间是否存在错误；相关主管部门或者第三方专业机构是否出具审核意见。

第二节　投资项目审批核准备案

《国务院关于投资体制改革的决定》确定各级政府投资项目的审批权限和目录清单，《企业投资项目核准和备案管理条例》和《企业投资项目核准和备案管理办法》明确落实企业投资自主权，规范政府对企业投资项目的核准和备案行为，实现便利、高效服务和有效管理，依法保护企业合法权益。

一、政府直接投资项目审批

直接投资项目实行审批制，包括审批项目建议书、可行性研究报告、初步设计。情况特殊、影响重大的项目，需要审批开工报告。国务院、国家发展改革委批准的专项规划中已经明确、前期工作深度达到项目建议书要求、建设内容简单、投资规模较小的项目，可以直接编报可行性研究报告，或者合并编报项目建议书。

1. 直接投资项目决策

适宜编制规划的领域，国家发展改革委和中央有关部门应当编制专项规划。按照规定权限和程序批准的专项规划，建立项目储备库，是项目决策和年度计划安排的重要依据。

（1）项目建议书要对项目建设的必要性、主要建设内容、拟建地点、拟建规模、投资匡算、资金筹措以及社会效益和经济效益等进行初步分析，并附相关文件资料。项目建议书编制完成后，由项目单位按照规定程序报送项目审批部门审批。项目审批部门对符合有关规定、确有必要建设的项目，批准项目建议书，并将批复文件抄送城乡规划、国土资源、环境保护等部门。项目审批部门可以在项目建议书批复文件中规定批复文件的有效期。项目单位依据项目建议书批复文件，组织开展可行性研究，并按照规定向城乡规划、国土资源、环境保护等部门申请办理规划选址、用地预审、环境影响评价等审批手续。项目审批部门在批准项目建议书之后，应当按照有关规定进行公示。公示期间征集到的主要意见和建议，作为编制和审批项目可行性研究报告的重要参考。项目建议书批准后，项目单位编制可行性研究报告，对项目在技术和经济上的可行性以及社会效益、节能、资源综合利用、生态环境影响、社会稳定风险等进行全面分析论证，落实各项建设和运行保障条件，并按照有关规定取得相关许可、审查意见。可行性研究报告的编制格式、内容和深度应当达到规定要求。

（2）项目可行性研究报告应当包含招标内容：项目的勘察、设计、施工、监理以及重要设备、材料等采购活动的具体招标范围（全部或者部分招标）、拟采用的招标组织形式（委托招标或者自行招标）。按照有关规定拟自行招标的，应当按照国家有关规定提交书面材料；按照有关规定拟邀请招标的，应当按照国家有关规定提交书面材料。

（3）可行性研究报告编制完成后，由项目单位按照规定程序报送项目审批部门审批，项目审批部门对符合有关规定、具备建设条件的项目，批准可行性研究报告，并将批复文件抄送城乡规划、国土资源、环境保护等部门。项目审批部门可以在可行性研究报告批复文件中规定批复文件的有效期。对于情况特殊、影响重大的项目，需要审批开工报告的，应当在可行性研究报告批复文件中予以明确。经批准的可行性研究报告是确定建设项目的依据。

（4）项目单位可以依据可行性研究报告批复文件，按照规定向规划、国土资源等部门申请办理规划许可、正式用地手续等，并委托具有相应资质的设计单位进行初步设计。初步设计应当符合国家有关规定和可行性研究报告批复文件的有关要求，明确各单项工程或者单位工程的建设内容、建设规模、建设标准、用地规模、主要材料、设备规格和技术参数等设计方案，并据此编制投资概算。投资概算应当包括国家规定的项目建设所需的全部费用。

（5）投资概算超过可行性研究报告批准的投资估算百分之十的，或者项目单位、建设性质、建设地点、建设规模、技术方案等发生重大变更的，项目单位应当报告项目审批部门。项目审批部门可以要求项目单位重新组织编制和报批可行性研究报告。初步设计编制完成后，由项目单位按照规定程序报送项目审批部门审批。对于由国家发展改革委审批项目建议书、可行性研究报告的项目，其初步设计经中央有关部门审核后，由国家发展改革委审批或者经国家发展改革委核定投资概算后由中央有关部门审批。经批准的初步设计及投资概算应当作为项目建设实施和控制投资的依据。直接投资项目应当符合规划、产业政策、环境保护、土地使用、节约能源、资源利用等方面的有关规定。

2. 直接投资项目建设管理

对于项目单位缺乏相关专业技术人员和建设管理经验的直接投资项目，项目审批部门应当在批复可行性研究报告时要求实行代理建设制度，通过招标等方式选择具备工程项目管理资质的工程咨询机构，作为项目管理单位负责组织项目的建设实施。直接投资项目应当依法办理相关手续，在具备国家规定的各项开工条件后，方可开工建设。对于按照可行性研究报告批复文件的规定需要审批开工报告的项目，应当在开工报告批准后方可开工建设。直接投资项目的招标采购，按照《中华人民共和国招标投标法》等有关法律法规规定办理。建立项目建设情况报告制度。项目单位应当按照规定向项目审批部门定期报告项目建设进展情况。项目由于政策调整、价格上涨、地质条件发生重大变化等原因确需调整投资概算的，由项目单位提出调整方案，按照规定程序报原概算核定部门核定。建立健全直接投资项目的工程保险和工程担保制度，加强直接投资项目的风险管理。直接投资项目竣工后，应当按照规定编制竣工决算。直接投资项目建成后，项目单位应当按照国家有关规定报请项目可行性研究报告审批部门组织竣工验收。直接投资项目建成运行后，项目审批部门可以依据有关规定，对照项目可行性研究报告批复文件及批准的可行性研究报告的主要内容开展项目后评价，必要时应当参照初步设计文件的相关内容进行对比分析，不断提高决策水平和投资效益。

3. 使用投资补助和贴息资金的项目实施管理

使用投资补助和贴息资金的项目，应当严格执行国家有关政策要求，项目汇总申报单位应当定期组织调度已下达投资补助和贴息项目的实施情况，并按时通过在线平台向国家发展改革委报告：项目实际开竣工时间；项目资金到位、支付和投资完成情况；项目的主要建设内容；项目工程形象进度；存在的问题。国家发展改革委必要时可以对投资补助和贴息有关工作方案和政策等开展中期评估和后评价工作，并根据评估评价情况及时对有关工作方案和政策作出必要调整。

二、投资项目核准备案程序

1. 政府投资项目审批核准备案

根据《国务院关于投资体制改革的决定》国家发展改革委审批地方政府投资项目的规定：各级地方政府采用直接投资或以资本金注入方式安排地方各类财政性资金，建设《政府核准的投资项目目录》范围内应由国务院或国务院投资主管部门管理的固定资产投资项目，需由省级投资主管部门报国家发展改革委同有关部门审批或核报国务院审批；需上报审批的地方政府投资项目，只需报批项目建议书。国家发展改革委主要从发展建设规划、产业政策以及经济安全等方面进行审查。项目建议书经国家发展改革委批准后，项目单位应当按照国家法律法规和地方政府的有关规定履行其他报批程序。地方政府投资项目申请中央政府投资补助、贴息和转贷的，按照国家发展改革委有关规定报批资金申请报告，也可在报批项目建议书时，一并提出申请；规定范围以外的地方政府投资项目，按照地方政府的有关规定审批。

2. 企业投资项目目录分类管理

企业投资项目是指企业在中国境内投资建设的固定资产投资项目，包括企业使用自己筹措资金的项目，以及使用自己筹措的资金并申请使用政府投资补助或贷款贴息等的项目。项目申请使用政府投资补助、贷款贴息的，应在履行核准或备案手续后，提出资金申请报告。根据项目不同情况，企业投资项目分别实行核准管理或备案管理。对关系国家安全、涉及全国重大生产力布局、战略性资源开发和重大公共利益等项目，属行政许可事项实行核准管理。具体项目范围以及核准机关、核准权限，由国务院颁布的《政府核准的投资项目目录》确定，并根据情况适时调整。除国务院另有规定外，其他项目实行备案管理的按照属地原则备案。项目的市场前景、经济效益、资金来源和产品技术方案等，应当依法由企业自主决策、自担风险，项目核准、备案机关及其他行政机关应当列明项目核准的申报材料及所需附件、受理方式、审查条件、办理流程、办理时限等；列明项目备案所需信息内容、办理流程等。项目核准、备案通过全国投资项目在线审批监管平台实行网上受理、办理、监管和服务，项目通过在线平台申报时，生成作为该项目整个建设周期身份标识的唯一项目代码，并与社会信用体系对接，作为后续监管的基础条件。企业投资建设固定资产投资项目，符合国民经济和社会发展总体规划、专项规划、区域规划、产业政策、市场准入标准、资源开发、能耗与环境管理等要求，依法履行项目核准或者备案及其他相关手续，并依法办理城乡规划、土地（海域）使用、环境保护、能源资源利用、安全生产等相关手续，如实提供相关材料，报告相关信息。项目单位应当通过在线平台如实报送项目开工建设、建设进度、竣工的基本信息。项目开工前，应当登录在线平台报备项目开工基本信息。项目开工后，应当按年度在线报备项目建设动态进度基本信息。项目竣工验收后，应当在线报备项目竣工基本信息。企业办理项目核准手续，按照国家有关要求编制项目申请报告，并按照规定程序报送。

3. 项目申请报告主要内容

主要内容包括：项目单位情况；拟建项目情况，包括项目名称、建设地点、建设规模、建设内容等；项目资源利用情况分析以及对生态环境的影响分析；项目对经济和社会的影响分析。项目申请报告通用文本明确编制内容、深度要求等。项目申请报告可以由项目单位自行编写，也可以由项目单位自主委托具有相关经验和能力的工程咨询单位编写。项目单位在报送项目申请报告时，应当根据国家法律法规的规定附具以下文件：城乡规划行政主管部门出具的选址意见书；国土资源行政主管部门出具的用地预审意见；法律、行政法规规定需要办理的其他相关手续。

4. 项目核准的申请程序

地方企业投资建设应当分别由国务院投资主管部门、国务院行业管理部门核准的项目，可以分别通过项目所在地省级政府投资主管部门、行业管理部门向国务院投资主管部门、国务院行业管理部门转送项目申请报告。属于国务院投资主管部门核准权限的项目，项目所在地省级政府规定由省级政府行业管理部门转送的，可以由省级政府投资主管部门与其联合报送。国务院有关部门所属单位、计划单列企业集团、中央管理企业投资建设应当由国务院有关部门核准的项目，直接向相应的项目核准机关报送项目申请报告，并附行业管理部门的意见。企业投资建设应当由国务院核准的项目，按照规定向国务院投资主管部门报送项目申请报告，由国务院投资主管部门审核后报国务院核准。新建运输机场项目由相关省级政府直接向国务院、中央军委报送项目申请报告。企业投资建设应当由地方政府核准的项目，应当按照地方政府的有关规定，向相应的项目核准机关报送项目申请报告。项目申报材料齐全、符合法定形式的，项目核准机关应当予以受理。项目核准机关在正式受理项目申请报告后，需要评估的，应在 4 个工作日内按照有关规定委托工程咨询机构进行评估。项目评估报告要求：除项目情况复杂的，评估时限不得超过 30 个工作日。项目复杂的，履行批准程序后，可以延长评估时限，但延长期限不得超过 60 个工作日。项目核准机关将项目评估报告与核准文件一并存档备查。

5. 项目核准机关的核准意见

项目涉及有关行业管理部门或者项目所在地地方政府职责的，项目核准机关应当商请有关行业管理部门或地方人民政府在 7 个工作日内出具书面审查意见。项目建设可能对公众利益构成重大影响的，项目核准机关在作出核准决定前，应当采取适当方式征求公众意见。对于特别重大的项目，可以实行专家评议制度。项目核准机关可以根据评估意见、部门意见和公众意见等，要求项目单位对相关内容进行调整，或者对有关情况和文件做进一步澄清、补充。应当在正式受理申报材料后 20 个工作日内作出是否予以核准的决定，或向上级项目核准机关提出审核意见。项目情况复杂或者需要征求有关单位意见的，延长的时限不得超过 40 个工作日。项目符合核准条件的，项目核准机关应当对项目予以核准并向项目单位出具项目核准文件。属于国务院核准权限的项目，由国务院投资主管部门根据国务院的决定向项目单位出具项目核准文件或者不予核准的书面通知。项目核准机关出具项目核准文件或者不予核准的书面通知应当抄送同级行业管理、城乡规划、国土资源、水行政管理、环境保护、节能审查等相关部门和下级机关。实行备案管理的项目，项目单位应当在开工建设前通过在线平台将相关信息告知项目备案机关。项目备案具体包括以下内容：项目单位基本情况；项目名称、建设地点、建设规模、建设内容；项目总投资额；项目符合产业政策声明。项目备案机关收到规定的全部信息即为备案。项目单位需要备案证明的，可以通过在线平台自行打印或者要求备案机关出具。实行备案管理的项目，项目单位在开工建设前还应当根据相关法律法规规定办理其他相关手续。

6. 国家发展改革委工程建设投资项目行政审批事项

国家发展改革委按照国务院规定权限审批、核准、审核重大建设项目、重大外资项目、境外资源开发类重大投资项目和大额用汇投资项目。

（1）涉及政府出资的投资项目审批包括：监管监察能力建设重大项目审批；国家电子政务工程项目审批；国家民用空间基础设施项目审批；国家石油储备基地工程项目审批；国家重大科技基础设施项目审批；食品药品监管、高技术等领域项目审批；政府出资的水电站项目审批；中国科学院科教基础设施项目审批；中央和国家机关及事业单位自身能力建设重大项目审批；中央直属棉花储备库项目审批；教育领域中央本级固定资产投资项目审批；民政残疾人老龄领域中央本级固定资产投资项目审批；体育领域中央本级固定资产投资项目审批；卫生领域中央本级固定资产投资项目审批；中央本级文化旅游类固定资产投资项目审批；使用中央投资 5 亿元及以上、使用中央投资且总投资 50 亿元及以上的公路项目审批；使用中央投资 5 亿元及以上、使用中央投资且总投资 50 亿元及以上的国际国境河流航道建设项目审批；使用中央投资 5 亿元及以上、使用中央投资且总投资 50 亿元及以上的铁路项目审批；使用中央投资 5 亿元及以上、使用中央投资且总投资 50 亿元及以上的增建跑道的机场改扩建项目审批；申请安排中央预算内投资 3000 万元及以上的邮政寄递渠道安全监管项目审批；使用中央预算内投资 3000 万元及以上的长江干线航道建设等中央本级非经营性水运项目审批；使用中央预算内投资 3000 万元及以上的中央本级非经营性公路项目审批；使用中央预算内投资 3000 万元及以上的中央本级非经营性铁路项目审批；使用中央预算内投资 3000 万元及以上的中央本级非经营性项目审批；限额以上政府出资的中央本级林业及生态建设项目审批；限额以上政府出资的地方林业及生态建设项目审批；限额以上政府出资的中央本级农业项目审批；限额以上政府出资的地方农业项目审批；限额以上政府出资的中央水利项目审批；限额以上政府出资的地方水利项目审批；限额以上政府出资的气象基础设施项目审批；由中央统借统还的利用国际金融组织和外国政府贷款农业综合开发项目审批；中央或地方政府投资的新建运输机场项目审批；国家铁路网中除干线以外的铁路项目备案等。

（2）涉及企业、事业单位、社会团体等投资建设的固定资产投资项目核准包括：核电站项目核准（核报国务院）；新建运输机场项目核准（核报国务院、中央军委）；特大型主题公园项目核准（核报国务院）；在跨界河流、跨省河流上建设的库容 10 亿 m^3 及以上或者涉及移民 1 万人及以上的水库项目核准（核报国务院）；涉及跨界河流、跨省水资源配置调整的重大水利项目核准；在跨界河流、跨省河流上建设的单站总装机容量 50 万 ~ 300 万 kW 水电站项目核准；跨境、跨省 ±500kV 及以上直流电网工程项目和跨境、跨省 500kV、750kV、1000kV 交流电网工程项目核准；年产超过 20 亿 m^3 的煤制天然气项目和年产超过 100 万吨的煤制油项目核准；跨境、跨省干线输油管网（不含油田集输管网）项目核准；跨境、跨省干线输气管网（不含油田集输管网）项目核准；跨境独立公（铁）路桥梁、隧道项目核准；国际通信基础设施项目核准；新建中外合资轿车项目核准（核报国务院）；干线支线飞机、6t/9 座及以上通用飞机和 3t 及以上直升机制造、民用卫星制造、民用遥感卫星地面站建设项目核准；《外商投资产业指导目录》中总投资（含增资）3 亿美元及以上限制类外商投资项目核准；涉及敏感国家和地区、敏感行业的境外投资项目核准；除涉及敏感国家和地区、敏感行业的企业境外投资项目外，中央管理企业境外投资项目和地方企业投资 3

亿美元及以上境外投资项目备案核准；在跨界河流、跨省河流上建设的单站总装机容量 300 万 kW 及以上或者涉及移民 1 万人及以上的水电站项目核准（核报国务院）；新建纯电动乘用车生产企业项目核准；新建 300 万吨及以上进口液化天然气接收、储运设施项目核准；新增年生产能力 500 万吨及以上煤矿项目核准。

（3）固定资产投资项目节能评估和审查。

7. 国务院相关部局工程建设项目行政审批事项

生态环境部负责的建设项目环境影响评价审批；由生态环境部负责的建设项目竣工环境保护验收。交通运输部负责公路、水运投资项目立项审批；国家重点水运建设项目设计文件审查；国家重点公路工程设计审批；国家重点公路建设项目竣工验收。工业和信息化部负责全国性信息网络工程或者国家规定限额以上建设项目的公用电信网、专用电信网、广播电视传输网建设审核；企业、事业单位、社会团体等投资建设的固定资产项目核准（国内干线传输网（含广播电视网）以及其他涉及信息安全的电信基础设施项目核准）；水利部负责水工程建设规划同意书审核；水利基建项目初步设计文件审批；河道管理范围内建设项目工程建设方案审批；生产建设项目水土保持方案审批。中国民航局机场建设管理行政审批事项涉及规定权限内对新建、改建和扩建民用机场的审批和审核；运输机场专业工程验收许可。中国气象局工程建设项目行政审批事项涉及新建、扩建、改建建设工程避免危害气象探测环境审批事项适用于在大气本底站、国家基准气候站、国家基本气象站、国家一般气象站、高空气象观测站、天气雷达站、气象卫星地面站气象探测环境保护范围内实施新建、扩建、改建建设工程避免危害气象探测环境审批的申请和办理。防雷装置设计审核审批事项涉及防雷装置设计审核的申请和办理以及防雷装置设计审核和竣工验收。中国地震局工程建设项目行政审批事项涉及建设工程地震安全性评价结果的审定及抗震设防要求的确定审批事项。

8. 自然资源部指定地方实施工程建设项目的行政许可事项

自然资源部负责指定地方实施建设项目用地预审；建设用地改变用途审核；乡（镇）村企业使用集体建设用地审批；乡（镇）村公共设施、公益事业使用集体建设用地审批；临时用地审批；国有建设用地使用权划拨批准；国有建设用地使用权出让后土地使用权分割转让批准；城乡建设用地规模边界调整审批；国家综合配套改革试验区土地专项方案审批；农用地转用审查；建设项目控制工期的单体工程先行用地核准。

9. 住房和城乡建设部负责指定地方实施工程建设项目行政许可事项

（1）住房和城乡建设部负责指定地方实施超限高层建筑工程抗震设防审批；建设用地（含临时用地）规划许可证核发；建设工程（含临时建设）规划许可证核发；乡村建设规划许可证核发；建设项目选址意见书核发；商品房预售许可；关闭（闲置、拆除）城市环卫设施许可；城市建筑垃圾处置核准；临时占用城市绿化用地审批；改变绿化规划、绿化用地的使用性质审批；历史建筑实施原址保护审批；历史文化街区、名镇、名村核心保护范围内拆除历史建筑以外的建筑物、构筑物或者其他设施审批；历史建筑外部修缮装饰、添加设施以及改变历史建筑的结构或者使用性质审批；在国家级风景名胜区内修建缆车、索道等重大建设工程项目选址方案核准；文物保护单位建设控制地带内建设工程设计方案审批；在村庄集镇规划区内的街道广场、市场和车站等场所修建临时建筑物、构筑物和其他设施审批。

（2）市场准入负面清单（2018 年版）建筑业许可准入类：未取得许可或履行法定程

序，不得从事相关工程建设（建筑工程施工许可、建筑业企业资质许可、建设工程地震安全性评价结果审定及抗震设防要求的确定；超限高层建筑工程抗震设防审批、房屋建筑工程、市政基础设施工程施工图设计文件审查、涉及国家安全事项的建设项目审批、建筑施工企业安全生产许可证核发）。未获得许可，不得对历史建筑进行修缮装饰或实施原址保护措施（历史建筑实施原址保护，进行外部修缮装饰、添加设施以及改变历史建筑的结构或使用性质审批）。

10. 政府投资房屋建筑项目可行性研究报告（初步设计深度）审批改革试点

政府投资房屋建筑固定资产投资项目，开展可行性研究报告（初步设计深度）审批改革审批流程：

（1）项目（法人）单位根据项目建议书批复，按照上海市《政府投资工程建设项目审批制度改革试点实施细则》相关规定，开展项目勘察设计工作。勘察设计收费控制在基准价范围内，按市场服务价格确定。基准价取费基数暂按投资估算中列明的建安工程费、设备与工器具购置费、联合试运转费等测算，以批复概算为准。勘察费基准价取费标准为建安工程费的0.5%，设计费基准价取费标准参照原《工程设计收费标准》。项目（法人）单位根据规划资源部门出具的综合征询意见、选址意见书或规划设计条件、用地预审，开展方案设计，委托具有相关专业和能力的工程咨询单位，按照《政府投资房屋建筑项目可行性研究报告（初步设计深度）编制指南》，编制项目可行性研究报告（初步设计深度）。

（2）项目审批部门按政府投资相关规定完成项目决策程序。项目审批部门按规定委托具有相应专业和能力的工程咨询单位对项目可行性研究报告（初步设计深度）开展综合评估，确定建设方案。项目（法人）单位应根据建设方案相应调整设计文件及概算。

（3）项目决策程序完成后，相关行政主管部门、政府投资机构向项目审批部门，上报或转报项目可行性研究报告（初步设计深度），按规定附具以下文件：规划资源部门汇总形成的综合征询意见；规划资源部门出具的规划土地意见书；节能审查部门出具的节能审查意见；根据法律、行政法规规定应当提交的其他文件。

（4）项目审批部门在15个工作日内批复项目可行性研究报告（初步设计深度）。项目（法人）单位应严格按照项目可行性研究报告（初步设计深度）批复和批准的建设方案组织项目建设。在实施过程中如需调整，按政府投资相关规定执行。

涉及工程建设项目审批制度改革试点一般工程建设项目审批事项目录如表2-2所示。

表2-2　一般工程建设项目审批事项目录

序号	事项名称	具体实施内容	实施机关
1	对使用政府性资金投资建设的固定资产投资项目	对使用政府性资金投资建设的固定资产投资项目项目建议书的审批（含初审）及项目赋码	市、区发改部门
		对使用政府性资金投资建设的固定资产投资项目可行性研究报告的审批（含初审）	市、区发改部门
		对使用政府性资金投资建设的固定资产投资项目初步设计及概算的审批（含初审）	市、区发改部门

续表

序号	事项名称	具体实施内容	实施机关
2	对企业投资项目核准、备案及赋码	内资企业投资项目申请报告的核准及赋码	市、区项目核准机关
		外资企业投资项目申请报告的核准及赋码	市、区项目核准机关
		内资企业投资项目备案及赋码	市、区项目备案机关
		外资企业投资项目备案及赋码	市、区项目备案机关
3	石油天然气管道作业审批	对石油天然气管道建设选线地理条件限制区域防护方案的审批	市发改部门
		对石油天然气管道保护范围内特定施工作业的审批	市、区发改部门
		对石油天然气管道竣工测量图的备案	市发改部门
		对石油天然气管道停止运行、封存、报废的备案	市发改部门
4	固定资产投资项目节能审查	国务院、国家发展改革委和市发改委审批或核准的项目的节能审查	市发改部门
		年综合能源消费量5000t标准煤以上项目的节能审查	市发改、经信部门
		年综合能源消费量5000t标准煤以下项目的节能审查	市、区发改、经信部门，市政府确定的机构
		节能审查意见落实情况验收	该项目节能审查机关
5	建设工程土地审批	建设项目用地预审	市、区规土部门
		分批次农转用征地项目审批（国批、市批）	市、区规土部门
		单独选址项目审批（国批、市批）	市、区规土部门
		国有土地划拨审批	市、区规土部门
		土地租赁用地审批	市、区规土部门
		协议出让土地用地审批	市、区规土部门
		招标、拍卖、挂牌用地审批	市、区规土部门
		签订有偿使用合同的审批	市、区规土部门
		存量房地产补地价审批	市、区规土部门
		划拨决定书核发、补发	市、区规土部门
		建设用地批准书核发、补发	市、区规土部门

序号	事项名称	具体实施内容	实施机关
6	建设工程规划审批	《建设项目选址意见书》审批	市、区规土部门
		核定规划条件	市、区规土部门
		《建设用地规划许可证》审批	市、区规土部门
		《临时建设用地规划许可证》的核发	市、区规土部门
		建设工程设计方案审批	市、区规土部门
		《临时建设工程规划许可证》审批	市、区规土部门
		乡村建设规划许可证核发	市、区规土部门
		《建设工程规划许可证》审批	市、区规土部门
7	开工放样复验审批		市、区规土部门
8	规划土地综合验收	竣工规划验收审批	市、区规土部门
		建设用地土地核验	市、区规土部门
		地名核查	市、区规土部门
		建设工程档案验收认可	市、区规土部门
		地质资料汇交核查	市、区规土部门
9	不动产登记		市、区规土部门
10	建设工程抗震设防要求的确定		市地震部门
11	抗震设防审批	抗震设防审批	区抗震设防部门
		超限高层建筑工程抗震设防审查	市住建部门
12	建设工程施工许可		市、区住建部门，市、区交通部门
13	建设工程竣工验收备案		市、区住建部门
14	危险化学品、金属冶炼建设项目审批	危险化学品建设项目安全条件审查	市、区安监部门
		危险化学品建设项目安全设施设计审查	市、区安监部门
		金属冶炼建设项目安全设施设计审查	市、区安监部门
15	配建机动车停车场（库）审核	配建机动车停车场（库）设计方案审核	市、区交通部门
		配建机动车停车场（库）初步设计审核	市、区交通部门
		配建机动车停车场（库）竣工验收	市、区交通部门
16	公共交通基础设施审核	配建公交基础设施审核（工程建设许可阶段）	市、区交通部门
		配建公交基础设施审核（施工许可阶段）	市、区交通部门
		涉及综合客运交通枢纽、公交停车保养场项目竣工验收	市、区交通部门

序号	事项名称	具体实施内容	实施机关
17	轨道交通安全保护区作业审批		市、区交通部门
18	航道通航条件影响评价审核		市、区交通部门
19	城市桥梁、隧道安全保护区域内施工许可		市、区交通部门
20	道路挖掘夜间施工备案		市、区交通部门
21	建设项目预防性卫生审查（公共场所、供水单位、医疗机构、其他）	建设项目预防性卫生审核，涉及集中空调通风系统的、公共场所、供水单位、医疗机构（含放射性职业病危害）以及其他类新建、扩建、改建建设项目［可行性研究（方案设计）阶段］	市、区卫生部门
		建设项目预防性卫生审核，涉及集中空调通风系统的、公共场所、供水单位、医疗机构（含放射性职业病危害）以及其他类新建、扩建、改建建设项目（施工设计阶段）	市、区卫生部门
		建设项目预防性卫生审核，涉及集中空调通风系统的、公共场所、供水单位、医疗机构（含放射性职业病危害）以及其他类新建、扩建、改建建设项目（竣工验收阶段）	市、区卫生部门
22	民防工程审批	结合民用建筑修建防空地下室施工图设计文件审查	市、区民防部门
		民防工程竣工验收	市、区民防部门
23	建设项目环境影响评价文件的审批		市、区环保部门
24	道路工程建设交通安全许可	建筑工程交通设计（出入口）审核	市、区交警部门
		道路工程建设交通安全许可（工程建设占用、挖掘道路和跨越、穿越道路架设、增设管线设施）	市、区交警部门
		建设工程出入口交通设计验收	市、区交警部门

序号	事项名称	具体实施内容	实施机关
25	建设工程消防审批	大型人员密集场所和其他特殊建设工程消防设计审核	市、区消防部门
		建设工程消防设计备案	市、区消防部门
		大型人员密集场所和其他特殊建设工程消防验收	市、区消防部门
		建设工程竣工验收消防备案	市、区消防部门
26	对城市建筑垃圾（包括工程渣土）处置（分批排放、回填）的申报核准		市、区绿化市容部门
27	绿化验收	对建设项目配套绿化的竣工验收	市、区绿化市容部门
		对公共绿地建设工程的竣工验收	市、区绿化市容部门
28	填堵河道的审批		市、区水务部门
29	地下公共工程建设项目防汛影响专项论证的审批		市、区水务部门
30	市政公用服务	内部给水系统验收	供水企业
		受电工程竣工检验	供电企业
		非居民定制供气验收	供气企业
31	市级文物保护单位保护工程（保养维护工程、抢险加固工程、修缮工程、保护性设施建设工程）的审批		市文物部门
32	优秀历史建筑改变（调整）使用性质及内部设计使用功能和修缮（装修改造）审批		市、区房管部门
33	新建、扩建、改建建设工程避免危害气象探测环境审批		市气象部门
34	防雷装置审批	防雷装置设计审核	市气象部门
		防雷装置竣工验收	市气象部门
35	建设工程抗震设防要求的确定		市、区地震部门

续表

序号	事项名称	具体实施内容	实施机关
36	涉及国家安全事项的建设项目审批		市、区国家安全部门
37	筹备设立寺、观、教堂审批		市、区民族宗教部门

三、投资项目在线审批程序

1. 投资项目在线审批监管平台

全国投资项目在线审批监管平台是固定资产投资项目综合管理服务平台。在线平台实现项目网上申报、并联审批、信息公开、协同监管，适用于各类项目建设实施全过程的审批、监管和服务，包括行政许可、政府内部审批、备案、评估评审、技术审查，项目实施情况监测，以及政策法规、规划咨询服务等。向项目单位和社会公众网上申报、查询办理情况的统一窗口，提供办事指南、中介服务、政策信息等服务指引；审批监管系统是联接各级政府部门相关信息系统开展并联审批、电子监察、项目监管、数据分析的工作平台。中央平台负责管理由国务院及其相关部门审批、核准和备案的项目。地方平台负责管理地方各级政府及其相关部门审批、核准和备案的项目。项目延期或调整项目代码不变；项目发生重大变化需要审批、核准、备案的重新赋码。办理项目相关审批事项、下达资金等，要首先核验项目代码。

2. 在线审批监管平台运行流程

项目单位在线申报，获取项目代码。项目单位在审批事项办结后，要按要求及时报送项目实施情况。事前告知项目单位的应办事项全部办结后，由在线平台生成办结告知书并通知项目单位。在线平台根据应用管理部门相关事项办理时限要求，进行计时，并根据实际进度进行自动提示。项目单位可凭项目代码查询项目办理过程及审批结果。对于国家发展改革委简化项目立项工作，或向项目建设单位、管线单位和有关审批部门印发《建设项目前期工作函》，加快组织开展环境影响报告书（表）、社会稳定风险评估、可行性研究报告、规划土地手续、规划设计方案编制、勘察设计招标等前期工作，以及启动土地房屋征收腾地工作。对列入重大工程政府投资项目前期推进计划的建设项目，加快项目立项工作，加快办理项目选址意见书、建设项目用地预审等工作。建设项目取得立项或《建设项目前期工作函》后，规划国土资源部门依据控详规划（或专项规划）核发建设项目选址意见书，出具建设项目用地预审批复，提出建设工程设计方案审核意见。建设项目可以依据选址意见书、土地勘测定界初步报告等，提前启动土地、青苗、地上附着物及房屋调查工作，并编制征地"一书四方案"；依据建设工程设计方案审核意见组织开展有关工作，到有关部门办理审批手续；工程可行性研究报告经批准，并办理建设用地规划许可证后，可以办理农转用、土地征收和供地批文。

3. 建设项目批准和实施领域政府信息

重大建设项目是指按照有关规定由政府审批或核准的，对经济社会发展、民生改善有直接、广泛和重要影响的固定资产投资项目。在重大建设项目批准和实施过程中，重点公开批准服务信息、批准结果信息、招标投标信息、征收土地信息、重大设计变更信息、施工有关信息、质量安全监督信息、竣工有关信息等 8 类信息。重大建设项目批准和实施过程中产生的政府信息，自政府信息形成或变更之日起 20 个工作日内予以公开；行政许可、行政处罚事项应自作出行政决定之日起 7 个工作日内上网公开。公共资源配置主要包括保障性安居工程建设、保障性住房分配、国有土地使用权和矿业权出让、政府采购、国有产权交易、工程建设项目招标投标等公共资源分配事项。其中，政府采购领域主要公开采购项目公告、采购文件、采购项目预算金额、采购结果、采购合同等采购项目信息；工程建设项目招标投标领域主要公开依法必须招标项目的审批核准备案信息、市场主体信用等信息。除涉及国家秘密、商业秘密外，招标公告、中标候选人、中标结果、合同订立及履行等信息都应向社会公布。

4. 建筑市场监管公共服务平台工程项目信息

按照住房和城乡建设部《全国建筑市场监管公共服务平台工程项目信息数据标准》，将工程项目各环节（文书）信息进行分级分类归类和管理，并对应投资项目在线审批监管平台统一编码，工程项目入住房和城乡建设部数据库的项目编码为 16 位，应符合现行国家标准《中华人民共和国行政区划代码》GB/T 2260。涉及工程项目基本信息、工程项目单体信息、工程项目参与方信息、工程项目造价（指标）信息、项目招投标（招标标段、投标人、中标结果）信息、合同登记信息、施工图审查（含消防和人防审查）信息、施工许可信息、质量安全报监（现场检查、机械设备）信息、竣工验收（备案）信息以及各类人员信息。包括项目批复、规划（用地）许可证、资金来源（国有资金出资比例）、总投资、总面积、建设规模、建设性质、工程用途、建筑节能信息、超限项目信息、建筑面积（长度或跨度或层数）、结构体系、地上（地下）建筑面积、工程等级、施工许可证、造价指标（专业类别类型分类）、主要材料（名称）指数、实际工程造价、开竣工日期等。

5. 房屋建筑和市政基础设施工程施工图设计文件审查信息

按照住房和城乡建设部《全国房屋建筑和市政基础设施工程施工图设计文件审查信息系统数据标准》，将全国及各地房屋建筑和市政基础设施工程施工图设计文件审查信息系统、建筑市场监管公共服务平台、工程建设项目审批管理系统间的施工图审查信息交换与共享。除涉及《全国建筑市场监管公共服务平台工程项目信息数据标准》工程项目信息，还包括项目基本信息（工程类型和设计规模等）；新建（改建扩建）房屋建筑项目信息（地基基础设计等级、基础型式、建筑场地类别、地基处理方法、基坑类型、抗震设防类别烈度、超限高层、大型公共建筑、附件式人防工程、无梁楼盖、高强钢筋、隔振技术、减震技术、装配式建筑、BIM 技术、耐火等级、给水采暖空调通风照明方式）以及绿色建筑设计标准信息（可再生能源利用率、非传统水源利用率、可再生循环建筑材料用量比、超低能耗建筑）；装修改造房屋建筑项目信息（装修改造类型、结构检测鉴定、装修部位面积层数、工程用途、消防设施）；市政基础设施工程项目信息（给水排水工程、道路桥梁工程、城市隧道工程、公共交通工程、环境卫生工程、燃气工程、热力工程）等级长度、管径面积、结构型式等；施工图审查信息（人防联合审查、数字化审查、审查涉及专业、初审复审及总次数、审查意见及类型图名图号、回复意见、违反强制性标准条总数名称文号类型）；施工图审查合格书编号等信息。

四、项目建议书编制和审批

项目建议书、可行性研究报告都是建设项目前期投资决策阶段所形成的成果。根据《国务院关于投资体制改革的决定》，涉及政府投资的项目需编制项目建议书及工程可行性研究报告并报主管部门审批，企业投资不使用政府资金的项目适用于核准或备案制。因此，文中如提及项目建议书及工程可行性研究报告的审批，均针对于政府投资项目。建设项目前期投资决策实际上是可行性研究的过程，它包括投资机会可行性研究、预（初步）可行性研究和可行性研究三个阶段。项目可行性研究最终形成项目建议书和可行性研究报告，可行性研究报告经有关部门批准，就标志着建设项目的确立，简称立项。

1. 项目建议书

可行性研究是一种包括机会研究、预可行性研究和可行性研究三个阶段的系统的投资决策分析，是在项目决策前，通过对与项目有关的工程、技术、经济等各方面条件和情况进行调查、研究、分析，对各种可能的建设方案进行比较论证，并对项目建成后的经济效益进行预测和评价的一种科学分析，它着重评价项目技术上的先进性和适用性，经济上的盈利性和合理性，以及建设上的可能性和可行性。从定性的角度来看，项目建议书是十分重要的，便于从总体上、宏观上对项目作出选择。项目建议书的作用是选择建设项目的依据，项目建议书批准后可进行可行性研究；利用外资的项目，只有在批准项目建议书后方可对外开展工作。

项目建议书的编制通过考察和分析提出项目的设想和对投资机会研究的评估，主要表现为以下内容：论证重点是否符合国家宏观经济政策、产业政策和产品的结构、生产力布局要求；宏观信息，国家经济和社会发展规划、行业或地区规划、国家产业政策、技术政策、生产力布局、自然资源等宏观的信息；估算误差，项目建议书阶段的投资估算误差一般在±20%。最终结论，通过市场预测研究项目产出物的市场前景，利用静态分析指标进行经济分析，以便作出对项目的评价。项目建议书的最终结论，可以是项目投资机会研究有前途的肯定性推荐意见，也可以是项目投资机会研究不成立的否定性意见。

2. 项目建议书的主要内容

一般项目建议书必须阐明以下主要内容：项目的提出背景；项目提出的依据，特别是政策依据；项目实施的基础及有利条件；项目实施可能受到的制约因素，改变制约因素的措施；项目的初步投资估算；项目的资金来源及筹措办法；项目的社会效益预估；项目的经济效益预估；项目产品的销售途径；项目的原料供应；项目的建造工期及投产预计时间；项目的发展远景；项目的选址；项目的规模；主要附件，包括预可行性研究报告、辅助（或职能）研究报告。基本建设项目的项目建议书的还包括建设项目提出的必要性和依据；产品方案，拟建规模和建设地点的初步设想；资源情况、建设条件、协作关系和引进国别、厂商的初步分析；投资估算和资金筹措设想；项目进度安排；经济效果和社会效益的初步估算。

3. 项目建议书的审查报批

业主在正式报送有关主管部门审批前，应首先对项目建议书进行审查项目是否符合国家的建设方针和长期规划，以及产业结构调整的方向和范围；项目的产品符合市场需要的论证理由是否充分；项目建设地点是否合适，有无不合理的布局或重复建设；对项目的财务、经济效益和还款要求的估算是否合理，是否与业主的投资设想一致；对遗漏、论证不足的地方，要求补充修改。项目建议书的除属于核准或备案范围外，项目建议书审查完毕后，要按照国家颁布的有关文件规定、审批权限申请立项报批。审批权限按拟建项目的级别划分如下：大、中型及限额以上的，小型或限额以下的工程项目；项目建议书，按隶属关系，由各行业归口主管部门或省、自治区、直辖市的发展改革委审批。

五、可行性研究报告的评价与审批

咨询机构完成可行性研究工作后提出的可行性研究报告，是业主作出投资决策的依据，因此，要对该报告进行详细地评价。评价其内容是否确实、完整，分析和计算是否正确，最终确定投资机会的选择是否合理、可行。

1. 对可行性研究报告的评价

对可行性研究报告的评价内容包括：建设项目的必要性；建设条件与生产条件；工艺、技术、设备配套；建筑工程的方案和标准；基础经济数据的测算；财务效益；国民经济效益；社会效益等。业主对以上各方面进行审核后，对项目的投资机会进一步作出总的评价，进而作出投资决策。若认为推荐方案成立时，可就审查中所发现的问题，要求咨询单位对可行性研究报告进行修改、补充、完善，并提出结论性的意见，然后上报有关主管部门批准。

2. 对工业建设项目可行性研究报告的评价要点

对工业建设项目可行性研究报告评价要点包括：市场调查；市场预测；项目建筑规模；选址条件；项目厂址比较；生产设计方案的审查；工程项目的总体布置；土建工程；对"三废"处理措施进行评价；项目建成后运行期间的管理方案；投资估算；资金筹措计划；财务效益评价；国民经济效益评价；社会效益评价；不确定性分析等。可行性研究报告的审批权限按拟建项目的级别划分为大、中型及限额以上的工程项目和小型或限额以下的工程项目。大、中型及限额以上的工程项目的可行性研究报告，需经过行业主管部门和国家发展改革委审批。小型或限额以下的工程项目的可行性研究报告，按隶属关系，由各行业主管部门或省、自治区、直辖市的发改委审批。

3. 可行性研究报告申报

由项目建设单位委托单位编制可行性研究报告，附上齐全报批资料，包括：可行性研究报告的上报文；可行性研究报告（含设计方案）；项目建议书批复文件；法人证明；规划意见的项目选址意见书/建设工程规划设计要求；建设项目用地预审意见；环境影响审批意见；项目资本金证明，银行贷款承诺函/其他来源资金证明；能耗情况汇总表。如有必要，应提供以下资料：市政配套初步意见；政府有关部门的初步意见；有关业务主管部门意见；设计方案审核意见；其他有关国家法律法规要求提供的资料。

4. 审批条件和办理程序

审批条件须符合法律法规及有关规定；符合国民经济和社会发展规划、行业规划、产业政策、行业准入标准和土地利用总体规划；符合国家宏观调控政策；符合本市城市总体规划和地区发展规划；没有影响经济安全；合理有效利用土地、水、电、气等资源；生态环境和自然文化遗产得到有效保护；对公众利益，特别是项目建设地的公众利益未产生重大不利影响；符合项目建议书批复意见。市级政府性资金投资的项目，由市发展改革委负责审批。市级政府投资机构投资并由市发展改革委通过市级政府性资金平衡的项目由市发展改革委审批；由市、区县政府联合投资的项目，由市发展改革委负责审批。以区县投资为主，由市级政府投资给予投资补助、贷款贴息的项目，按有关规定办理；列入目录范围内，由市发展改革委管理的政府投资项目，由市发展改革委负责审批；属于国家审批权限的项目，经市发展改革委初审后报国家发展改革委。如有必要需经符合要求的咨询机构评审。市发展改革委根据可行性研究报告具备的条件及项目的实际情况，会同市有关部门研究审核，批复项目可行性研究报告。

六、投资项目节能评估和审查

1. 投资项目节能审查

节能审查是指根据节能法律法规、政策标准等，对项目节能情况进行审查并形成审查意见的行为。适用于各级人民政府投资主管部门管理的在我国境内建设的固定资产投资项目。固定资产投资项目节能审查意见是项目开工建设、竣工验收和运营管理的重要依据。政府投资项目，建设单位在报送项目可行性研究报告前，需取得节能审查机关出具的节能审查意见。企业投资项目，建设单位需在开工建设前取得节能审查机关出具的节能审查意见。

国家发展改革委核报国务院审批以及国家发展改革委审批的政府投资项目，建设单位在报送项目可行性研究报告前，需取得省级节能审查机关出具的节能审查意见。国家发展改革委核报国务院核准以及国家发展改革委核准的企业投资项目，建设单位需在开工建设前取得省级节能审查机关出具的节能审查意见。年综合能源消费量 5000t 标准煤以上的固定资产投资项目，其节能审查由省级节能审查机关负责。其他固定资产投资项目，其节能审查管理权限由省级节能审查机关依据实际情况自行决定。年综合能源消费量不满 1000t 标准煤，且年电力消费量不满 500 万 kW·h 的固定资产投资项目，以及用能工艺简单、节能潜力小的行业固定资产投资项目应按照相关节能标准、规范建设，不再单独进行节能审查。

2. 投资项目节能报告评审

建设单位应编制固定资产投资项目节能报告。项目节能报告应包括下列内容：分析评价依据；项目建设方案的节能分析和比选，包括总平面布置、生产工艺、用能工艺、用能设备和能源计量器具等方面；选取节能效果好、技术经济可行的节能技术和管理措施；项目能源消费量、能源消费结构、能源效率等方面的分析；对所在地完成能源消耗总量和强度目标、煤炭消费减量替代目标的影响等方面的分析评价。节能审查机关受理节能报告后，应委托有关机构进行评审，形成评审意见，作为节能审查的重要依据。节能审查应依据项目是否符合节能有关法律法规、标准规范、政策；项目用能分析是否客观准确，方法是否科学，结论是否准确；节能措施是否合理可行；项目的能源消费量和能效水平是否满足本地区能源消耗总量和强度"双控"管理要求等对项目节能报告进行审查。节能审查机关应在法律规定的时限内出具节能审查意见。节能审查意见自印发之日起 2 年内有效。

3. 节能审查变更申请与验收

通过节能审查的固定资产投资项目，建设内容、能效水平等发生重大变动的，建设单位应向节能审查机关提出变更申请。固定资产投资项目投入生产、使用前，应对其节能审查意见落实情况进行验收。固定资产投资项目节能审查应纳入投资项目在线审批监管平台统一管理，实行网上受理、办理、监管和服务，实现审查过程和结果的可查询、可监督。

七、投资项目社会稳定风险评估

为促进科学决策、民主决策、依法决策，预防和化解社会矛盾，建立和规范重大固定资产投资项目社会稳定风险评估机制，国家发展改革委审批、核准或者核报国务院审批、核准的在我国境内建设实施的固定资产投资项目进行社会稳定风险评估。

1. 重大项目前期工作

项目单位在组织开展重大项目前期工作时，应当对社会稳定风险进行调查分析，征询相关群众意见，查找并列出风险点、风险发生的可能性及影响程度，提出防范和化解风险的方案措施，提出采取相关措施后的社会稳定风险等级建议。社会稳定风险分析应当作为项目可行性研究报告、项目申请报告的重要内容并设独立篇章。

2. 社会稳定风险分析

重大项目社会稳定风险等级分为三级：高风险、中风险、低风险。由项目所在地人民政府或其有关部门指定的评估主体组织对项目单位作出的社会稳定风险分析开展评估论证，根据实际情况可以采取公示、问卷调查、实地走访和召开座谈会、听证会等多种方式听取各方面意见，分析判断并确定风险等级，提出社会稳定风险评估报告。评估报告的主要内容为项目建设实施的合法性、合理性、可行性、可控性，可能引发的社会稳定风险，各方面意见及其采纳情况，风险评估结论和对策建议，风险防范和化解措施以及应急处置预案等内容。

3. 社会稳定风险评估意见报告

国务院有关部门、省级发展改革部门、中央管理企业在向国家发展改革委报送项目可行性研究报告、项目申请报告的申报文件中，应当包含对该项目社会稳定风险评估报告的意见，并附社会稳定风险评估报告。国家发展改革委在委托工程咨询机构评估项目可行性研究报告、项目申请报告时，可以根据情况在咨询评估委托书中要求对社会稳定风险分析和评估报告提出咨询意见。评估主体作出的社会稳定风险评估报告是国家发展改革委审批、核准或者核报国务院审批、核准项目的重要依据。评估报告认为项目存在高风险或者中风险的，国家发展改革委不予审批、核准和核报；存在低风险但有可靠防控措施的，国家发展改革委可以审批、核准或者核报国务院审批、核准，并应在批复文件中对有关方面提出切实落实防范、化解风险措施的要求。

八、投资项目委托咨询评估程序

根据《企业投资项目核准和备案管理条例》要求，为进一步完善投资决策程序，在审批固定资产投资项目及其相关专项规划时，按照"先评估、后决策"的原则，经相关工程咨询单位咨询评估，在充分考虑咨询评估意见的基础上作出决策决定。

1. 择优选择评估机构

国家发展改革委委托投资咨询评估纳入投资决策程序、为投资决策服务，咨询评估范围、咨询评估机构，支付咨询评估费用。通过竞争方式择优选择投资咨询评估机构，委托"短名单"内机构承担投资咨询评估任务；根据确定的投资咨询评估专业，经过公开遴选程序，确定"短名单"并予以公告。"短名单"内机构承担咨询评估范围以外任务的，工作程序、费用支出等根据业务需要执行相关规定。咨询评估完成后，通过评估系统填写对评估报告质量评价，评价情况分为较好、一般、较差。质量评价结果与服务费用、"短名单"动态管理挂钩。

2. 委托咨询评估范围

投资审批咨询评估具体包括：①专项规划，指国家发展改革委审批或核报国务院审批的涉及重大建设项目和需安排政府投资的专项规划（含规划调整）；②项目建议书，指国家发展改革委审批或核报国务院审批的政府投资项目建议书；③可行性研究报告，指国家发展改革委审批或核报国务院审批的政府投资项目可行性研究报告；④项目申请报告，指国家发展改革委核准或核报国务院核准的企业投资项目申请报告；⑤资金申请报告，限于按具体项目安排中央预算内投资资金、确有必要对拟安排项目、资金额度进行评估的资金申请报告；⑥党中央、国务院授权开展的项目其他前期工作审核评估。投资管理中期评估和后评价，具体包括：对上述投资审批咨询评估中的专项规划的中期评估和后评价；政府投资项目后评价；中央预算内投资专项实施情况的评估、专项的投资效益评价。国家发展改革委审批政府投资项目初步设计和概算核定，原则上由国家投资项目评审中心实行专业评审。需要特殊专业技术服务的，经投资司同意后，主办司局可以委托投资咨询评估。安排中央预算内投资额度较大的地方政府投资项目资金申请报告，也可由国家投资项目评审中心实行专业评审。

3. 委托评估机构程序

承担委托任务的咨询评估机构的排序和选取，分专业对评估机构进行初始随机排队；按照初始随机排队的先后顺序，确定承担评估任务的机构。具体选取咨询评估机构，均通过委内委托评估系统办理。对特别重要项目或特殊事项的咨询评估任务，可以通过招标或指定方式确定评估机构。对国民经济和社会发展有重要影响的专项规划和重大项目的项目申请报告、项目建议书、项目可行性研究报告，可以委托多家评估机构承担咨询评估任务。在接受评估任务后，评估机构确定项目负责人，制定评估工作计划，定期反馈评估工作进度，在规定时限内提交评估报告。项目负责人应当是经执业登记的咨询工程师（投资）。参加评估小组的人员应当熟悉国家和行业发展有关政策法规规划、技术标准规范，评估小组应当具有一定数量的本专业高级技术职称人员。评估报告的内容包括：标题及文号、目录、摘要、正文、附件。评估机构在评估工作中要求补充相关资料时，应当书面通知评估事项的项目单位。该书面通知及补充资料应当作为评估报告的附件报送国家发展改革委。评估报告应当附具项目负责人及评估小组成员名单，并加盖评估机构公章和项目负责人的咨询工程师（投资）执业专用章。委托咨询评估的完成时限一般不超过 30 个工作日。评估机构因特殊情况确实难以在规定时限内完成的，应在规定时限到期日的 5 个工作日之前向国家发展改革委书面报告有关情况，征得委托书面同意后，可以延长完成时限，但延长的期限不得超过 60 个工作日。

第三节　建设项目规划与用地审批

建设项目规划设计的紫线（黄线、蓝线、绿线）管理，涉及住房和城乡建设部指定地方房屋和市政设施项目审批实施行政许可事项清单：建设项目选址意见书核发、建设用地（含临时用地）规划许可证核发、建设工程（含临时建设）规划许可证核发、乡村建设规划许可证核发；以及为进一步简化建设用地审批程序，减少审批要件，对《建设用地审查报批管理办法》作出建设项目用地各项修改意见审批事项以及各类建设项目不动产登记诸多环节。

一、建设项目规划设计管理

1. 建设项目规划设计

规划设计是落实城市规划、指导建筑设计、塑造城市特色风貌的有效手段，贯穿于城市规划建设管理全过程。通过规划设计，从整体平面和立体空间上统筹城市建筑布局、协调城市景观风貌，体现地域特征、民族特色和时代风貌。有条件的地方可以建立城市设计管理辅助决策系统，并将城市设计要求纳入城市规划管理信息平台。重点地区城市设计应当塑造城市风貌特色，注重与自然的关系，协调市政工程，组织城市公共空间功能，注重建筑空间尺度，提出建筑高度、体量、风格、色彩等控制要求。历史文化街区和历史风貌保护相关控制地区开展城市设计，应当根据相关保护规划和要求，整体安排空间格局，保护延续历史文化，明确新建建筑和改扩建建筑的控制要求。重要街道、街区开展城市设计，应当根据居民生活和城市公共活动需要，统筹交通组织，合理布置交通设施、市政设施、街道家具，拓展步行活动和绿化空间，提升街道特色和活力。城市设计重点地区范围以外地区，可以根据当地实际条件，依据总体城市设计，单独或者结合控制性详细规划等开展城市设计，明确建筑特色、公共空间和景观风貌等方面的要求。审批前应依法进行公示，公示时间不少于 30 日。城市设计成果应当自批准之日起 20 个工作日内，通过政府信息网站公布。重点地区城市设计的内容和要求应当纳入控制性详细规划，并落实到控制性详细规划的相关指标中。重点地区的控制性详细规划未体现城市设计内容和要求的，应当及时修改完善。单体建筑设计和景观、市政工程方案设计应当符合城市设计要求。出让方式提供国有土地使用权，以及在城市、县人民政府所在地建制镇规划区内的大型公共建筑项目，应当将城市设计要求纳入规划条件。

2. 城市紫线管理

为了加强对城市历史文化街区和历史建筑的保护，城市紫线是指国家历史文化名城内的历史文化街区和省、自治区、直辖市人民政府公布的历史文化街区的保护范围界线，以及历史文化街区外经县级以上人民政府公布保护的历史建筑的保护范围界线。在编制城市规划时应当划定保护历史文化街区和历史建筑的紫线。编制历史文化名城和历史文化街区保护规划，应当包括征求公众意见的程序。审查历史文化名城和历史文化街区保护规划，应当组织专家进行充分论证，并作为法定审批程序的组成部分。调整后的保护规划在审批前，应当将规划方案公示，并组织专家论证。审批后应当报历史文化名城批准机关备案，其中国家历史文化名城报国务院建设行政主管部门备案。

在城市紫线范围内确定各类建设项目，必须先由市、县人民政府城乡规划行政主管部门依据保护规划进行审查，组织专家论证并进行公示后核发选址意见书。在城市紫线范围内进行新建或者改建各类建筑物、构筑物和其他设施，对规划确定保护的建筑物、构筑物和其他设施进行修缮和维修以及改变建筑物、构筑物的使用性质，应当依照相关法律、法规的规定，办理相关手续后方可进行。城市紫线范围内各类建设的规划审批，实行备案制度。

3. 城市黄线管理

为了加强城市基础设施用地管理，保障城市基础设施的正常、高效运转，保证城市经济、社会健康发展，城市黄线是指对城市发展全局有影响的、城市规划中确定的、必须控制的城市基础设施用地的控制界线。城市黄线应当在制定城市总体规划和详细规划时划定。编制城市总体规划，应当根据规划内容和深度要求，合理布置城市基础设施，确定城市基础设施的用地位置和范围，划定其用地控制界线。编制控制性详细规划，应当依据城市总体规划，落实城市总体规划确定的城市基础设施的用地位置和面积，划定城市基础设施用地界线，规定城市黄线范围内的控制指标和要求，并明确城市黄线的地理坐标。修建性详细规划应当依据控制性详细规划，按不同项目具体落实城市基础设施用地界线，提出城市基础设施用地配置原则或者方案，并标明城市黄线的地理坐标和相应的界址地形图。城市黄线应当作为城市规划的强制性内容，与城市规划一并报批。因建设或其他特殊情况需要临时占用城市黄线内土地的，应当依法办理相关审批手续。

4. 城市蓝线管理

为了加强对城市水系的保护与管理，保障城市供水、防洪防涝和通航安全，改善城市人居生态环境，促进城市健康、协调和可持续发展，城市蓝线是指城市规划确定的江、河、湖、库、渠和湿地等城市地表水体保护和控制的地域界线。城市蓝线由直辖市、市、县人民政府在组织编制各类城市规划时划定。城市蓝线应当与城市规划一并报批。在城市蓝线内进行各项建设，必须符合经批准的城市规划。在城市蓝线内新建、改建、扩建各类建筑物、构筑物、道路、管线和其他工程设施，应当依法向建设主管部门申请办理城市规划许可，并依照有关法律、法规办理相关手续。需要临时占用城市蓝线内的用地或水域的，应当报经直辖市、市、县人民政府建设主管部门同意，并依法办理相关审批手续；临时占用后，应当限期恢复。

5. 城市绿线管理

为建立并严格实行城市绿线管理制度，加强城市生态环境建设，创造良好的人居环境，促进城市可持续发展，城市绿线是指城市各类绿地范围的控制线。城市是指国家按行政建制设立的直辖市、市、镇。城市规划、园林绿化等行政主管部门应当密切合作，组织编制城市绿地系统规划。控制性详细规划应当提出不同类型用地的界线、规定绿化率控制指标和绿化用地界线的具体坐标。修建性详细规划应当根据控制性详细规划，明确绿地布局，提出绿化配置的原则或者方案，划定绿地界线。城市绿线的审批、调整，按照《中华人民共和国城市规划法》、《城市绿化条例》的规定进行。城市绿线范围内的公共绿地、防护绿地、生产绿地、居住区绿地、单位附属绿地、道路绿地、风景林地等，必须按照现行国家标准《城市用地分类与规划建设用地标准》GB 50137、《公园设计规范》GB 51192 等标准，进行绿地建设。因建设或者其他特殊情况，需要临时占用城市绿线内用地的，必须依法办理相关审批手续。居住区绿化、单位绿化及各类建设项目的配套绿化都要达到《城市绿化规划建设指标的规定》的标准。各类建设工程要与其配套的绿化工程同步设计，同步施工，同步验收。

二、建设项目选址意见书审批

《建设项目选址意见书》审批适用于《建设项目选址意见书》的申请与办理。审核建设项目拟选位置、拟建设用地面积、拟建设用地性质、拟建设工程性质、规模及其他规划条件。未取得《建设项目选址意见书》及核定的规划条件的，有关部门不予以批准或者核准该建设项目。设计单位必须按照规划行政管理部门提出的规划条件进行建设工程设计。审批对象：按照国家规定需要有关部门批准或者核准的建设项目，以划拨方式提供国有土地使用权的建设单位。准予批准的条件：建设项目应当符合经批准的控制性详细规划、专项规划或者村庄规划。建设项目应当符合规划管理技术规范和标准的要求。在历史文化风貌区内进行建设活动，应当符合历史文化风貌区保护规划。文物保护单位、优秀历史建筑的大修及立面改造工程，应当符合保护技术规定的要求。

审核建设项目位置、建设用地面积、建设用地性质、建设工程性质、规模及其他规划条件。设计单位必须按照规划行政管理部门提出的规划条件进行建设工程方案设计。审批对象：需要变动主体承重结构的建筑物或者构筑物的大修工程；市人民政府确定的区域内的房屋立面改造工程；在已取得土地使用权的划拨国有土地上新建、改建、扩建工程；在已有建制镇个人住房、棚户简屋用地范围内的改建、扩建工程；在集体土地上进行的新建、改建、扩建工程。准予批准的条件：建设项目应当符合经批准的控制性详细规划、专项规划或村庄规划，但近期无规划实施计划，原建筑解危改建的情形除外。建设项目应当符合规划管理技术规范和标准的要求。在历史文化风貌区内进行建设活动，还应当符合历史文化风貌区保护规划。文物保护单位、优秀历史建筑的大修及立面改造工程，应当符合保护技术规定的要求。

三、《建设用地规划许可证》审批

《建设用地规划许可证》审批适用于《建设用地规划许可证》的申请与受理、审查与许可决定、送达与公开的申请与办理。审核建设项目用地位置、用地面积、用地性质、建设规模及其他规划条件。建设单位在取得《建设用地规划许可证》后，方可向县级以上地方人民政府土地主管部门申请用地。审批对象：以划拨方式提供国有土地使用权的建设项目；以出让方式取得国有土地使用权的建设项目。准予批准的条件：符合《建设项目选址意见书》或《国有土地使用权出让（转让）合同》以及关于审定《建设工程设计方案》的决定内容的。

审核建设项目位置、建设用地面积、建设用地性质、建设工程性质、规模、容积率、建筑高度、建筑间距、退界及其他规划条件。建设单位或者个人应当根据经审定的建设工程设计方案编制建设项目施工图设计文件，并在建设工程设计方案审定后六个月内，将施工图设计文件的规划部分提交规划行政管理部门，申请办理《建设工程规划许可证》。下列建设项目，建设单位或者个人应当按规定申请办理建设工程规划许可证或者乡村建设规划许可证的，应当审核建设工程设计方案：新建、改建、扩建建筑物、构筑物、道路或者管线工程；需要变动主体承重结构的建筑物或者构筑物的大修工程；市人民政府确定的区域内的房屋立面改造工程。下列建设项目免予建设工程设计方案审核：建筑面积 500 m² 以下的建设项目（可能严重影响居民生活的建设项目除外）；工业园区内的标准厂房，普通仓库工程；变动主体承重结构的建筑物或者构筑物大修工程（文物保护单位和优秀历史建筑除外）；法律、法规、规章规定可以免予建设工程设计方案审核的其他建设项目。准予批准的条件：建设项目应当符合经批准的控制性详细规划、专项规划或者村庄规划。建设项目应当符合规划管理技术规范和标准的要求。在历史文化风貌区内进行建设活动，还应当符合历史文化风貌区保护规划。文物保护单位、优秀历史建筑的大修及立面改造工程，应当符合保护技术规定的要求。建设项目应当符合《建设项目选址意见书》或《建设工程规划设计要求通知单》或《国有土地使用权出让（转让）合同》的内容；建设项目应当符合各并联审批部门的审理意见。

四、《建设工程规划许可证》审批

《建设工程规划许可证》审批适用于《建设工程规划许可证》的申请与受理、审查与许可决定、送达与公开的申请与受理。审核建设项目位置、建设用地面积、建设用地性质、建设工程性质、规模、容积率、建筑高度、建筑间距、退界及其他规划条件。施工单位必须按照建设工程规划许可证及附图、附件的内容施工。下列建设项目，建设单位或者个人应当按规定申请办理建设工程规划许可证：新建、改建、扩建建筑物、构筑物、道路或者管线工程；需要变动主体承重结构的建筑物或者构筑物的大修工程；政府确定区域内的房屋立面改造工程。准予批准的条件：建设项目应当符合核定的建设工程设计方案；建设项目应当符合经批准的控制性详细规划；建设项目应当符合规划管理技术规范和标准的要求；在历史文化风貌区内进行建设活动，还应当符合历史文化风貌区保护规划。文物保护单位、优秀历史建筑的大修及立面改造工程，应当符合保护技术规定的要求。

建设项目开工放样复验审批适用于建设项目开工放样复验灰线审批事项的咨询、申请、受理、审理、许可决定、送达与公开，以及诚信档案、投诉举报等的管理。审批事项准予批准的条件：应当委托具备相应资质的测绘单位现场放样灰线进行检测，并出具《建设工程开工放样复验检测成果报告书》，其形式、内容应当符合要求；灰线放样应当遵守"零误差"原则，即建筑工程放样灰线与建设基地以外相邻建筑的建筑间距、与建设基地内拟建建筑的建筑间距以及退批准用地范围、道路红线等规划控制线距离均应符合行政许可要求；建设工程尚未开工建设；涉及道路、河流两侧的建设项目应完成道路规划红线、河道规划蓝线等规划控制线的现场定界；完成地质资料汇交工作；建设基地现场设置规划许可公告牌。

根据简化行政审批要求，下列建设项目应当进行开工放样复验备案：产业区块内非居住类工程，建设单位选择自主开工放样复验的；其他实行自主开工放样复验的建设项目。备案要求：应当委托测绘机构进行现场检测；开工放样灰线检测结论符合行政许可要求；涉及道路规划红线、河道规划蓝线等规划控制线的，应当完成相关定界报告资料；完成地质资料汇交；建设基地现场设置规划许可公告牌；建设单位选择自主开工放样复验的，应当在取得《建设工程规划许可证》后六个月内向规划管理部门进行建设项目开工放样复验备案。规划管理部门在收到建设单位提交的备案材料后，经审查符合备案收件形式要求的，应当场出具《建设项目自主开工放样复验备案登记凭证》。

建设工程竣工规划验收适用于本市建设工程竣工规划验收审核事项的咨询、申请、受理、审理、许可决定、送达与公开，以及诚信档案、投诉举报等的管理。审批事项准予批准的条件：建筑类项目申请竣工规划验收按照《建设工程规划许可证》及附图许可的要求，全面完成基地内建筑、道路、绿化、公共设施等各项建设；基地内临时建筑和不准予保留的旧建筑已经拆除；按照《地名批准书》要求使用和设置地名；按照档案管理要求编制建设项目档案资料；完成地质勘探资料汇交及落实地质灾害防治措施。市政交通类项目申请竣工规划验收严格按照规划道路红线、河道蓝线等规划控制线要求实施，不得超越规划道路红线控制范围；建设位置、长度、宽度、道路横断面布置、桥梁净空高度、人行道设置等建设内容应当符合《建设工程规划许可证》及附图许可的要求；市政交通类工程批准建设范围内的不予保留建筑及为建设需要搭建的施工用房等临时建筑应当拆除；其他规划许可要求。市政管线类项目申请竣工规划验收严格按照规划道路红线、河道蓝线等规划控制线要求实施，不得超越规划道路红线控制范围；市政管线工程的建设位置、长度、规格、导管孔数、管顶标高等建设内容应当符合《建设工程规划许可证》及附图许可的要求；市政管线类工程批准建设范围内的不予保留建筑及为建设需要搭建的施工用房等临时建筑应当拆除：其他规划许可要求。分期规划验收：部分建设项目因前期动迁等原因造成规划许可内容未全部建成，无法一次申请竣工规划验收，经规划管理部门审核确认可申请分期验收。

五、国有建设用地土地核验

国有建设用地土地核验适用于国有建设用地土地核验审核事项的咨询、申请、受理、审理、许可决定、送达与公开，以及诚信档案、投诉举报等的管理。审批事项准予批准的条件：新建项目申请土地核验用地主体符合土地出让合同或划拨决定书、租赁合同的要求；用地范围、用地面积、土地用途等土地使用情况符合土地出让合同或划拨决定书、租赁合同的要求；土地价款的交纳情况符合土地出让合同或划拨决定书、租赁合同的要求；建筑面积、建筑容积率、建筑密度、开工时间、竣工时间、地上主体建筑物性质等建设基本情况符合土地出让合同或划拨决定书、租赁合同的要求；经济适用住房的建设情况，经营类用地的住宅、办公、商业（娱乐）建筑面积及比例，工业企业内部行政、办公及生活设施用地比例及建筑面积，工业项目固定资产总投资额、投资强度等建设项目特定要求的履行情况符合土地出让合同或租赁合同的要求；土地出让合同或划拨决定书、租赁合同载明的其他条件符合土地出让合同或划拨决定书、租赁合同的要求。续建项目申请土地核验用地主体符合土地出让合同或划拨决定书、租赁合同及规划部门批准项目建设的许可文件的要求；用地范围、用地面积、土地用途等土地使用情况符合土地出让合同或划拨决定书、租赁合同及规划部门批准项目建设的许可文件的要求；土地价款的交纳情况符合土地出让合同或划拨决定书、租赁合同的要求；建筑面积、建筑容积率、建筑密度、地上主体建筑物性质等建设基本情况符合土地出让合同或划拨决定书、租赁合同及规划部门批准项目建设的许可文件的要求；经营类用地的住宅、办公、商业（娱乐）建筑面积及比例，工业企业内部行政、办公及生活设施用地比例及建筑面积等建设项目特定要求的履行情况符合土地出让合同或租赁合同及规划部门批准项目建设的许可文件的要求；土地出让合同或划拨决定书、租赁合同载明的其他条件符合土地出让合同或划拨决定书、租赁合同的要求。转让项目申请土地核验用地主体符合土地出让合同、转让合同及规划部门批准项目建设的许可文件的要求；用地范围、用地面积、土地用途等土地使用情况符合土地出让合同、转让合同及规划部门批准项目建设的许可文件的要求；土地价款的交纳情况符合土地出让合同、转让合同的要求；建筑面积、建筑容积率、建筑密度、地上主体建筑物性质等建设基本情况符合土地出让合同、转让合同及规划部门批准项目建设的许可文件的要求；经营类用地的住宅、办公、商业建筑面积及比例，工业企业内部行政、办公及生活设施用地比例及建筑面积，工业项目固定资产总投资额、投资强度等建设项目特定要求的履行情况符合土地出让合同、转让合同及规划部门批准项目建设的许可文件的要求；土地出让合同、转让合同载明的其他条件符合土地出让合同、转让合同的要求。

六、建设用地审查报批

在建设项目审批、核准、备案阶段，建设单位应当向建设项目批准机关的同级国土资源主管部门提出建设项目用地预审申请。受理预审申请的国土资源主管部门应当依据土地利用总体规划、土地使用标准和国家土地供应政策，对建设项目的有关事项进行预审，出具建设项目用地预审意见。

建设单位提出用地申请时，应当填写《建设用地申请表》，并附具下列材料：建设项目用地预审意见；建设项目批准、核准或者备案文件；建设项目初步设计批准或者审核文件。建设项目拟占用耕地的，还应当提出补充耕地方案；建设项目位于地质灾害易发区的，还应当提供地质灾害危险性评估报告。国家重点建设项目中的控制工期的单体工程和因工期紧或者受季节影响急需动工建设的其他工程，可以由省、自治区、直辖市国土资源主管部门向国土资源部申请先行用地。

农用地转用方案应当包括占用农用地的种类、面积、质量等，以及符合规划计划、基本农田占用补划等情况。补充耕地方案，应当包括补充耕地的位置、面积、质量，补充的期限，资金落实情况等，以及补充耕地项目备案信息。征收土地方案，应当包括征收土地的范围、种类、面积、权属，土地补偿费和安置补助费标准，需要安置人员的安置途径等。供地方案，应当包括供地方式、面积、用途等。其中，报国务院批准的城市建设用地，省、自治区、直辖市人民政府在设区的市人民政府按照有关规定缴纳新增建设用地土地有偿使用费后办理回复文件。征收土地公告和征地补偿、安置方案公告，按照《征收土地公告办法》的有关规定执行。建设项目施工期间，建设单位应当将《建设用地批准书》公示于施工现场。

建设项目用地预审审批适用于建设项目用地预审的申请和办理，属前审后批。其申请条件：①建设项目用地符合国家供地政策和土地管理法律、法规规定的条件。②建设项目选址符合土地利用总体规划，属《中华人民共和国土地管理法》第二十六条规定情形，建设项目用地需修改土地利用总体规划的，规划修改方案应符合法律、法规的规定。③建设项目用地规模符合有关土地使用标准的规定；对国家和地方尚未颁布土地使用标准和建设标准的建设项目，以及确需突破土地使用标准确定规模和功能分区的建设项目，国土资源主管部门已组织开展建设项目节地评价并出具评审论证意见。④占用基本农田或占用其他耕地规模较大的建设项目，国土资源主管部门已组织踏勘论证。⑤建设项目占用耕地和涉及征地补偿、土地复垦的，建设单位需承诺将补充耕地、征地补偿、土地复垦等相关费用纳入工程概算。

国有土地划拨审批适用于国有土地划拨审批的申请与办理。其审批条件：①报审要件真实、有效；②审核建设项目用地应符合城乡规划、土地利用总体规划；③审核建设项目应经投资部门批准、核准或备案；④审核建设项目用地应办理土地预审；⑤审核建设项目用地应取得规划用地规划许可证；⑥土地不存在权属争议、纠纷，司法或行政强制以及违法用地等情况；⑦项目不在国土资源部发布的《限制用地项目目录》和《禁止用地项目目录》目录范围；⑧项目应符合《划拨用地目录》；⑨涉及征收国有土地上房屋的，应已完成国有土地房屋征收程序。

七、建设项目用地审批

建设用地批准书核发适用于上海市建设用地批准书核发的申请与办理。对已实施供地的建设项目，条件具备的，核发建设用地批准书。凭《建设用地批准书》的内容，办理项目供地手续。其准予批准的条件：①报审要件真实、有效；②审核建设项目用地已取得市人民政府核发的建设用地批准文件；③出让项目应缴清出让价款；④涉及征收集体土地的，应完成征地补偿；⑤涉及征收耕地的，应完成劳动力安置或社会保障；⑥涉及占用耕地的，应缴清耕地占用税；⑦涉及收回国有土地的，应完成收地补偿或收地公告程序；⑧涉及征收国有土地上房屋的，应完成房屋征收程序。

建设用地批准文件调整审批适用于国有建设用地批准文件调整审批的申请与办理。建设项目需要调整原建设用地批文的，由建设用地单位向原批准用地机关提出调整事项申请。建设项目用地调整主要包含三种类型的调整：一是原划拨土地使用权调整范围、面积、用途、建设主体；二是原划拨土地使用权上的建设项目调整为有偿使用；三是出让土地上的建设项目调整范围、面积、用途以及调整建设主体。凭《关于批准建设工程调整用地范围的通知》、《国有建设用地使用权出让合同》办理相关用地手续，原以划拨方式取得的，除调整建设用地批文外，还应当同时换发《国有土地划拨决定书》；以出让方式取得的，还应当重新签订《国有建设用用地使用权出让合同》。其准予批准的条件：①报审要件真实、有效；审核建设项目用地应符合城乡规划、土地利用总体规划。②涉及调整建设单位的，应取得投资部门（发展改革委、商务委、经信委）关于调整主体的批准、核准或备案意见和规划部门批准同意调整主体的意见；涉及调整用地面积与范围、土地用途的，应取得投资部门（发展改革委、商务委、经信委）关于调整用地面积与范围、土地用途的批准、核准或备案意见和规划部门批准同意调整用地面积与范围、土地用途的意见；涉及出让土地需扩大用地的，须审核是否符合扩大用地的标准，即扩大的地块应为根据规划方案确定不能独立开发或经前置性审批条件明确不能独立开发的地块；涉及原划拨用地扩大用地的，应通过建设用地预审。③土地不存在权属争议、纠纷，司法或行政强制以及违法用地等情况。④项目不在国土资源部发布的《限制用地项目目录》和《禁止用地项目目录》目录范围。⑤划拨用地项目应符合《划拨用地目录》。

单独选址项目审批适用于单独选址项目审批的申请与办理。其准予批准的条件：①用地范围符合《土地利用总体规划》和各区县土地利用总体规划，应在集中建设区范围内；②涉及农用地、未利用地转为建设用地的，应符合土地利用年度计划中确定的新增建设用地指标；涉及占用耕地的，应符合土地利用年度计划中的耕地占补平衡指标；③项目不在《限制用地项目目录》和《禁止用地项目目录》目录范围；④取得规划部门核发的建设用地规划许可证；⑤取得投资部门核发的项目立项批复及工程可行性批复；⑥取得土地行政管理部门核发的建设项目用地预审意见；⑦涉及征地的，完成征地批前告知程序，张贴《拟征地告知书》的有关证明材料；⑧区县人民政府上报的"一书四方案"，其中涉及国有农用地的，不拟定征用土地方案；涉及需要带征的，区县上报材料必须说明原因，带征规划红线外土地，需取得集体经济组织同意征收的书面意见；⑨收到耕地开垦费缴纳通知书七日内完成交纳耕地开垦费的。

协议出让用地审批适用于协议出让用地审批的申请与办理。对法律、法规规定的符合协议出让的建设用地，意向用地者应向有审批权限的市或区县规划土地管理部门提出用地申请。市或区县规划土地管理部门应根据出让计划、城市规划和意向用地者申请的用地类型、规模等，对项目用地进行审查，进行出让公示拟订供地方案，报人民政府批准。其准予批准的条件：①符合《协议出让国有土地使用权规范》和《协议出让国有土地使用权规定》，符合《土地利用总体规划》和各区县土地利用总体规划，应在集中建设区范围内。②不在国土部发布的《限制用地项目目录》和《禁止用地项目目录》供地目录范围。③审核项目不属于住宅、金融、办公、商业、娱乐、旅游服务六类经营性项目或工业用地项目取得规划部门核提的出让地块的规划条件取得产业或者行业主管部门对项目的建设要求的文件协议出让的地价，不得低于出让地块所在级别基准地价的70%。

土地租赁用地审批适用于土地租赁用地审批的咨询、申请、受理、书面审查、实地核查、集体审查、决定、送达、归档、依申请变更、补证、注销、歇业、依职权撤销的办理，以及书面检查、实地检查、诚信档案、投诉举报。其准予批准的条件：①报审要件真实、有效；项目用地范围符合《土地利用总体规划》和各区县土地利用总体规划，应在集中建设区范围内；②项目不在国土资源部发布的《限制用地项目目录》和《禁止用地项目目录》目录范围；③项目不属于商品房项目；④取得规划部门核提的租赁地块规划条件；⑤取得投资、产业或者行业主管部门核提的项目建设要求文件；⑥租赁土地的租金应当符合市场价格水平。

招标、拍卖、挂牌用地审批适用于上海市招标、拍卖、挂牌用地审批的申请与办理。其准予批准的条件：①报审要件真实、有效；用地范围符合《土地利用总体规划》和各区县土地利用总体规划，应在集中建设区范围内；②项目不在国土资源部发布的《限制用地项目目录》和《禁止用地项目目录》目录范围；③土地已由土地储备机构实施收储；④项目属于商品住宅、金融、办公、商业、娱乐、旅游服务六类经营性项目或工业用地项目；⑤取得投资（发展改革委）、产业（经信委）、规土、房管、环保、建管、交通、卫生、水务、绿化、民防、文物部门核提的项目建设要求文件。

划拨决定书核发、补发适用于本市国有建设用地划拨决定书核发、补发的申请与办理。其准予批准的条件：①报审要件真实、有效；项目用地已取得供地批准文件。②涉及征收集体土地的，应完成征地补偿取得征地结案表；涉及征收耕地的，应完成劳动力安置；涉及占用耕地的，应缴纳耕地占用税。③涉及收回国有土地的，应签订补偿协议或公告期限届满的收地公告。④涉及征收国有土地上房屋的，应完成房屋征收程序。⑤列入经市人代会审议通过的市重大工程项目可不需要提交已完成房屋土地征收补偿、社保手续的凭证，直接凭供地批准文件办理划拨决定书。

八、地下建设用地使用权出让

1. 地下建设用地出让方式

地下建设用地，分为结建的地下工程建设用地和单建的地下工程建设用地。结建的地下工程，是指由同一主体结合地面建筑一并开发建设的地下工程。单建的地下工程，是指独立开发建设的地下工程。地下建设用地的使用，应当贯彻"统筹规划、合理开发、节约集约、公益优先、地下与地上相协调"的原则，适用于行政区域内国有土地范围内的地下建设用地使用权出让的管理。除列入国家《划拨用地名录》范围的地下建设工程可以采取划拨方式取得地下建设用地使用权外，其他地下建设工程应当以出让等有偿使用方式取得地下建设用地使用权。地下建设用地使用权的出让，应当采用招标、拍卖、挂牌的方式。但符合以下情形之一的可以采用协议出让的方式：附着地下交通设施等公益性项目且不具备独立开发条件的地下工程；地上建设用地使用权人在其建设用地范围内开发建设地下工程的；存量地下建设用地补办有偿使用手续以及其他符合协议出让条件的。结建的地下工程随其地上部分一并出让地下建设用地使用权。地下建设用地使用权的出让年期，应当按照用途，遵循国家建设用地使用权出让的有关规定。

2. 地下建设规划条件

地下建设用地使用权出让前，规划资源部门应当根据控制性详细规划核定地下建设规划条件。控制性详细规划中未明确地下空间规划要求的，应当根据规划管理技术规定核定规划条件。规划条件应当明确地下建设工程的用途、最大占地范围、开发深度、建筑量控制要求、与相邻建筑连通要求、地质安全要求等规划设计要求。地下建设规划条件应当纳入土地出让合同。土地出让合同约定的地下建设规划条件未能明确的，可以在建设工程设计方案和建设工程规划许可证中明确。土地受让人应当在地下建设工程规划许可证核发后三个月内，及时申请签订补充出让合同，确定地下建设规划条件，补缴土地价款。项目竣工验收时，地下实测建筑面积超过出让合同约定的地下建设规划条件，但在规划允许实测误差控制范围内的，通过签订补充出让合同，调整地下建筑量，按照原出让合同约定的土地价格，补缴土地出让价款。规定实施前签订土地出让合同、尚未办理土地核验的项目，涉及地下工程的，也应当按照本规定，签订补充出让合同，确定地下建设规划条件，补缴土地价款。

3. 地下建筑面积和用途

建设单位申办地下建设工程规划许可证时，应当列表申报各类用途的建筑面积，并在相关图纸中，明确标注范围。规划资源部门核发地下建设工程规划许可证时，应当将地下建筑面积分类表作为附件。建设单位申报地下建设工程规划土地综合验收时，应当列表申报各类用途的实测建筑面积。规划土地验收部门应当出具意见，列明各类用途地下建筑情况。建设单位列表申报地下各类用途建筑面积时，对地下规划条件或地下工程规划许可证明确批准用途的商业、办公、仓储等，应当逐类列计建筑面积；对地下规划条件或地下工程规划许可证未明确用途的设备用房等，按照项目配套设施列计建筑面积；按照规划要求建设的地下公共通道和市政公用设施等公益性设施，单列建筑面积。

4. 地下建设用地基本价格

地下建设用地使用权基本价格，是指在某一估价期日、法定最高年期的地下建设用地使用权区域平均价格，按照"鼓励开发、分层利用、区分用途、地下与地上相协调"的原则确定。地下一层基本价格以基准地价为依据，按照与同类用途、相应级别地上建设用地使用权基准地价的一定比例确定。地下二层按照地下一层的 50% 确定，地下三层及以下按照上一层的 60% 确定。地下项目配套设施的基本价格，按照建设项目用途基准地价的一定比例确定。建设项目为混合用途的，按照混合用地比例计算确定。地下工程范围内的民防工程部分，建设用地使用权基本价格，按照其所在工程地下用途基本价格的 50% 确定。

5. 地下建设用地出让价款

地下建设用地使用权出让价款，应当经过评估，评估以基本价格为依据。地下建设用地使用权采用招标、拍卖、挂牌方式出让的，应当根据评估结果，经出让人集体决策，确定标底或底价。采用协议出让的，应当根据评估结果，经出让人集体决策，确定出让价款。协议出让最低价不得低于基本价格的 70%。住宅配套类地下停车库暂免收取地下建设用地使用权出让价款，直接纳入出让合同的地下规划条件。按照规划要求建设的地下公共通道和地区服务性市政公用设施等公益性设施，不纳入地下建设用地使用权出让范围，不计土地出让价款，可在出让合同中，约定建设和管理要求。

6. 地下空间的整体开发

在集中开发的区域，应当对地下空间进行统一规划、整体设计，通过城市设计、控规附加图则和开发建设导则，规范区域内地下空间建设行为。涉及地下空间的建设工程设计方案，应当经集中开发区域的管理机构综合平衡后，方可报规划资源部门审批。鼓励实行区域地下空间整体开发建设。由一个主体取得区域地下建设用地使用权实施开发建设的，地上建设用地使用权可以分宗采取"带地下工程"方式供应。区域地下空间实行分宗出让、委托一个主体统一建设的，土地出让条件中应当明确统一建设的要求，地下建设工程设计方案和工程规划许可应当充分考虑各宗地地下空间的物理分割条件，合理确定地下工程布局，各宗地地下空间分割界线应当与地上权属界线相协调。实行地下空间整体开发建设的，地上和地下建设用地使用权人应当在建设开发和使用过程中相互提供便利。土地出让合同中，可以明确相邻关系的具体约定，以及地下空间的地面出口、地上工程的地下桩基等配套设施和构筑物的权属等内容。地下建设用地使用权人应当按照规划条件和建设工程规划许可明确的地下空间连通要求和连通方案实施建设。相邻地块已按照规划预留连通位置的，应与之相衔接。新项目的地下建设用地使用权人负责建设衔接段的地下通道。

7. 地下建设用地权属和登记

地下建设用地使用权的权属范围，按照土地出让合同约定的地下空间建设用地使用权范围确定。按照规划许可建成的地下建筑物、构筑物通过竣工规划验收后，其权属范围应当以地下建筑物、构筑物外围所及的范围确定。地下建设用地使用权和地下建（构）筑物的登记，按照《不动产登记暂行条例》《不动产登记暂行条例实施细则》以及上海市不动产登记技术规定的有关条款执行。

九、建设项目不动产登记

《不动产登记暂行条例》和《不动产登记暂行条例实施细则》对不动产登记机构、登记簿、登记程序、登记信息共享与保护等作出了规定。

1. 不动产登记概述

不动产，是指土地、海域以及房屋、林木等定着物。不动产登记是指不动产登记机构依法将不动产权利归属和其他法定事项记载于不动产登记簿的行为，包括不动产首次登记、变更登记、转移登记、注销登记、更正登记、异议登记、预告登记、查封登记等。下列不动产权利，依照规定办理登记：集体土地所有权；房屋等建筑物、构筑物所有权；森林、林木所有权；耕地、林地、草地等土地承包经营权；建设用地使用权；宅基地使用权；海域使用权；地役权；抵押权；法律规定需要登记的其他不动产权利。房屋等建筑物、构筑物和森林、林木等定着物应当与其所依附的土地、海域一并登记，保持权利主体一致。

2. 不动产登记程序

申请不动产登记的，申请人应当填写登记申请书，并提交身份证明以及相关申请材料。不动产登记机构收到不动产登记申请材料，按照下列情况办理：①属于登记职责范围，申请材料齐全、符合法定形式，或者申请人按照要求提交全部补正申请材料的，应当受理并书面告知申请人。②不动产登记机构受理不动产登记申请的，应当查验下列内容：不动产界址、空间界限、面积等材料与申请登记的不动产状况是否一致；有关证明材料、文件与申请登记的内容是否一致；登记申请是否违反法律、行政法规规定。③不动产登记机构应当自受理登记申请之日起 30 个工作日内办结不动产登记手续。登记事项自记载于不动产登记簿时完成登记。不动产登记机构完成登记，应当依法向申请人核发不动产权属证书或者登记证明。④不动产登记机构应当在登记事项记载于登记簿前进行公告，公告期不少于 15 个工作日。公告所需时间不计算在登记办理期限内。不动产登记机构应当根据不动产登记簿，填写并核发不动产权属证书或者不动产登记证明。

3. 不动产权利登记

不动产首次登记，是指不动产权利第一次登记。市、县人民政府可以根据情况对本行政区域内未登记的不动产，组织开展集体土地所有权、宅基地使用权、集体建设用地使用权、土地承包经营权的首次登记。其中，国有建设用地使用权及房屋所有权登记要依法取得国有建设用地使用权，可以单独申请国有建设用地使用权登记。依法利用国有建设用地建造房屋的，可以申请国有建设用地使用权及房屋所有权登记。申请在地上或者地下单独设立国有建设用地使用权登记的，按照规定办理。其他登记包括更正（异议、预告、查封）登记。

第四节　建设项目开工准备

按照国务院推进简政放权、放管结合、优化服务改革，国家基本建设程序国家将优化项目前期审批和新建住宅市政配套项目审批手续，进一步简化、整合投资项目报建手续，优化项目招标投标、项目施工许可等手续。建设单位凭建设工程设计方案审核意见，申请办理施工图审查等手续。政府投资项目按照财政部要求政府采购实施工程、货物和服务的招投标、竞争性磋商、非招标采购事项以及 PPP 项目财政管理。

一、建设项目各阶段设计审核

建设项目的设计我国目前一般分为两个阶段设计，即初步设计阶段和施工图设计阶段。但是对一些复杂的，采用新工艺、新技术的重大项目，在初步设计批准后做技术设计（此时施工图设计要以批准的技术设计为准），其内容与初步设计大致相同，而在技术表现上更为具体深化。对于一些特殊的大型工程，必要时在可行性研究阶段增加总体规划设计，作为可行性研究的一个内容和初步设计的依据。

1. 工程项目规划设计

工程项目规划设计过程是指从项目选址、可行性研究开始，直到竣工验收、投产回访总结全过程，即设计贯穿于工程建设的全过程，而规划设计是项目建设的重要组成部分，是项目建设过程的立项决策阶段。规划设计深度要求分为项目总体规划的深度和详细规划深度。规划设计要求是在建设工程项目可行性研究报告批准后，规划部门按照城市总体规划的要求，项目建设地点的周边环境状况，对该项目的设计提出的规划要求，作为初步设计的法定依据。目前基本上分为建筑工程和市政工程两大类，分别按规定的程序申请取得规划设计要求。

2. 工程项目初步设计

初步设计是根据可行性研究报告的要求所做的具体实施方案，目的是为了阐明在指定的地点、时间和投资控制数额内。拟建项目在技术上的可能性和经济上的合理性，并通过对工程项目所作出的基本技术经济规定，编制项目总概算。初步设计的必要条件是：建设项目可行性研究报告经过审查，业主已获得可行性研究报告批准文件；已办理征地手续，并已取得规划和土地管理部门提供的建设用地规划许可证和建设用地红线图；已取得规划部门提供的规划设计条件通知书。

为了保证初步设计符合国家和当地有关技术标准、规范、规程及法规规定，总体布局符合城市整体规范要求，概算完整准确，初步设计文件必须进行审批，这是初步设计审查。根据国家有关部门规定，工程建设项目的初步设计必须经国家有关部门和地方建设主管部门审批。初步设计审查范围包含新建、改建、扩建的工程建设项目。技术要求相对简单的民用建筑工程，经有关主管部门同意，且合同中没有做初步设计的约定，可在方案设计审批后直接进入施工图设计。审批程序对于一般项目，由受理部门先对送审的资料进行研究，确定是否具备初步设计审批的条件。如果条件具备，可直接通过发送项目初步设计意见征询表或者召开初步设计审查会的形式，征求相关管理部门及配套部门对项目初步设计的意见，经综合协调，确定该项目初步设计是否符合有关规定和要求。在各管理及配套部门的意见基本一致、符合设计规范的前提下，给予正式批复。对于招标拍卖地块的经营性项目，由建设单位送审有关资料，审批部门受理后，采用一门式审批服务的形式，由受理部门内部征求相关管理部门和配套部门的意见，经综合协调后给予初步设计批复。

3. 工程项目施工图设计

施工图设计完整地表现建筑物的外形、内部空间分割、结构体系、构造状况以及建筑群的组成和周围环境的配合，具有详细的构造尺寸。它还包括各种运输、通信、管道系统、建筑设备的设计。开展施工图设计的条件是：初步设计已经审核批准；初步设计审查时提出的重大问题和初步设计的遗留问题已经解决；施工图阶段勘察及地形测绘图已经完成；外部协作条件已经签订或基本落实；主要设备订货基本落实，设备总装图、基础图资料已收集齐全，可满足施工图设计的要求。

审查机构对施工图审查内容包括：是否符合工程建设强制性标准；地基基础和主体结构的安全性；消防安全性；人防工程（不含人防指挥工程）防护安全性；是否符合民用建筑节能强制性标准，对执行绿色建筑标准的项目，还应当审查是否符合绿色建筑标准；勘察设计企业和注册执业人员以及相关人员是否按规定在施工图上加盖相应的图章和签字；法律、法规、规章规定必须审查的其他内容。

工程项目施工图审查备案，国家实施施工图设计文件审查制度。建设单位应当将施工图设计文件报县级以上的政府建设行政部门或者交通、水利、等有关部门审查备案。建设行政部门应对施工图设计文件中涉及公共利益、公共安全、工程建设强制性标准的内容进行审查。施工图设计文件中除涉及安全、公共利益和强制性标准、规范的内容外，其他有关设计的经济、技术合理性和设计优化等方面的问题，可以由建设单位通过方案竞选或设计咨询的途径解决。审查机构应当在收到审查材料后完成审查工作，并提出审查报告；审查合格的项目，由施工图审查机构向建设单位提交项目施工图审查报告。审查合格书应当包括建设工程项目概况、勘察设计企业概况、施工图审查情况等。审查机构应当将审查情况报工程所在地县级以上地方人民政府建设主管部门备案，备案内容应当包括审查合同和审查合格书。

二、新建住宅市政配套工程项目审批

1. 房屋拆迁许可审批

房屋拆迁许可审批适用于行政区域内拆迁期限累计超过一年的房屋拆迁许可审批（期限延长）的申请与办理。其准予批准的条件：拆迁人应当在拆迁期限内完成拆迁。确需延长拆迁期限的，应当在拆迁期限届满日的 15 日前，向区县住房保障和房屋管理局提出延长期拆迁申请，区县住房保障和房屋管理局应当在收到延期拆迁申请之日起 10 日内给予答复。拆迁期限累计超过一年的，延期拆迁申请由区县住房保障和房屋管理局报经市住房保障和房屋管理局审核后给予答复。

2. 优秀历史建筑改变（调整）使用性质及内部设计使用功能和修缮（装修改造）审批

优秀历史建筑改变（调整）审批适用于行政区域内的优秀历史建筑改变（调整）使用性质及内部设计使用功能和修缮（装修改造）审批的申请与办理。其审批应当符合条件：由产权人申请的，申请人与产权证所示产权人应一致；由受托使用管理人申请的，应提供产权人同意文件，申请人与产权人委托的应一致，产权人同意文件落款与产权证所示产权人应一致。检测报告应在有效期内，并通过专家评审。优秀历史建筑改变（调整）使用性质及内部设计使用功能和修缮（装修改造）设计、施工方案应通过专家评审。审批自发出之日起有效期限为 1 年，如要素和审批条件未变，可申请延期，延期需至市房屋管理部门办理相关审核手续，原申请人应提交延期申请及原批复文件。

3. 新建住宅市政配套工程项目建议书审批

新建住宅市政配套工程项目建议书审批适用于行政区域内的新建住宅市政配套工程项目建议书审批的申请与办理。其准予批准的条件：符合城市、市政交通、配套设施建设总体规划；核对是否属于周边新建住宅区住宅市政配套设施项目；明确配套项目建设范围、内容、规模、标准；明确投资匡算和建设资金筹措意向；项目周边相关住宅的建设进度、规模、配套范围等情况；周边配套费征收和使用情况测算。

4. 新建住宅市政配套工程可行性研究报告审批

新建住宅市政配套工程可行性研究报告审批适用于行政区域内的新建住宅市政配套工程可行性研究报告审批的申请与办理。其准予批准的条件：在项目建议书批复的有效期内完成可行性研究报告；可行性研究报告内容与项目建议书批复要求基本一致；可行性研究报告经过评审，并取得评估报告；有关专业部门（单位）出具征询意见复函；通过市（区）规土部门的用地预审；工程建设范围、内容、标准和投资估算；投资渠道的明确意见（或会议纪要）文件；相关配套的搬迁费用及其资金筹措意向；投资超过批准概算较多或涉及工程范围、方案、标准重大调整的项目，应编制工程可行性研究报告（调整）；工程可行性研究报告的调整依据和内容满足充分、完整、齐全、清晰的要求。

5. 新建住宅市政配套工程初步设计审批

新建住宅市政配套工程初步设计审批适用于行政区域内的新建住宅市政配套工程初步设计审批的申请与办理。其准予批准的条件：按要求提供齐全、规范的有关设计依据和有关部门批准文件；依据专家评审意见选择技术措施；工程可行性报告批复中的技术经济指标在本阶段设计中的落实情况；概算内容的依据和深度满足完整、齐全、清晰的要求；概算超过工程可行性研究报告批准估算10% 时，应分析投资变化的原因；总投资小于 500 万元的项目可简化为项建书和工可两阶段工作，可不申报初步设计审批；投资超过批准概算较多或涉及工程范围、方案、标准重大调整的项目，应重新编制初步设计（调整）；初步设计的调整依据和内容满足充分、完整、齐全、清晰的要求。

6. 新建住宅交付使用许可

新建住宅交付使用许可适用于行政区域内由市人民政府批准的建设用地的新建住宅交付使用许可的申请与办理。其准予批准的条件：住宅生活用水纳入城乡自来水管网。住宅用电按照电力部门的供电方案，纳入城市供电网络。住宅的雨水、污水排放纳入永久性城乡雨水、污水排放系统。住宅小区附近有燃气管网的，完成住宅室内、室外燃气管道的敷设并与燃气管网镶接；住宅小区附近没有燃气管网的，完成住宅室内燃气管道的敷设，并负责落实燃气供应渠道。住宅小区内电话通信线、有线电视线和宽带数据传输信息端口敷设到户。住宅小区与城市道路或者公路之间有直达的道路相连。按照规划要求完成教育、医疗保健、环卫、邮政、菜场及其他商业服务、社区服务和管理等公共服务设施的配建。按照住宅设计标准预留设置空调器外机和冷凝水排放管的位置。完成住宅小区内的绿化建设。

7. 建筑工程初步设计文件抗震设防审查

建筑工程抗震设防审查中建筑工程是指建设工程中的各类房屋建筑及其附属构筑物设施，包括新建、改建、扩建的民用建筑、工业建筑和构筑物工程以及既有建筑抗震加固等工程。凡在行政区域内建造的各类建筑工程均属抗震设防审查范围；文物建筑按照有关规定执行。建筑工程设计文件的抗震设防审查工作纳入建设工程设计审查程序；初步设计文件抗震设防审查意见应作为有关部门审批初步设计文件或总体设计文件征询意见汇总的依据之一，并作为施工图设计及审查的依据之一。抗震设防审查意见主要内容，建设单位所提交的材料符合要求受理后，建设行政主管部门应在规定的工作日内完成抗震设防审查，并出具书面审查意见。超限高层建筑工程抗震设防审查流程，建设工程抗震设防审查专家委员会组织专家进行审查，提出书面审查意见，工程抗震办公室应当自接受超限高层建筑初步设计抗震设防专项审查全部申报材料之日起 20 个工作日内，将审查意见提交初步设计主审部门。审查难度大或审查意见难以统一的超限高层建筑工程，可邀请或委托全国超限高层建筑工程抗震设防审查专家委员会进行审查，提出专项审查意见，并报国务院建设行政主管部门备案。

8. 新建住宅保障性住房配建核定

（1）配建的比例和要求，凡新出让土地、用于开发建设商品住房的建设项目，均应按照不低于该建设项目住房建筑总面积5%的比例，配建保障性住房及相应产权车位；鼓励保障对象较多的区域进一步提高建设项目的配建比例。配建的保障性住房应无偿移交区政府指定机构用于住房保障，并在建设用地使用权出让条件中予以明确。配建的保障性住房，均应以实物房源移交；由于特殊原因无法安排建设实物房源而需折算为货币交纳的，经区政府同意并报市房屋管理部门会同市规划资源、财政部门批准后实施。

（2）配建的具体规定，配建的保障性住房应与商品住房建设项目一并规划设计，其建筑外形、风格、色彩与品质应与商品住房基本一致，保持总体和谐，并共享商品住房建设项目的公共配套设施、公共停车位和公共通道。按照规定比例配建的保障性住房建筑面积，原则上应集中布局到楼幢或者单元；因客观条件无法集中布局到楼幢或者单元的，应落实到成套住房。应实施全装修参照保障性住房实施室内装修的相关标准执行。配建的保障性住房应与所在项目的商品住房同步建设、同步配套、同步交付。商品住房项目分期开发建设的，配建的保障性住房应在首期开发建设中落实，并及时交付使用。房地产开发企业在实施配建时应按照保障性住房设计规范、导则、技术要求和停车库场设置标准确定配建保障性住房的产权车位数量和类型，建成后同步无偿移交区政府指定机构。

（3）实施保障性住房配建程序，年度商品住房建设用地出让计划应包括年度保障性住房配建。规划资源部门按照《国有建设用地使用权招标拍卖挂牌出让前期征询操作规程（试行）》规定，经批准后报备案。根据拟出让地块具体条件，确定配建保障性住房的总体建设要求；确定配建住房的基本使用要求；确定移交配建住房的相关内容。划资源部门在建设工程规划设计方案审批时，应书面征询同级房屋管理部门的意见，由其确定配建房源总建筑面积、幢号、楼层、房型、单套建筑面积、套数等事项。建设项目协议书签订，房地产开发企业在取得建设工程规划许可证之前，应根据建设用地使用权出让合同、经批准的设计方案，与区政府指定机构签订建设项目协议书并备案。建设项目协议书作为核发建设工程规划许可证的要件之一。工程监督与验收后配建房源在商品住房预售阶段移交的，并明确验收配建房源的条件。房地产开发企业应在建设项目的商品住房预售或者出售之前，将配建房源移交给区政府指定机构查验核对配建房源的建筑面积、套数、单套建筑面积、房型、具体室号、配建房源建筑面积占项目住房总建筑面积的比例、房屋质量、配套条件、产权车位等。向市住房保障机构申请办理配建房源的楼盘表"保障房类别"标注，由区政府指定机构予以书面确认，颁发商品住房和配建房源的预售许可证、办理销售手续和颁发交付使用许可证。房地产开发企业按照建设项目协议书约定移交配建房源和产权车位的，应同步向区政府指定机构出具经第三方机构认证的配建房源建安成本价核价文件。配建房源及产权车位与商品住房一并申请建设用地使用权"首次"登记，建设用地使用权范围应为同一宗地，不作分割，按照所在商品住房开发项目宗地总面积记载，并注记配建保障性住房的比例、建筑面积等内容。配建房源的新建房屋所有权经"首次"登记后，应予单独发证，并注记"房屋性质"等内容。

（4）配建房源的使用要求，配建房源建成后，原则上应作为住房保障实物使用，不得擅自挪作他用或处置。配建房源作为公共租赁住房使用的，资产按照房地产开发企业移交配建房源时出具的建安成本价核定文件予以入账，并按照本市国有资产管理相关规定，进行资产管理。配建房源用作共有产权保障住房配售的，销售价格严格按照共有产权保障住房价格管理的相关规定确定。配建房源上市转让的，可采取出售方式及定价方式。配建房源作为共有产权保障住房配售后所得价款、上市转让后所得价款，应上缴同级财政，实行专账核算，专款专用。政府指定机构配售或者上市转让配建房源，需缴纳相应税费按财税有关规定执行。

三、建设项目招投标备案与施工许可

1. 建设工程报建内容

工程项目报建是工程项目纳入建设实施管理的第一个环节。建设单位或其代理机构在建设工程可行性研究报告或其他立项文件被批准后、建设工程发包前，应当持有关批准文件，按规定审批权限向当地建设行政主管部门或其授权机构办理建设工程报建手续。凡在我国境内投资兴建的工程建设项目，都必须实行报建制度，接受当地建设行政主管部门或其授权机构的监督管理。

2. 招标公告和公示信息

招标公告和公示信息，是指招标项目的资格预审公告、招标公告、中标候选人公示、中标结果公示等信息。依法必须招标项目的招标公告和公示信息，拟发布的招标公告和公示信息文本应当由招标人或其招标代理机构盖章，并由主要负责人或其授权的项目负责人签名。采用数据电文形式的，应当按规定进行电子签名。依法必须招标项目的招标公告和公示信息通过电子招标投标交易平台录入后交互至发布媒介核验发布。

3. 必须招标的工程项目

根据《中华人民共和国招标投标法》第三条的规定，国家发展改革委制定《必须招标的工程项目规定》全部或者部分使用国有资金投资或者国家融资的项目包括：使用预算资金200万元人民币以上，并且该资金占投资额10%以上的项目；使用国有企业事业单位资金，并且该资金占控股或者主导地位的项目。使用国际组织或者外国政府贷款、援助资金的项目包括：使用世界银行、亚洲开发银行等国际组织贷款、援助资金的项目；使用外国政府及其机构贷款、援助资金的项目。工程项目其勘察、设计、施工、监理以及与工程建设有关的重要设备、材料等的采购达到下列标准之一的，必须招标：施工单项合同估算价在400万元人民币以上；重要设备、材料等货物的采购，单项合同估算价在200万元人民币以上；勘察、设计、监理等服务的采购，单项合同估算价在100万元人民币以上。同一项目中可以合并进行的勘察、设计、施工、监理以及与工程建设有关的重要设备、材料等的采购，合同估算价合计达到前款规定标准的，必须招标。必须招标的基础设施和公用事业项目范围规定，不属于《必须招标的工程项目规定》第二条、第三条规定情形的大型基础设施、公用事业等关系社会公共利益、公众安全的项目，必须招标的具体范围包括：煤炭、石油、天然气、电力、新能源等能源基础设施项目；铁路、公路、管道、水运，以及公共航空和A1级通用机场等交通运输基础设施项目；电信枢纽、通信信息网络等通信基础设施项目；防洪、灌溉、排涝、引（供）水等水利基础设施项目；城市轨道交通等城建项目。

4. 建设项目招投标备案

为了规范工程项目建设招标投标活动，维护招标投标当事人的合法权益，依据《中华人民共和国建筑法》、《中华人民共和国招标投标法》等法律、行政法规对工程项目招投标进行备案管理。

工程项目勘察招标，需具备的招标条件：建设工程已报建；用地范围已经土地、规划管理部门核准；具备场地地形地貌图及相关地下管线、地下建（构）筑物分布图等资料。

工程项目设计招标，建筑工程的设计，采用特定专利技术、专有技术，或者建筑艺术造型有特殊要求的，经有关部门批准，可以直接发包。工程设计招标通常只对设计方案进行招标，并把设计阶段划分为方案设计阶段、初步设计阶段和施工图设计阶段。需具备的招标条件：建设工程已报建；用地范围已经土地、规划管理部门核准；具备场地地形地貌图及相关地下管线、地下建（构）筑物分布图等资料。

工程项目监理招标，需具备的招标条件：建设工程已报建；勘察、设计已发包；初步设计及概算已批准；具备施工监理招标所需的图纸和技术资料。

工程项目施工招标，需具备的招标条件：建设工程已报建；勘察、设计已发包；初步设计及概算已批准（如有）；有施工招标所需的图纸和技术资料；有相应的资金或资金来源已落实。工程项目材料设备招标，重要材料、设备招标：依法必须进行招标的建设工程项目，其有关的重要材料设备的采购必须按品种分别进行招标。

5. 建设项目开工施工许可

为了进一步加强基本建设大中型项目开工管理，严格开工条件，对基本建设大中型项目的开工条件规定：项目法人已经设立。项目初步设计及总概算已经批复。项目资本金和其他建设资金已经落实，资金来源符合国家有关规定，承诺手续完备，并经审计部门认可。项目施工组织设计大纲已经编制完成。项目主体工程的施工单位已经通过招标选定，施工承包合同已经签订。项目法人与项目设计单位已签订设计图纸交付协议。项目主体工程的施工图纸至少可满足连续三个月施工的需要。项目施工监理单位已通过招标选定。项目征地、拆迁和施工场地"四通一平"工作已经完成，有关外部配套生产条件已签订协议。项目主体工程施工准备工作已经做好，具备连续施工的条件。项目建设需要的主要设备和材料已经订货，项目所需建筑材料已落实来源和运输条件，并已备好连续施工三个月的材料用量。需要进行招标采购的设备、材料，其招标组织机构落实，采购计划与工程进度相衔接。按照国务院规定的权限和程序批准开工报告的建筑工程，不再领取施工许可证。

对建筑工程实行施工许可证制度，在建筑工程施工开始以前，对该项工程是否符合法定的开工必备条件进行审查，对符合条件的建筑工程发给施工许可证，允许该工程开工建设的制度。实行施工许可的建筑工程的范围：在中华人民共和国境内从事各类房屋建筑及其附属设施的建造、装修装饰和与其配套的线路、管道、设备的安装，以及城镇市政基础设施工程的施工，建设单位在开工前应当依照规定，向工程所在地的县级以上人民政府建设行政主管部门申请领取施工许可证。需具备的条件：①已经办理该建筑工程用地批准手续。办理用地批准手续是建筑工程依法取得土地使用权的必经程序，只有依法取得土地使用权，建筑工程才能开工。建设单位取得由县级以上人民政府颁发的土地使用权证书表明已经办理了该建筑工程用地批准手续。②在城市规划区的建筑工程，已经取得建设工程规划许可证。这是在城市规划区内的建筑工程开工建设的前提条件。③在城市规划区内的建筑工程，建设单位在依法办理用地批准手续之前，还必须先取得该工程的建设用地规划许可证。④施工场地已经基本具备施工条件。有满足施工需要的施工图纸及技术资料，施工图设计文件已按规定进行了审查。有保证工程质量和安全的具体措施，施工企业必须有建筑企业生产安全许可证。并按照规定同时办理了工程质量、安全监督手续。按照规定应该委托监理的工程已委托监理。⑤建设资金已经落实。建设工期不足一年的，到位资金原则上不得少于工程合同价的 50%，建设工期超过一年的，到位资金原则上不得少于工程合同价的 30%。法律、行政法规规定的其他条件。

关于工程总承包项目施工许可对采用工程总承包模式的工程建设项目，在施工许可证及其申请表中增加"工程总承包单位"和"工程总承包项目经理"栏目。各级住建主管部门可以根据工程总承包合同及分包合同，依法办理施工许可证。关于政府采购工程建设项目施工许可：对依法通过竞争性谈判或单一来源方式确定供应商的政府采购工程建设项目，应严格执行建筑法、《建筑工程施工许可管理办法》等规定，对符合申请条件的，应当颁发施工许可证。延期、中止施工、变更等办理、施工许可证信息变更、参建单位更换详见相关规定。

四、项目货物和服务招标投标采购

货物服务采购项目达到公开招标数额标准的，必须采用公开招标方式。货物服务招标采购的评标方法分为最低评标价法、综合评分法和性价比法。评标遵循程序：投标文件初审；澄清有关问题；比较与评价；推荐中标候选供应商名单；编写评标报告。

（1）采用最低评标价法的，按投标报价由低到高顺序排列。投标报价相同的，按技术指标优劣顺序排列。评标委员会认为，排在前面的中标候选供应商的最低投标价或者某些分项报价明显不合理或者低于成本，有可能影响商品质量和不能诚信履约的，应当要求其在规定的期限内提供书面文件予以解释说明，并提交相关证明材料；否则，评标委员会可以取消该投标人的中标候选资格，按顺序由排在后面的中标候选供应商递补，以此类推。

（2）采用综合评分法的，按评审后得分由高到低顺序排列。得分相同的，按投标报价由低到高顺序排列。得分且投标报价相同的，按技术指标优劣顺序排列。

（3）采用性价比法的，按商数得分由高到低顺序排列。商数得分相同的，按投标报价由低到高顺序排列。商数得分且投标报价相同的，按技术指标优劣顺序排列。

五、项目竞争性磋商、非招标采购

1. 竞争性磋商采购

竞争性磋商采购方式，是指采购人、政府采购代理机构通过组建竞争性磋商小组（以下简称磋商小组）与符合条件的供应商就采购货物、工程和服务事宜进行磋商，供应商按照磋商文件的要求提交响应文件和报价，采购人从磋商小组评审后提出的候选供应商名单中确定成交供应商的采购方式。符合下列情形的项目，可以采用竞争性磋商方式开展采购：政府购买服务项目；技术复杂或者性质特殊，不能确定详细规格或者具体要求的；因艺术品采购、专利、专有技术或者服务的时间、数量事先不能确定等原因不能事先计算出价格总额的；市场竞争不充分的科研项目，以及需要扶持的科技成果转化项目；按照招标投标法及其实施条例必须进行招标的工程建设项目以外的工程建设项目。达到公开招标数额标准的货物、服务采购项目，拟采用竞争性磋商采购方式的，采购人应当在采购活动开始前，报经主管预算单位同意后，依法向设区的市、自治州以上人民政府财政部门申请批准。采购人或者采购代理机构应当在成交供应商确定后2个工作日内，在省级以上财政部门指定政府采购信息发布媒体上公告成交结果，同时向成交供应商发出成交通知书，并将磋商文件随成交结果同时公告。

2. 非招标采购方式

非招标采购方式是指竞争性谈判、单一来源采购和询价采购方式，适用于采购人、采购代理机构采用非招标采购方式采购货物、工程和服务。竞争性谈判是指谈判小组与符合资格条件的供应商就采购货物、工程和服务事宜进行谈判，供应商按照谈判文件的要求提交响应文件和最后报价，采购人从谈判小组提出的成交候选人中确定成交供应商的采购方式。单一来源采购是指采购人从某一特定供应商处采购货物、工程和服务的采购方式。询价是指询价小组向符合资格条件的供应商发出采购货物询价通知书，要求供应商一次报出不得更改的价格，采购人从询价小组提出的成交候选人中确定成交供应商的采购方式。

采购人、采购代理机构采购以下货物、工程和服务之一的，可以采用竞争性谈判、单一来源采购方式采购；采购货物的，还可以采用询价采购方式：依法制定的集中采购目录以内，且未达到公开招标数额标准的货物、服务；依法制定的集中采购目录以外、采购限额标准以上，且未达到公开招标数额标准的货物、服务；达到公开招标数额标准、经批准采用非公开招标方式的货物、服务；按照招标投标法及其实施条例必须进行招标的工程建设项目以外的政府采购工程。达到公开招标数额标准的货物、服务采购项目，拟采用非招标采购方式的，采购人应当在采购活动开始前，报经主管预算单位同意后，向财政部门申请批准。

3. 竞争性谈判

竞争性谈判小组或者询价小组由采购人代表和评审专家共 3 人以上单数组成，其中评审专家人数不得少于竞争性谈判小组或者询价小组成员总数的 2/3。采购人不得以评审专家身份参加本部门或本单位采购项目的评审。采购代理机构人员不得参加本机构代理的采购项目的评审。达到公开招标数额标准的货物或者服务采购项目，或者达到招标规模标准的政府采购工程，竞争性谈判小组或者询价小组应当由 5 人以上单数组成。采用竞争性谈判、询价方式采购的政府采购项目，评审专家应当从政府采购评审专家库内相关专业的专家名单中随机抽取。技术复杂、专业性强的竞争性谈判采购项目，通过随机方式难以确定合适的评审专家的，经主管预算单位同意，可以自行选定评审专家。

4. 单一来源采购

属于《中华人民共和国政府采购法》第三十一条第一项情形，且达到公开招标数额的货物、服务项目，拟采用单一来源采购方式的，采购人、采购代理机构在按照规定报财政部门批准之前，应当在省级以上财政部门指定媒体上公示，并将公示情况一并报财政部门。公示期不得少于 5 个工作日。采用单一来源采购方式采购的，采购人、采购代理机构应当组织具有相关经验的专业人员与供应商商定合理的成交价格并保证采购项目质量。协商情况记录应当由采购全体人员签字认可。对记录有异议的采购人员，应当签署不同意见并说明理由。采购人员拒绝在记录上签字又不书面说明其不同意见和理由的，视为同意。

5. 询价

询价采购需求中的技术、服务等要求应当完整、明确，符合相关法律、行政法规和政府采购政策的规定。从询价通知书发出之日起至供应商提交响应文件截止之日止不得少于 3 个工作日。提交响应文件截止之日前，采购人、采购代理机构或者询价小组可以对已发出的询价通知书进行必要的澄清或者修改，澄清或者修改的内容作为询价通知书的组成部分。询价小组应当从质量和服务均能满足采购文件实质性响应要求的供应商中，按照报价由低到高的顺序提出 3 名以上成交候选人，并编写评审报告。采购代理机构应当在评审结束后 2 个工作日内将评审报告送采购人确认。采购人应当在收到评审报告后 5 个工作日内，从评审报告提出的成交候选人中，根据质量和服务均能满足采购文件实质性响应要求且报价最低的原则确定成交供应商，也可以书面授权询价小组直接确定成交供应商。采购人逾期未确定成交供应商且不提出异议的，视为确定评审报告提出的最后报价最低的供应商为成交供应商。

六、政府和社会资本合作项目政府采购

1. PPP 项目采购

政府和社会资本合作项目财政管理适用于境内能源、交通运输、市政公用、农业、林业、水利、环境保护、保障性安居工程、教育、科技、文化、体育、医疗卫生、养老、旅游等公共服务领域开展的各类 PPP 项目。PPP 项目采购是指政府为达成权利义务平衡、物有所值的 PPP 项目合同，按照相关法规要求完成 PPP 项目识别和准备等前期工作后，依法选择社会资本合作者的过程。PPP 项目采购方式包括公开招标、邀请招标、竞争性谈判、竞争性

磋商和单一来源采购。项目实施机构应当根据 PPP 项目的采购需求特点，依法选择适当的采购方式。公开招标主要适用于采购需求中核心边界条件和技术经济参数明确、完整、符合国家法律法规及政府采购政策，且采购过程中不作更改的项目。

2. 项目资格预审

PPP 项目采购实行资格预审，项目实施机构应当根据项目需要准备资格预审文件，发布资格预审公告，邀请社会资本和与其合作的金融机构参与资格预审，验证项目能否获得社会资本响应和实现充分竞争。提交资格预审申请文件的时间自公告发布之日起不得少于 15 个工作日。项目有 3 家以上社会资本通过资格预审的，项目实施机构可以继续开展采购文件准备工作；项目通过资格预审的社会资本不足 3 家的，项目实施机构应当在调整资格预审公告内容后重新组织资格预审；项目经重新资格预审后合格社会资本仍不够 3 家的，可以依法变更采购方式。资格预审结果应当告知所有参与资格预审的社会资本，并将资格预审的评审报告提交财政部门备案。

3. 项目采购文件

项目采购文件应当包括采购邀请、竞争者须知、竞争者应当提供的资格、资信及业绩证明文件、采购方式、政府对项目实施机构的授权、实施方案的批复和项目相关审批文件、采购程序、响应文件编制要求、提交响应文件截止时间、开启时间及地点、保证金交纳数额和形式、评审方法、评审标准、政府采购政策要求、PPP 项目合同草案及其他法律文本、采购结果确认谈判中项目合同可变的细节以及是否允许未参加资格预审的供应商参与竞争并进行资格后审等内容。项目采购文件中还应当明确项目合同必须报请本级人民政府审核同意，在获得同意前项目合同不得生效。项目实施机构应当在资格预审公告、采购公告、采购文件、项目合同中列明采购本国货物和服务、技术引进和转让等政策要求，以及对社会资本参与采购活动和履约保证的担保要求。项目实施机构应当组织社会资本进行现场考察或者召开采购前答疑会，但不得单独或者分别组织只有一个社会资本参加的现场考察和答疑会。

4. 采购谈判工作组

PPP 项目采购评审结束后，项目实施机构应当成立专门的采购结果确认谈判工作组，负责采购结果确认前的谈判和最终的采购结果确认工作。采购结果确认谈判工作组成员及数量由项目实施机构确定，但应当至少包括财政预算管理部门、行业主管部门代表，以及财务、法律等方面的专家。涉及价格管理、环境保护 PPP 项目，谈判工作组还应当包括价格管理、环境保护行政执法机关代表。评审小组成员可以作为采购结果确认谈判工作组成员参与采购结果确认谈判。采购结果确认谈判工作组应当按照评审报告推荐的候选社会资本排名，依次与候选社会资本及与其合作的金融机构就项目合同中可变的细节问题进行项目合同签署前的确认谈判，率先达成一致的候选社会资本即为预中标、成交社会资本。

5. 谈判备忘录与公示

项目实施机构应当在预中标、成交社会资本确定后 10 个工作日内，与预中标、成交社会资本签署确认谈判备忘录，并将预中标、成交结果和根据采购文件、响应文件及有关补遗文件和确认谈判备忘录拟定的项目合同文本在省级以上人民政府财政部门指定的媒体上进行公示，公示期不得少于 5 个工作日。项目实施机构应当在公示期满无异议后 2 个工作日内，将中标、成交结果在省级以上人民政府财政部门指定的政府采购信息发布媒体上进行公告，同时发出中标、成交通知书。

6. 成交公告和合同

中标、成交结果公告内容应当包括：项目实施机构和采购代理机构的名称、地址和联系方式；项目名称和项目编号；中标或者成交社会资本的名称、地址、法人代表；中标或者成交标的名称、主要中标或者成交条件等；评审小组和采购结果确认谈判工作组成员名单。项目实施机构应当在中标、成交通知书发出后 30 日内，与中标、成交社会资本签订经本级人民政府审核同意的 PPP 项目合同。项目实施机构应当在 PPP 项目合同签订之日起 2 个工作日内，将 PPP 项目合同在省级以上人民政府财政部门指定的媒体上公告。项目实施机构应当在采购文件中要求社会资本交纳参加采购活动的保证金和履约保证金。参加采购活动的保证金数额不得超过项目预算金额的 2%。履约保证金的数额不得超过 PPP 项目初始投资总额或者资产评估值的 10%，无固定资产投资或者投资额不大的服务型 PPP 项目，履约保证金的数额不得超过平均 6 个月服务收入额。

7. PPP 项目识别论证

政府发起 PPP 项目的，应当由行业主管部门提出项目建议，由县级以上人民政府授权的项目实施机构编制项目实施方案，提请同级财政部门开展物有所值评价和财政承受能力论证。社会资本发起 PPP 项目的，应当由社会资本向行业主管部门提交项目建议书，经行业主管部门审核同意后，由社会资本编制项目实施方案，由县级以上人民政府授权的项目实施机构提请同级财政部门开展物有所值评价和财政承受能力论证。新建、改扩建项目的项目实施方案应当依据项目建议书、项目可行性研究报告等前期论证文件编制。项目实施方案应当包括项目基本情况、风险分配框架、运作方式、交易结构、合同体系、监管架构等内容。各级财政部门会同同级行业主管部门根据项目实施方案共同对物有所值评价报告进行审核。经审核通过物有所值评价的项目，由同级财政部门依据项目实施方案和物有所值评价报告组织编制财政承受能力论证报告，统筹本级全部已实施和拟实施 PPP 项目的各年度支出责任，并综合考虑行业均衡性和 PPP 项目开发计划后，出具财政承受能力论证报告审核意见。

8. 项目财政预算管理

行业主管部门应当根据预算管理要求，将 PPP 项目合同中约定的政府跨年度财政支出责任纳入中期财政规划，经财政部门审核汇总后，报本级人民政府审核，保障政府在项目全生命周期内的履约能力。本级人民政府同意纳入中期财政规划的 PPP 项目，由行业主管部门按照预算编制程序和要求，报请财政部门审核后纳入预算草案，经本级政府同意后报本级人民代表大会审议。行业主管部门应按照预算编制要求，编报 PPP 项目收支预算。财政部门应对行业主管部门报送的 PPP 项目财政收支预算申请进行认真审核，充分考虑绩效评价、价格调整等因素，合理确定预算金额。PPP 项目中的政府收入，包括政府在 PPP 项目全生命周期过程中依据法律和合同约定取得的资产权益转让、特许经营权转让、股息、超额收益分成、社会资本违约赔偿和保险索赔等收入，以及上级财政拨付的 PPP 专项奖补资金收入等。PPP 项目中的政府支出，包括政府在 PPP 项目全生命周期过程中依据法律和合同约定需要从财政资金中安排的股权投资、运营补贴、配套投入、风险承担，以及上级财政对下级财政安排的 PPP 专项奖补资金支出。

9. 项目资产负债管理

各级财政部门应会同相关部门加强 PPP 项目涉及的国有资产管理，督促项目实施机构建立 PPP 项目资产管理台账。政府在 PPP 项目中通过存量国有资产或股权作价入股、现金出资入股或直接投资等方式形成的资产，应作为国有资产在政府综合财务报告中进行反映和管理。PPP 项目中涉及特许经营权授予或转让的，应由项目实施机构根据特许经营权未来带来的收入状况，参照市场同类标准，通过竞争性程序确定特许经营权的价值，以合理价值折价入股、授予或转让。各级财政部门应当会同行业主管部门做好项目资产移交工作。项目合作期满移交的，确保移交过渡期内公共服务的持续稳定供给。

第五节 工程总承包项目管理

工程总承包，是指从事工程总承包的单位按照与建设单位签订的合同，对工程项目的设计、采购、施工等实行全过程或者若干阶段承包，并对工程的质量、安全、工期和造价等全面负责的工程建设组织实施方式。工程总承包活动，应当遵循合法、高效、公平、诚实守信的原则，合理分担风险，保证工程质量和安全，保护生态环境。

一、工程总承包项目发包承包

1. 工程总承包方式

（1）工程总承包方式的适用项目：建设单位应当根据工程项目的规模和复杂程度等合理选择建设项目组织实施方式。政府投资项目、国有资金占控股或者主导地位的项目应当优先采用工程总承包方式，采用建筑信息模型技术的项目应当积极采用工程总承包方式，装配式建筑原则上采用工程总承包方式。工程总承包的主要方式，一般采用设计—采购—施工总承包或者设计—施工总承包方式。建设单位也可以根据项目特点和实际需要，按照风险合理分担原则采用其他工程总承包方式。建设单位应当在发包前做好工程项目前期工作，自行或者委托设计咨询单位对工程项目建设方案深入研究，在可行性研究、方案设计或者初步设计完成后，在项目范围、建设规模、建设标准、功能需求、投资限额、工程质量和进度要求确定后，进行工程总承包项目发包。建设单位可以依法采用招标或者直接发包的方式选择工程总承包单位。工程总承包项目范围内的设计、采购或者施工中有任一项属于依法必须招标的，应当采用招标的方式选择工程总承包单位。

（2）建设项目工程总承包试点，是从事工程总承包的企业按照与建设单位签订的合同，对工程项目的勘察、设计、采购、施工等实行全过程的承包，并对工程的质量、安全、工期和造价等全面负责的承包方式。经建设行政管理部门确定的试点项目，包括政府投资项目、采用装配式或者 BIM 建造技术的项目应当积极采用工程总承包模式；国家部委对于专业工程的工程总承包另有规定的从其规定；采用工程总承包组织建设和监督管理。工程总承包试点项目，建设单位在办理工程报建时，应当提供试点项目批准文件，由报建管理部门录入采用工程总承包实施的标识。已完成工程报建的，由报建管理部门或者试点项目批准部门录入。

（3）建设单位应当加强工程总承包项目全过程管理，履行合同和法定义务。具有全过程项目管理能力的建设单位可以自行对工程总承包项目进行管理，也可以委托项目管理单位对工程总承包项目进行管理。工程总承包单位应当建立与工程总承包相适应的组织机构和管理制度，形成项目设计管理、采购管理、施工管理、试运行以及质量、安全、工期、造价等工程总承包综合管理能力。工程总承包单位可根据合同约定或者经建设单位同意，将工程总承包合同中的设计或者施工业务分包给具有相应资质的单位。工程总承包的分包，可以采用直接分包方式。但以暂估价形式包含在总承包范围内的工程、货物、服务分包时，属于依法必须招标的项目范围且达到国家规定应当招标规模标准的，应当依法招标。

2. 工程总承包项目发包承包

（1）工程总承包发包可以采用以下方式实施：项目审批、核准或者备案手续完成；其中政府投资项目的工程可行性研究报告已获得批准，进行工程总承包发包（工程项目的建设规模、设计方案、功能需求、技术标准、工艺路线、投资限额及主要设备规格等均应确定，并满足下列情形之一：经核定的重点产业项目；建设标准明确的一般工业项目；功能需求可由国家或行业技术标准、规程确定的市政基础设施及维修项目、园林绿化项目；受汛期等因素制约的中、小型水利项目；采用装配式或者 BIM 建造技术的中、小型房屋建筑项目；列入市级重大工程且对建设周期有特殊要求的项目；其他前期条件充分且功能技术符合工程总承包发包的项目）；初步设计文件获得批准或者总体设计文件通过审查，并已完成依法必须进行的勘察和设计招标，进行工程总承包发包（工程总承包企业还不得是项目的初步设计文件或者总体设计文件的设计单位或者与其有控股或者被控股关系的机构或单位）。

（2）依法必须进行招标的试点项目，招标人或者招标代理机构在招标登记时，选择工程总承包招标类别，并依法实施招标和签订工程总承包合同。工程总承包招标采用总价招标。依法可直接发包的试点项目，建设单位在签订工程总承包合同后，到相应建设管理部门办理直接发包登记。试点项目的投标企业或者承接企业，其资质条件应当符合发包工程规模要求。工程总承包企业确定的项目负责人，注册执业资格应当符合规定。

（3）承发包（含招投标）手续办理完成后，建设单位和工程总承包企业应当网上办理工程总承包合同信息报送。工程总承包企业签订勘察、设计或者施工再发包合同后，应当网上办理相应的再发包合同信息报送。勘察、设计、施工再发包的承接单位或者施工专业承包单位，按规定签订后续分包合同后，并应当完成网上合同信息报送。工程总承包项目宜采用总价包干的固定总价合同，合同价格应当在充分竞争的基础上合理确定，除招标文件或者工程总承包合同中约定的调价原则外，工程总承包合同价格一般不予调整。采用固定总价合同的工程总承包项目在计价结算和审计时，仅对符合工程总承包合同约定的变更调整部分进行审核，对工程总承包合同中的固定总价包干部分不再另行审核，审计部门可以对工程总承包合同中的固定总价的依据进行调查。建设单位和工程总承包企业应当在招标文件以及工程总承包合同中约定总承包风险的合理分担。建设单位承担的风险包括：建设单位提出的工期或建设标准调整、设计变更、主要工艺标准或者工程规模的调整；因国家政策、法律法规变化引起的工程费变化；主要工程材料价格和招标时基价相比，波动幅度超过总承包合同约定幅度的部分；因总承包单位施工组织、措施不当等造成的上述问题，其损失和处置费由工程总承包企业承担；其他不可抗力所造成的工程费的增加。除上述建设单位承担的风险外，其他风险可以在工程总承包合同中约定由工程总承包企业承担。

（4）建设单位应当向工程总承包企业、工程监理等单位提供与建设工程有关的原始资料，原始资料应真实、准确、齐全。工程总承包项目正式开工前，建设单位应当做好与工程总承包项目实施相关的动拆迁、管线搬迁、三通一平等准备工作。采用工程总承包方式招标的，应具备下列条件：按照国家及本市有关规定，已完成项目审批、核准或者备案手续；建设资金来源已经落实；有招标所需的基础资料；满足法律、法规及本市其他相关规定。

（5）工程总承包企业应当具备与发包工程规模相适应的工程设计资质或施工总承包资质，相应的财务、风险承担能力，且具有相应的组织机构、项目管理体系、项目管理专业人员和工程业绩。工程总承包项目负责人应当具有相应工程建设类注册执业资格，拥有与工程建设相关的专业技术知识，熟悉工程总承包项目管理知识和相关法律法规，具有工程总承包项目管理经验，并具备较强的组织协调能力和良好的职业道德。

（6）存在下列情形之一的，工程总承包可以再发包：工程总承包企业具备相应的设计和施工资质的，可以自行实施工程的设计和施工业务，也可以将工程的全部设计或者全部施工业务再发包给具备相应资质条件的设计单位、施工总承包单位；工程总承包企业仅具备相应的设计或者施工资质的，应当自行实施其资质承揽范围内的设计或者施工业务，并将其资质承揽范围外的全部施工或者全部设计业务再发包给具备相应资质条件的施工总承包单位或者设计单位；工程总承包企业可以将工程的全部勘察业务再发包给具备相应资质条件的勘察单位。

二、工程总承包计价项目清单

1. 工程总承包计价

建设单位可以在建设项目的可行性研究批准立项或方案设计批准后，或初步设计批准后采用工程总承包的方式发包。工程总承包宜采用设计—采购—施工总承包模式，也可以根据项目特点和实际需要采用设计—施工总承包或其他工程总承包模式。建设项目工程总承包费用项目由勘察费、设计费、建筑安装工程费、设备购置费、总承包其他费组成。工程总承包中所有项目均应包括成本、利润和税金。建设项目工程总承包应采用总价合同，除合同另有约定外，合同价款不予调整。

（1）勘察与设计，承包人应按照国家现行设计规范、标准进行建设项目设计。可研或方案设计后发包的，负责所有初步设计和施工图设计并取得相关部门的批准；初步设计后发包的，负责所有施工图设计并取得相关部门的批准。承包人应将合同约定的建筑安装工程费作为最高限价，在其限额内进行设计。可研或方案设计后发包的，初步设计概算及施工图预算不得超过上述限价；初步设计后发包的，施工图预算不得超过初步设计概算，超过的，修正及调整费用发包人不另行支付。承包人提交给发包人的初步设计经发包人及相关部门审核批准后，承包人在进行施工图设计时，不得提高或降低标准。承包人提高标准的，按提高后标准实施，增加的费用发包人不另行支付；承包人降低标准的，按发包人原标准实施，增加的费用由承包人承担。承包人在进行初步设计和施工图设计时，应充分体现发包人的要求，其成果文件应得到发包人认可。承包人提供的施工图设计应标明主要材料、设备的技术参数、规格及品牌。承包人应负责工程设计的组织、协调、进度控制等所有相关设计工作，并负责对该工程的所有设计工作进行审查，对所有相关设计文件的正确性承担责任。并按合同中承包人文件的有关要求，提供全部的承包人设计文件最终版。

（2）材料与设备采购，除合同另有约定外，承包人提供的材料和设备均由承包人负责采购、运输和保管。承包人应对其采购的材料和设备负责。承包人应按合同约定，将各项材料和设备的供货人及品种、技术要求、规格、数量和供货时间等报送发包人批准。承包人应向发包人提交其负责提供的材料和设备的质量证明文件，并满足合同约定的质量标准。承包人应按照合同约定的品牌、规格选择材料和设备，若需更换，应报发包人核准。如果承包人擅自选用其他品牌及规格，承包人必须进行更换，并承担由此造成的返工等一切损失。发包人视工程具体情况，可以要求承包人在施工过程中更换相关材料或设备，对更换部分的价格变化按合同约定的有关规定执行。如果对承包人造成影响，应对承包人的工期和费用进行相应补偿。对承包人提供的材料和设备，承包人应会同发包人进行检验和交货验收，查验材料合格证明和产品合格证书，并按合同约定和发包人指示，进行材料的抽样检验和设备的检验测试，检验和测试结果应提交发包人，所需费用由承包人承担。

（3）计价风险，承包人复核发包人的要求，发现错误的，应及时书面通知发包人。发包人做相应修改的，按照变更调整；发包人不做修改的，应承担由此导致承包人增加的费用和（或）延误的工期以及合理利润。承包人未发现发包人要求中存在错误的，承包人自行承担由此增加的费用和（或）延误的工期，合同另有约定的除外。无论承包人发现与否，在任何情况下，发包人要求中的错误导致承包人增加的费用和（或）延误的工期，由发包人承担，并向承包人支付合理利润。承包人文件中出现的错误、遗漏、含糊、不一致、不适当或其他缺陷，即使发包人作出了同意或批准，承包人仍应进行整改，并承担相应费用。除合同另有约定外，合同价款包括承包人完成全部义务所发生的费用，以及为工程设计、实施和修补任何缺陷所需的全部费用。除合同另有约定外，承包人应视为承担任何风险意外所产生的费用。

2. 工程总承包项目清单

投标人应在项目清单上自主报价，形成价格清单。清单分为可行性研究或方案设计后清单、初步设计后清单。编制项目清单应依据：规范；经批准的建设规模、建设标准、功能要求、发包人要求。其中建筑安装工程项目在可研或方案设计后发包、初步设计后发包的应按规定编制；除另有规定和说明者外，价格清单应视为已经包括完成该项目所列（或未列）的全部工程内容。项目清单和价格清单列出的数量，不视为要求承包人实施工程的实际或准确的工程量。价格清单中列出的工程量和价格应仅作为合同约定的变更和支付的参考。

（1）勘察设计费清单应结合工程总承包范围确定勘察费、设计费、方案设计费、初步设计费、施工图设计费、竣工图编制费列项；招标人应根据工程总承包的范围按规定的内容选列。投标人认为需要增加的有关设计费用，在"其他"下面列明该项目的名称及金额。

（2）总承包其他费、暂列金额清单应结合工程总承包范围确定总承包其他费、研究试验费、土地租用、占道及补偿费、总承包管理费、临时设施费、招标投标费、咨询和审计费、检验检测费、系统集成费、财务费、专利及专用技术使用费、工程保险费法律服务费列项；招标人应根据工程总承包的范围按照规定的内容选列。可以增列，也可以减少。投标人认为需要增加的有关项目，请在"其他"下面列明该项目的名称及金额。

（3）设备购置清单应根据拟建工程的实际需求列项。必备的备品备件清单，招标人应根据工程项目编制设备购置清单。设备购置项目清单应列出设备名称、品牌、技术参数或规格、型号、计量单位、数量。

（4）建筑安装工程、市政工程、轨道交通工程项目清单应按照规定的项目名称、计量单位、计算规则进行编制，包括可行性研究及方案设计后项目清单。初步设计后清单项目，项目清单的计量单位应按规定的计量单位确定，有两个或两个以上计量单位的，应结合拟建工程项目的实际情况，同一工程项目，选择其中一个确定。项目清单中所列工程量应按规定的计算规则计算。编制项目清单出现未包括的项目，编制人应做补充。投标人认为需要增加的项目，请在"其他"下面列明该项目的名称、内容及金额。招标人应按规范的规定，按照不同的发包阶段编制建筑安装工程项目清单。招标人在初步设计后编制项目清单，对于无法计算工程量的项目，可以只列项目、不列工程量，但投标人应在投标报价时列出工程量。

（5）工程总承包项目清单费用应按规定计列：勘察费、设计费、建筑安装工程费、设备购置费、总承包其他费、暂列金额。选列项目清单编码不得更改。

三、工程总承包招标、投标、定标

1. 工程总承包招标、投标

（1）工程总承包项目招标文件的编制按照国家及相关规定执行；招标文件中应当明确招标的内容及范围，主要包括：设计、勘察、设备采购以及施工的内容及范围、功能、质量、安全、工期、验收等量化指标；招标文件中应当明确招标人和中标人的责任和权利，主要包括工作范围、风险划分、项目目标、奖惩条款、计量支付条款、变更程序及变更价款的确定条款、价格调整条款、索赔程序及条款、工程保险、不可抗力处理条款等；招标文件中应当要求投标人在其投标文件中明确再发包和分包内容；采用 BIM 技术或者装配式技术的，招标文件中应当有明确要求；建设单位对承诺采用 BIM 技术或装配式技术的投标人应当适当设置加分条件；建设单位应当在招标文件中明确最高投标限价。推荐使用工程总承包合同示范文本，作为招标文件的组成部分。

（2）国有资金投资的建设工程总承包项目招标，招标人应编制最高投标限价。招标人应在发布招标文件时公布最高投标限价。最高投标限价应根据规范；国家或省级、行业建设主管部门颁发的相关文件；经批准的建设规模、建设标准、功能要求、发包人要求；拟定的招标文件；可研及方案设计或初步设计；与建设工程项目相关的标准、规范等技术资料；其他的相关资料依据编制与复核。

（3）投标报价，投标人应依据招标文件，根据本企业专业技术能力和经营管理水平自主决定报价。但投标报价不得低于工程成本。投标人应认真阅读招标文件，应按照招标文件的规定，在投标截止之日前提请招标人澄清。投标报价应根据规范；国家或省级、行业建设主管部门颁发的相关文件；招标文件、补充通知、招标答疑；经批准的建设规模、建设标准、功能要求、发包人要求以及可研或方案设计或初步设计；与建设项目相关的标准、规范等技术资料；市场价格信息或本企业积累同类或类似工程的价格；其他的相关资料编制和复核。

（4）投标报价调整，招标人在初步设计图纸后招标的，若投标人发现招标图纸和项目清单有不一致，投标人应依据招标图纸按下列规定进行投标报价：如项目有不一致，有增加的，列在章节后"其他"项目中，有减少的，在项目清单对应位置填写"零"。如内容描述有不一致，依据招标图纸报价，将不一致的地方予以说明。如项目工程量有不一致，投标人应在原项目下填写新的数量。如投标人的做法与项目清单中描述的不一致，投标人应在原做法下填写新做法，并报价，但原内容不能删除，对应价格位置应填写"零"。

项目清单中需要填写的规格/品牌等项目，需要投标人根据自行的报价依据进行填写，如该规格/品牌与品牌建议表中不符的，应予以明示。项目清单中以"项"报价的金额为总价包干金额。项目清单中列明的所有需要填写单价和合价项目，投标人均应填写且只允许有一个报价。未填写的项目，视为此项目的费用已包含在其他项目单价和合价中。投标总价应当与勘察费、设计费、建筑安装工程费、设备购置费、总承包其他费、暂列金额的合计金额一致。

（5）投标文件编制期限，招标人应当确定投标人编制投标文件所需要的合理时间。依法必须招标的工程项目，自招标文件开始发出之日起至投标人提交投标文件截止之日止，不宜少于三十日；国家重大建设项目以及技术复杂、有特殊要求的项目，不宜少于四十五日。

2. 评标定价和签约合同价

（1）评标定价。总承包项目评标时，应对投标报价进行认真评审，发现有疑问的，应要求投标人予以书面澄清。总承包项目评标时，应对投标人更改项目清单数量、增加或减少了的项目的合理性、技术经济性进行认真评审，作出是否采纳的判断，如否决的应说明理由。在评标过程中经清标发现投标报价有算术错误的，应按以下原则对投标报价进行修正，修正的价格经投标人书面确认后具有约束力。投标人不接受修正价格的，评标委员会应当否决其投标：投标文件中的大写金额与小写金额不一致的，以大写金额为准；总价金额与依据单价计算出的结果不一致的，以单价金额为准修正总价，但单价金额小数点有明显错误的除外。

（2）合同价款的约定。依法必须招标的项目，发承包双方应在中标通知书发出之日起30 日内，依据招标文件和投标文件的实质性条款签署书面协议。招标文件与投标文件不一致时，以投标文件为准。依法可以不招标的项目，发承包双方可通过谈判等方式自主确定合同条款。发承包双方在合同中约定条款：勘察费、设计费、设备购置费、总承包其他费的总额、分解支付比例及时间；建筑安装工程费计量的周期及工程进度款的支付比例或金额及支付时间；设计文件提交发包人审查的时间及时限；合同价款调整因素、方法、程序、支付及时间；竣工结算价款编制与核对、支付及时间；提前竣工的奖励及误期赔偿的额度；质量保证金的比例或数额、预留方式及缺陷责任期；违约责任以及争议解决方法；有关的其他事项。

（3）承包人应在合同生效后15 天内，编制工程总进度计划和工程项目管理及实施方案报送发包人审批。工程总进度计划和工程项目管理及实施方案应按工程准备、勘察、设计、采购、施工、初步验收、竣工验收、缺陷修复和保修等分阶段编制详细项目，作为控制合同工程进度以及工程款支付分解的依据。除合同另有约定外，承包人应根据项目清单的价格构成、费用性质、计划发生时间和相应工作量等因素，按照分类和分解原则，结合约定的合同进度计划，形成支付分解报告。承包人应当在收到经发包人批准的合同进度计划后 7 天内，将支付分解报告以及形成支付分解报告的支持性资料报发包人审批，发包人应在收到承包人报送的支付分解报告后 7 天内予以批准或提出修改意见，经发包人批准的支付分解报告为有合同约束力的支付分解表。合同进度计划修订的，应相应修改支付分解表，并报发包人批准。

四、工程总承包项目评标办法

工程总承包项目评标一般采用综合评估法，评审的主要因素包括工程总承包报价、项目管理组织方案、设计方案、设备采购方案、施工组织设计或者施工计划、工程质量安全专项方案、工程业绩、项目经理资格条件等。评标委员会的专家成员应当依照项目特点由具备工程总承包项目经理经验以及从事设计、采购、施工管理、造价等方面的专家组成。

1. 评标办法适用项目和方案

（1）工程总承包招标评标办法适用以下情形的项目：经市建设行政管理部门或者试点区建设行政管理部门确定的试点项目；项目立项文件中明确采用工程总承包的项目；经核定的重点产业项目及功能需求和有关技术标准已明确的工业项目；功能需求可由国家或行业技术标准、规程确定的市政项目；受汛期等因素制约的中、小型水利工程项目；建筑装修装饰工程、建筑幕墙工程、电子与智能化工程、消防设施工程；园林绿化和林业工程项目；列入市级重大工程且对建设周期有特殊要求的项目；其他进场交易的工程总承包项目。

（2）招标人在招标启动时应当明确工程建设范围、规模标准、投资限额，细化功能需求、预期目标以及对投标文件的深度要求；装饰装修项目还需明确具体的装修风格要求和能达成预期目标的主要材料要求。招标文件不能满足上述要求的项目，不适合进行工程总承包招标。评标方式：工程总承包招标的评标采用两阶段评标，评标方式分综合评估法一和综合评估法二，由招标人根据项目情况自行选择。招标人可根据招标项目的具体情况，自行决定是否采用资格预审。采用资格预审的项目，当通过资格预审的投标人多于或等于3家但不足7家时，招标人应确定所有通过资格预审的投标人为入围投标人。当通过资格预审的投标人多于或等于7家时，可由招标人通过单位三重一大决策机制，在通过资格预审的投标人中选取不少于7家的投标人入围参加投标，同时形成资格预审入围投标人的决议并加盖单位公章。当实际投标报名单位不足7家时，则不再实施资格预审。实际投标报名指购买或者下载招标文件。

（3）方案分析与专家组成。招标文件中明确采用方案分析的，在工程总承包方案文件开标后，组建评标委员会之前，招标人可自行组织专家先行对工程总承包方案文件进行方案分析，对不能满足招标文件要求的工程总承包方案文件，明确不满足的理由，并形成方案分析报告，提交评标委员会评审，评审方案不合格的，不再进行后续评审。工程总承包招标的评标委员会人数组成为不少于9人的单数，评标委员会由招标人的代表和有关技术、经济等方面的专家组成。技术专家包括设计和施工专业，如有勘察、货物、设备采购招标内容，则专家专业相应增加。对设计要求高、技术难度大的建设工程，招标人可以从建设工程评标专家库中抽取评标专家，也可以直接确定资深专家依法组建评标委员会，对工程总承包方案进行评审。参加方案分析的专家不得作为评标委员会成员参加后续评标。

（4）否决投标条款。评标办法中根据工程总承包方案评审和工程总承包报价评审的不同内容分别集中单列否决投标条款，具体内容招标人可以根据项目的实际情况增减，但不得违反法律、法规和规章的规定，工程总承包方案（报价）否决投标条款：投标文件未经投标人盖章和单位负责人签字。投标联合体没有提交共同投标协议。投标人不符合国家或者招标文件规定的资格条件。同一投标人提交两个以上不同的投标文件或者投标报价，但招标文件要求提交备选投标的除外。投标报价低于成本或者高于招标文件设定的最高投标限价的；投标文件没有对招标文件的实质性要求和条件作出响应；投标人有串通投标、弄虚作假、行贿等违法行为的。

（5）方案优化。在确定中标人之前，招标人可以要求第一中标候选人在不改变招标文件和投标文件实质性内容的基础上，对投标方案进行优化。

工程总承包方案评审因素包括设计文件是否完整，是否符合有关国家、行业及本市规范和标准；功能、设计指标、投资控制等是否符合规划及招标文件提出的各项要求；总体布局是否合理，对项目特点难点把握是否准确到位，关键问题解决方案是否完整、切实可行；设计项目负责人任职资格与业绩，参与本项目的各专业负责人任职资格、专业配置与业绩；设计进度及建设周期安排的科学性、合理性；设计过程中对工程费用控制的措施；采用 BIM技术或装配式技术的（如有）。施工方案评审因素包括总承包工作的重点难点和相应的针对性措施；总承包进度计划和保证措施，开发期的重要节点和管控措施；总承包整体成本管控方案和措施，包括对风险成本的控制措施；总承包资源配置和管控措施；总承包内部与相关部门之间的协调方案；对再发包的计划以及对再发包工程的配合、协调、管理、服务方案；与发包人、项目管理单位、监理（包括财务监理）的配合；总承包管理机构、施工项目负责人及其他主要人员资格与相关业绩；工程施工的方案与技术措施；施工总平面布置规划。采用 BIM 技术或装配式技术的（如有）。

（6）风险担保或者保险。招标人可在招标文件中事先约定中标人提供履约担保等形式的风险担保或者具有相应功能的保险。风险担保金额 = 最高投标限价 – 中标价 – 履约保证金。

2. "综合评估法一"评标

综合评估法一采用两阶段开评标，入围方式为全部入围。评审采用百分制记分法，得分最高的为第一中标候选人，得分第二的为第二中标候选人，依此类推。如有勘察、货物、设备采购方案均包含在工程总承包方案中。资格预审（如采用）按规定进行。

总得分 = 工程总承包方案得分（含设计方案、施工方案）（30 分）+ 工程总承包报价得分（70 分）

评标委员会根据否决投标条款进行初步评审，并出具否决投标决议，未被否决的投标人才能进入后续评审。工程总承包方案评审合格的投标人方可进入工程总承包报价评审。

3. "综合评估法二"评标

综合评估法二采用两阶段开评标，入围方式为全部入围。在工程总承包方案（含设计方案、施工方案）和工程总承包报价评审都通过的投标人中，以工程总承包报价最低的投标人为第一中标候选人。如有勘察、货物、设备采购方案均包含在工程总承包方案中。资格预审（如采用）按规定进行。

评标委员会根据否决投标条款进行初步评审，并出具否决投标决议，未被否决的投标人才能进入后续评审。设计方案按百分制进行评审（参考评审因素），分值区间为 35~70 分，以各评标委员会成员的评审分值进行算术平均，得出设计方案得分 A。施工方案按百分制进行评审，分值区间为 15~30 分，以各评标委员会成员的评审分值进行算术平均，得出施工方案得分 B。工程总承包方案得分计算：工程总承包方案得分 $C = A + B$，$C \geqslant N$ 分（N 取值范围在 60~80 分之间，具体由招标人根据项目实际情况在招标文件中明确）的投标人为通过工程总承包方案评审。工程总承包方案评审合格的投标人才能进入工程总承包报价评审。工程总承包报价评审评标委员会对工程总承包报价进行评审，判断其报价组成的合理性，以工程总承包报价最低的投标人为第一中标候选人，次低的为第二中标候选人，依此类推。

五、项目合同价款结算与支付

1. 合同价款调整

（1）承发包（含招投标）手续办理完成后，建设单位和工程总承包企业应当网上办理工程总承包合同信息报送。工程总承包企业签订勘察、设计或者施工再发包合同后，应当网上办理相应的再发包合同信息报送。勘察、设计、施工再发包的承接单位或者施工专业承包单位，按规定签订后续分包合同后，并应当完成网上合同信息报送。

（2）工程总承包项目宜采用总价包干的固定总价合同，合同价格应当在充分竞争的基础上合理确定，除招标文件或者工程总承包合同中约定的调价原则外，工程总承包合同价格一般不予调整。采用固定总价合同的工程总承包项目在计价结算和审计时，仅对符合工程总承包合同约定的变更调整部分进行审核，对工程总承包合同中的固定总价包干部分不再另行审核，审计部门可以对工程总承包合同中的固定总价的依据进行调查。建设单位和工程总承包企业应当在招标文件以及工程总承包合同中约定总承包风险的合理分担。

（3）合同价款调整。基准日期后，因国家的法律、法规、规章、政策和标准、规范发生变化引起工程造价变化的，应调整合同价款。因发包人变更建设规模、建设标准、功能要求和发包人要求的，应按照下列规定调整合同价款：价格清单中有适用于变更工程项目的，应采用该项目的单价；价格清单中没有适用但有类似于变更工程项目的，可在合理范围内参照类似项目的单价；价格清单中没有适用也没有类似于变更工程项目的，应由承包人根据变更工程资料、计量规则，通过市场调查等取得有合法依据的市场价格提出变更工程项目的单价，并报发包人确认后调整。

（4）当合同一方向另一方提出索赔时，应有正当的索赔理由和有效证据，并应符合合同的相关约定。合同约定范围内的工作需国家有关部门审批的，发包人和（或）承包人应按照合同约定的职责分工完成行政审批报送。因国家有关部门审批迟延造成费用增加和（或）工期延误的，由发包人承担。根据合同约定，承包人认为非承包人原因发生的事件造成了承包人的损失，应按下列程序向发包人提出索赔：承包人应在知道或应当知道索赔事件发生后28天内，向发包人提交索赔意向通知书，说明发生索赔事件的事由。承包人逾期未发出索赔意向通知书的，丧失索赔的权利。承包人应在发出索赔意向通知书后28天内，向发包人正式提交索赔通知书。索赔通知书应详细说明索赔理由和要求，并应附必要的记录和证明材料。索赔事件具有连续影响的，承包人应继续提交延续索赔通知，说明连续影响的实际情况和记录。在索赔事件影响结束后的28天内，承包人应向发包人提交最终索赔通知书，说明最终索赔要求，并应附必要的记录和证明材料。承包人索赔应按下列程序处理：发包人收到承包人的索赔通知书后，应及时查验承包人的记录和证明材料。发包人应在收到索赔通知书或有关索赔的进一步证明材料后的28天内，将索赔处理结果答复承包人，如果发包人逾期未作出答复，视为承包人索赔要求已被发包人认可。承包人接受索赔处理结果的，索赔款项应作为增加合同价款，在当期进度款中进行支付；承包人不接受索赔处理结果的，应按合同约定的争议解决方式办理。承包人要求赔偿时，可以选择一项或几项方式获得赔偿：延长工期；要求发包人支付实际发生的额外费用；要求发包人支付合理的预期利润；要求发包人按合同的约定支付违约金。

（5）当承包人的费用索赔与工期索赔要求相关联时，发包人在作出费用索赔的批准决定时，应结合工程延期，综合作出费用赔偿和工程延期的决定。发承包双方在按合同约定办理了竣工结算后，应被认为承包人已无权再提出竣工结算前所发生的任何索赔。承包人在提交的最终结清申请中，只限于提出竣工结算后的索赔，提出索赔的期限应自发承包双方最终结清时终止。根据合同约定，发包人认为由于承包人的原因造成发包人的损失，宜按承包人索赔的程序进行索赔。发包人要求赔偿时，可以选择一项或几项方式获得赔偿：延长质量缺陷修复期限；要求承包人支付实际发生的额外费用；要求承包人按合同的约定支付违约金。承包人应付给发包人的索赔金额可从拟支付给承包人的合同价款中扣除，或由承包人以其他方式支付给发包人。已签约合同价中的暂列金额应由发包人掌握使用。发包人按照规定支付后，暂列金额如有余额应归发包人所有。

2. 结算与支付

（1）预付款，发包人支付承包人预付款的比例不得低于签约合同价（扣除暂列金额）的 10%，不宜高于签约合同价（扣除暂列金额）的 30%。承包人应按合同约定向发包人提交预付款支付申请。发包人应在收到支付申请的 7 天内进行核实，向承包人发出预付款支付证书，并在签发支付证书后的 7 天内向承包人支付预付款。预付款应从每一个支付期应支付给承包人的工程进度款中扣回，直到扣回的金额达到发包人支付的预付款金额为止。

（2）期中结算与支付，发承包双方应按照合同约定的时间、程序和方法，办理期中价款结算，支付进度款。勘察费应根据勘察工作进度，按约定的支付分解进行支付，勘察工作结束经发包人确认后，发包人应全额支付勘察费。设计费应根据分阶段出图的进度，按约定的支付分解进行支付，设计文件全部完成经发包人审查确认后，发包人应全额支付设计费。建筑安装工程进度款支付周期应与合同约定的形象进度节点计量周期一致。承包人应在每个计量周期计量后的 7 天内向发包人提交已完工程进度款支付申请，份数应满足合同要求。支付申请应详细说明此周期认为应得的款额，包括承包人已达到形象进度节点所需要支付的价款。承包人按照合同约定调整的价款和得到发包人确认的索赔金额应列入本周期应增加的金额中。设备采购前，承包人应将采购的设备名称、品牌、技术参数或规格、型号等报送发包人，经发包人认可后采购，发包人验收合格后应全额支付设备购置费。总承包其他费应按合同约定的支付分解的金额、时间支付。发包人应在收到承包人进度款支付申请后的 14 天内，根据形象进度和合同约定对申请内容予以核实，确认后向承包人支付进度款。发包人未按照约定支付进度款的，承包人可催告发包人支付，并有权获得延迟支付的利息；发包人在付款期满后的 7 天内仍未支付的，承包人可在付款期满后的第 8 天起暂停施工。发包人应承担由此增加的费用和（或）延误的工期，向承包人支付合理利润，并承担违约责任。

（3）竣工结算与支付，竣工结算价为扣除暂列费用后的签约合同价加（减）合同价款调整和索赔。合同工程完工后，承包人应在提交竣工验收申请时向发包人提交竣工结算文件。发包人应在收到承包人提交的竣工结算文件后的 28 天内审核完毕。发包人经核实，认为承包人还应进一步补充资料和修改结算文件，应在上述时限内向承包人提出核实意见，承包人在收到核实意见后的 14 天内按照发包人提出的合理要求补充资料，修改竣工结算文件，并再次提交给发包人复核后批准。发包人应在收到承包人再次提交的竣工结算文件后的 28 天内予以复核，并将复核结果通知承包人。发包人在收到承包人竣工结算文件后的 28 天内，不审核竣工结算或未提出审核意见的，视为承包人提交的竣工结算文件已被发包人认可，竣工结算办理完毕。承包人在收到发包人提出的核实意见后的 28 天内，不确认也未提出异议的，视为发包人提出的核实意见已被承包人认可，竣工结算办理完毕。发包人委托造价咨询人审核竣工结算的，工程造价咨询人应在 28 天内审核完毕，审核结论与承包人竣工结算文件不一致的，应提交给承包人复核，承包人应在 14 天内将同意审核结论或不同意见的说明提交工程造价咨询人，工程造价咨询人收到承包人提出的异议后，应再次复核，承包人逾期未提出书面异议，视为工程造价咨询人审核的竣工结算文件已经承包人认可。承包人应根据办理的竣工结算文件，向发包人提交竣工结算款支付申请。该申请应包括下列内容：竣工结算总额；已支付的合同价款；应扣留的质量保证金；应支付的竣工付款金额。发包人应在收到承包人提交竣工结算款支付申请后 7 天内予以核实，向承包人支付结算款。发包人未按照约定支付竣工结算款的，承包人可催告发包人支付，并有权获得延迟支付的利息。竣工结算核实后 56 天内仍未支付的，除法律另有规定外，承包人可与发包人协商将该工程折价，也可直接向人民法院申请将该工程依法拍卖。承包人就该工程折价或拍卖的价款优先受偿。

3. 质量保证金和最终结清

（1）承包人未按照合同约定履行属于自身责任的工程缺陷的修复义务的，发包人有权从质量保证金中扣除用于缺陷修复的各项支出。在合同约定的缺陷责任期终止后的 14 天内，发包人应将剩余的质量保证金返还给承包人。剩余质量保证金的返还，并不能免除承包人按照法律法规规定和（或）合同约定应承担的质量保修责任和应履行的质量保修义务。

（2）承包人应按照合同约定的期限向发包人提交最终结清支付申请。发包人对最终结清支付申请有异议的，有权要求承包人进行修正和提供补充资料。承包人修正后，应再次向发包人提交修正后的最终结清支付申请。发包人应在收到最终结清支付申请后的 14 天内予以核实，向承包人支付最终结清款。若发包人未在约定的时间内核实，又未提出具体意见的，视为承包人提交的最终结清支付申请已被发包人认可。发包人未按期最终结清支付的，承包人可催告发包人支付，并有权获得延迟支付的利息。承包人对发包人支付的最终结清款有异议的，按照合同约定的争议解决方式处理。

六、工程总承包项目实施和竣工备案

1. 项目施工图审查和施工许可

（1）工程总承包项目按照法规规定应当进行施工图审查的，建设单位可以根据项目实施情况，将施工图分阶段报工程总承包项目所在地建设行政管理部门审查。工程设计交付和报审时，工程总承包企业和项目负责人对工程设计负总责，具有相应设计资质并自行完成工程设计；不具备相应工程设计注册执业资格等情形的，应当明确具有相应工程设计注册执业资格或者符合设计项目负责人条件的人员担任设计项目负责人。工程总承包企业再发包工程设计的，承接再发包工程设计的设计企业按规定配置设计项目负责人。采用自行完成或者再发包工程设计的，承担设计业务的企业应当按规定编制工程设计文件，并按规定对工程设计文件进行数字签名；在完成规定的数字签名基础上，增加工程总承包企业及项目负责人数字签名，按数字化和白图交付。竣工图中"施工单位和项目负责人"由工程总承包企业和项目负责人数字签名。设计方案、初步设计（总体设计）、施工图设计文件审批审查和竣工归档按相关部门报审要求提交。

（2）建设单位可以在符合国家相关规定的前提下，一次性申请领取工程总承包项目的施工许可证，也可以根据施工图审查进度分标段申请领取施工许可证。工程质量五方责任主体中的勘察、设计和施工均由工程总承包企业及其项目负责人承担。建设单位在申请办理试点项目施工许可中，工程质量五方责任主体的勘察、设计和施工均填写工程总承包企业，其委托的项目负责人填写工程总承包企业项目负责人，并上传承诺书等材料。

（3）工程总承包项目的各类工程管理技术性文件、报验表格等资料应按工程总承包项目特点和相关规定进行调整；工程资料由建设单位、工程总承包企业、监理单位负责人根据各自职能签署意见。工程总承包企业及其项目负责人对施工现场质量安全负总责，并按规定实施施工过程管理，应当按规定或者工程管理实际配置项目负责人及技术、质量、安全等关键岗位人员。施工现场工程资料均由工程总承包企业相应现场管理人员签章。施工现场安全生产标准化、质量管理标准化、现场管理人员实名制和作业人员实名制等管理制度和配套信息系统操作均由工程总承包企业负责。试点项目的项目经理质量安全扣分，按规定由工程总承包企业项目负责人作为扣分对象。工程总承包企业不具备施工资质和安全生产许可证时，工程总承包企业项目负责人和安全员应当取得安全生产考核合格证。

（4）监理单位应当对工程总承包范围内的工程质量和施工安全实施监督管理，应当配备与监理工作相适应的项目监理机构人员，并承担相应监理责任。项目监理机构在项目实施过程中发现勘察、设计、施工行为违反法律法规、强制性技术标准或者合同约定的，应当要求工程总承包企业予以改正；工程总承包企业拒不改正的，应当及时报告建设单位。工程总承包企业、监理单位等工程总承包参建单位应参与建设单位组织的工程竣工验收；工程竣工验收中总承包范围内勘察、设计、施工等由工程总承包企业全面负责。工程竣工验收和竣工验收备案按现行规定实施，实施中工程总承包企业作为工程勘察、设计和施工的责任主体。

2. 项目监督管理

（1）安全生产许可证管理：工程总承包单位自行实施工程总承包项目施工的，应当依法取得安全生产许可证；将工程总承包项目中的施工业务依法分包给具有相应资质的施工单位的，施工单位应当依法取得安全生产许可证。工程总承包单位主要负责人、项目经理和专职安全生产管理人员应当取得相应的安全生产考核合格证。

（2）施工许可证办理：工程总承包项目开工前，建设单位可分阶段向工程所在地的建设主管部门申请领取施工许可证，并在工程总承包项目施工许可证、工程质量安全监督手续及相关表格中增加工程总承包单位和工程总承包项目经理等栏目，并根据工程总承包合同及分包合同确定设计、施工单位。工程总承包项目的建设单位申请领取施工许可证，可以提交建设单位与具备相应施工资质的工程总承包单位签订的工程总承包合同，或者工程总承包单位与施工单位签订的施工分包合同，作为已经确定建筑施工单位的条件。可以提交当前阶段按规定经审查合格的施工图设计文件，作为申请领取施工许可证所需的图纸。可以提交由工程总承包单位组织编制的施工组织设计文件，作为保证工程质量和安全的具体措施。

（3）质量终身责任制：工程总承包单位及项目经理依法承担质量终身责任，工程总承包项目在永久性标牌、质量终身责任信息表中应当增加工程总承包单位及其项目经理信息。

3. 工程总承包项目实施

（1）建设单位的项目管理：建设单位应当加强工程总承包项目全过程管理，履行合同和法定义务。具有全过程项目管理能力的建设单位可以自行对工程总承包项目进行管理，也可以委托项目管理单位对工程总承包项目进行管理。项目管理单位不得与工程总承包单位具有利害关系。

（2）工程总承包单位的组织机构：工程总承包单位应当建立与工程总承包相适应的组织机构和管理制度，形成项目设计管理、采购管理、施工管理、试运行以及质量、安全、工期、造价等工程总承包综合管理能力。工程总承包单位的现场管理：工程总承包单位应当在施工现场设立项目管理机构，设置项目经理以及技术、质量、安全、进度、费用、设备和材料等现场管理岗位，配备相应管理人员，加强设计、采购与施工的协调，完善和优化设计，改进施工方案，实现对工程总承包项目的有效控制。

（3）工程总承包单位的分包：工程总承包单位可根据合同约定或者经建设单位同意，将工程总承包合同中的设计或者施工业务分包给具有相应资质的单位。工程总承包单位同时具有相应的设计和施工资质的，可以将工程的设计或者施工业务分包给具备相应资质的单位，但不得将工程总承包项目中设计和施工全部业务一并或者分别分包给其他单位。工程总承包单位自行实施施工的，不得将工程主体结构的施工分包给其他单位；自行实施设计的，不得将工程主体部分的设计分包给其他单位。工程总承包单位仅具有相应设计资质的，应当将工程总承包项目中的全部施工业务分包给具有相应施工资质的单位，不得将主体部分的设计分包给其他单位。工程总承包单位仅具有相应施工资质的，应当将工程总承包项目中的全部设计业务分包给具有相应设计资质的单位，不得将工程主体结构的施工分包给其他单位。

工程总承包单位的分包方式：工程总承包的分包，可以采用直接分包方式。但以暂估价形式包含在总承包范围内的工程、货物、服务分包时，属于依法必须招标的项目范围且达到国家规定应当招标规模标准的，应当依法招标。暂估价的招标可以由建设单位或者工程总承包单位单独招标，也可以由建设单位和工程总承包单位联合招标，具体由建设单位在工程总承包招标文件中明确。

（4）联合体方式承包单位转包：工程总承包单位不得将工程总承包项目转包。采用联合体方式承包工程的，在联合体分工协议中约定或者在项目实际实施过程中，联合体一方既不按照其资质实施设计或者施工业务，也不对工程实施组织管理，且向联合体其他成员收取管理费或者其他类似费用的，视为联合体一方将承包的工程转包。设计总包或者施工总承包单位的分包：按照规定进行工程总承包分包的，设计总包单位或者施工总承包单位根据与工程总承包单位的合同约定或者经工程总承包单位同意，可以将其承包范围内的非主体部分分包给具有相应资质的单位。施工图设计文件审查：工程总承包单位自行完成或者分包工程设计的，工程设计图纸和竣工图纸应当增加工程总承包单位图签栏，并由工程总承包单位项目经理签字。工程总承包项目按照法律法规规定应当进行施工图设计文件审查的，可以根据项目实施情况，分阶段审查施工图设计文件。

4. 项目工程总承包实施责任

（1）质量责任：建设单位存在迫使工程总承包单位以低于成本的价格承包，任意压缩合理工期，要求工程总承包单位违反工程建设强制性标准、降低建设工程质量等情形并导致工程质量事故的，建设单位应当承担质量责任。工程总承包单位应当对其承包的全部建设工程质量负责，分包不免除工程总承包单位对全部建设工程所负的质量责任。分包单位对其分包工程的质量负直接责任。

（2）安全责任：建设单位存在对工程总承包单位提出不符合建设工程安全生产法律、法规和强制性标准规定的要求，任意压缩合理工期等情形并导致工程安全生产事故的，建设单位应当承担安全生产责任。工程总承包单位对施工现场的安全生产负总责。分包单位应当服从工程总承包单位的安全生产管理，分包单位不服从管理导致生产安全事故的，由分包单位承担主要责任。

（3）工期责任：建设单位不得设置不合理工期。工程总承包单位对工期全面负责。工程总承包单位应当对项目总进度和各阶段的进度进行管理，通过设计、采购、施工、试运行各阶段的协调、配合与合理交叉，科学制定、实施、控制进度计划，确保工程按期竣工。

（4）保修责任：工程保修责任书由建设单位与工程总承包单位签署，保修期内工程总承包单位应当根据法律规定以及合同约定承担保修责任，工程总承包单位不得以其与分包单位之间保修责任划分而拒绝履行保修责任。

5. 竣工验收备案

（1）竣工验收备案：工程已完成全部工作并符合竣工验收规定和约定条件的，工程总承包单位应当向建设单位提交工程竣工报告，申请工程竣工验收。建设单位应当按照法定程序和合同约定期限组织各参建单位进行工程竣工验收，验收合格后应当在法定期限内向主管部门备案。工程总承包单位负责组织各分包单位配合建设单位完成工程竣工验收。各级住房城乡建设主管部门应当在工程总承包项目竣工验收备案登记表中增加工程总承包单位和工程总承包项目经理栏目。

（2）项目资料移交：建设单位应当及时收集、整理建设项目各环节的文件资料，以及工程总承包单位、工程监理等单位移交的工程资料，建立项目档案，并在工程竣工验收后，及时向城建档案管理部门移交。工程总承包单位负责总承包范围内工程实施过程中的各种工程资料的审核、签署、整理等工作，并向建设单位移交相应工程档案资料。工程总承包单位协助建设单位建立工程电子文件和电子档案。

第六节　建设项目实施与竣工验收

在工程项目建设中，有众多的单位或部门参与项目实施，各单位或部门都具有不同的职责、任务、目标和利益，在建设项目实施过程中，相互之间的工作需要紧密配合。因此，为了保证建设项目的顺利实施，作为建设项目投资主体，应成立管理组织或委托有能力的项目管理公司对建设项目实施过程进行有效的总协调和有效控制。竣工验收时建设项目建设全过程的最后一个程序，是全面考核建设工作，检查涉及、工程质量是否符合要求，审查投资使用是否合理的重要环节，是投资成果转入生产或使用的标志，并完成建设项目后评估。

一、建设项目投资、进度、质量、安全控制

1. 建设项目投资费用控制

在建设项目管理中，投资费用控制是和质量控制、进度控制、安全控制一起并称为项目的四大目标控制。施工阶段费用控制的任务：编制资金使用计划，合理确定实际投资费用的支出。严格控制工程变更，合理确定工程变更价款。以施工图预算或工程合同价格为目标，通过工程计量，合理确定工程结算价款，控制工程进度款的支付。利用投资控制软件每月进行投资计划值与实际值的比较，并提供各种报表。工程付款审核对于建设单位内部而言，工程款支付申请报告表。对施工方案进行技术经济比较论证审核及处理各项施工索赔中与资金有关的事宜。施工阶段费用控制的措施：组织措施在项目管理班子中落实从投资控制角度进行施工跟踪的人员、具体任务（包括工程计量、付款复核、设计挖潜、索赔管理、计划值与实际值比较及投资控制报表数据处理、资金使用计划的编制及执行管理等）及管理职能分工。管理（合同）措施进行索赔管理。视需要，及时进行合同修改和补充工作，着重考

虑它对投资控制的影响。对工程计量价复核。编制施工阶段的费用支出计划，并控制其执行。技术措施对设计变更进行技术经济比较，寻求通过设计挖潜节约投资的可能。

2. 建设项目进度控制

建设项目能否在预定的时间内交付使用，直接关系到项目经济效益的发挥。因此，通过对建设项目进度控制，可以有效地保证进度计划的落实与执行，使建设项目在计划时间内交付使用，达到预期的进度目标。工程项目建设进度控制是在项目管理过程中，为确保项目按既定时间完成而开展的活动，包括确定进度目标、制定工程项目进度计划、进度优化，以及进度实施与控制等。

3. 建设项目质量控制

建设项目质量是建筑产品和服务的特性符合给定的规格要求，通常是定量化要求。项目质量控制利用控制技术，识别质量偏差，通过过程控制，将建造过程每个作业和材料控制在规格要求范围内，消除产生质量问题的原因。

4. 建设项目安全控制

建设项目实施安全控制的目标：工程项目建设安全控制的目标是减少和消除生产过程中的事故，保证人员健康安全和财产免受损失。各类人员都必须具备相应的执业资格才能上岗。所有人员都必须经过安全教育。对查出的安全隐患要做到"五定"，即定整改责任人、定整改措施、定整改完成时间、定整改完成人、定整改验收人。把好安全生产"六关"，即：措施关、教育关、检查关、交底关、防护关、改进关。施工现场安全设施齐全，施工机械必须经安全检查合格后方可使用，特别是现场安设的起重设备等。

5. 建设项目文明施工控制

文明施工是指在建设工程和房屋拆除等活动中，按照规定采取措施，保障施工现场作业环境、改善市容环境卫生和维护施工人员身体健康，并有效减少对周边环境影响的施工活动。现场文明施工是指保持施工现场良好的作业环境、卫生环境和工作秩序。主要包括以下工作：规范施工现场的场容，保持作业环境的整洁卫生；科学地组织施工，使生产有序进行；减少施工对周围居民和环境的影响；保证职工的安全和身体健康。环境保护也是文明施工的重要内容之一，是按照法律法规、各级主管部门和企业的要求，保护和改善作业现场的环境，控制现场的各种粉尘、废水、废气、固体废弃物、噪声、振动等对环境的污染和危害。

二、建设项目合同、信息、配套建设管理

1. 建设项目合同管理

任何一项工程项目建设，涉及许多主体和建设内容，只有通过签订各类合同，将参加工程建设合同的各方有机结合起来，并使参加者的权利和义务得到法律上的保证和确认，保证当事人的合法权益，保证项目目标实现。工程项目合同按建设程序中不同阶段划分，包括前期咨询合同、勘察设计合同、监理合同、招标代理合同、工程造价咨询合同、工程施工合同、材料设备采购合同、租赁合同、贷款合同等。

建设工程施工合同，按承包序列划分，包括施工总承包合同、专业分包合同以及劳务分包合同。对合同履行情况进行监督检查。通过检查，发现问题及时协调解决，提高合同履约率。主要包括检查合同法及有关法规贯彻执行情况。检查合同管理办法及有关规定的贯彻执

行情况。检查合同签订和履行情况，减少和避免合同纠纷的发生。

建立健全工程项目合同管理制度，对合同履行情况进行统计分析，包括工程合同份数、造价、履约率、纠纷次数、违约原因、变更次数及原因等。通过统计分析手段，发现问题，及时协调解决，提高利用合同进行生产经营的能力。组织和配合有关部门做好有关工程项目合同的鉴证、公正和调解、仲裁及诉讼活动。

2. 建设项目信息管理

建设项目信息的收集，就是收集项目决策和实施过程中的原始数据，这是很重要的基础工作，信息管理很大程度上取决于原始资料的全面性和可靠性。建设项目的信息管理除应注意各种原始资料的收集外，更重要的要对收集来的资料进行加工整理，并对工程决策和实施过程中出现的各种问题进行处理。在项目建设过程中，依据当时收集到信息所作的决策或决定有如下方面：依据进度控制信息，对施工进度状况的意见和指示。依据质量控制信息，对工程质量控制情况提出意见和指示。依据投资控制信息，对工程结算和决算情况的意见和指示。依据合同管理信息，对索赔的处理意见。

3. 建设项目配套建设

（1）建设项目供电配套，电力设施是建设项目的重要配套条件，建设项目的申请新装用电、临时用电、增加用电容量、变更用电和终止用电，从可行性研究、设计、施工、验收、使用各阶段均需按有关规定程序办理相关的手续。

（2）建设项目接水配套，建设项目在施工、交付使用和生产时，都要自来水供水系统供应生产用水和生活用水，进行配套建设。建设单位应向自来水公司、公安消防部门和水务部门提出相应的接水申请。

（3）建设项目排水配套，对于工程项目规划红线范围内的排水设施，一般由建设单位投资建设。建设单位在可行性研究时，及时向排水行政主管部门征询意见，提出申请，报告排放的污水、废水的质量和数量，建设区外排水管线设计图，化粪池、泵站和各种污水、废水处理装置，建设区域内排水管线设计图。道路和排水设施配套工程竣工后，建设单位应组织设计、施工和排水行政主管部门进行工程验收，办理设备养护、维护的交接。

（4）建设项目燃气配套，新建、扩建开发区或者居住区，成片改造地区，新建、改建、扩建大型建设项目，应当按照燃气发展规划和地区详细规划，同时配套建设相应的燃气设施或者预留燃气设施配套建设用地。

（5）道路工程建设交通安全配套，工程建设占用、挖掘道路许可，因工程建设需要占用、挖掘道路，或者跨越、穿越道路架设、增设管线设施的申请单位向公安机关交通管理部门提出申请。

（6）建设项目电信配套，基础电信建设项目应当纳入地方各级人民政府城市建设总体规划和村镇、集镇建设总体规划，建筑物内的电信管线和配线设施以及建设项目用地范围内的电信管道，应当纳入建设项目的设计文件，并随建设项目同时施工与验收。

（7）建设项目智能化配套，建筑智能化系统工程除了必须遵循有关建设法规、标准之外，尚需遵循通信、广电、公安、环保等有关行业的相应标准。在建设项目竣工阶段建设单位申请建筑智能化系统竣工核验时应提交经认定检测机构出具的各智能化系统的检测报告。

三、建设项目竣工验收交接与档案

1. 建设项目竣工验收

竣工验收时建设项目建设全过程的最后一个程序，检查工程质量是否符合要求，审查投资使用是否合理的重要环节，是投资成果转入生产或使用的标志。能否交接取决于承包单位所承包的工程项目是否通过竣工验收。建设项目按批准的设计文件所规定的内容建成，工业项目经负荷运转和试生产考核，能够生产合格产品；非工业项目符合设计要求，能够正常使用，都要及时组织验收。凡新建、扩建、改建的建设工程按批准的设计文件所规定的内容建成，符合验收条件的，建设单位应当组织设计、施工、工程监理等有关单位进行竣工验收。

2. 建设项目竣工交接

根据《市政基础和公用设施工程验收交接办法》，工程项目交接则是由监理工程师对工程的质量进行验收之后，协助承包单位与业主进行移交项目所有权的过程。能否交接取决于承包单位所承包的工程项目是否通过了竣工验收。项目验收与交接有两个层次：承包单位向建设单位的验收与交接：一般是项目竣工，并通过监理工程师的竣工验收之后，由监理工程师协助承包单位向建设单位进行项目所有权的交接。建设单位向国家的验收与交接：通常是在建设单位接受竣工的项目并投入使用一年之后，由国家有关部委组成验收工作小组在全面检查项目的质量和使用情况之后进行验收，并履行项目移交的手续。工程项目经竣工验收合格后，便可办理工程交接手续，即将工程项目的所有权移交给建设单位。

3. 建设工程质量竣工验收备案

根据《建设工程质量管理条例》和《房屋建筑工程和市政基础设施工程竣工验收》的要求，对房屋建筑工程和市政基础设施工程竣工验收已有详细的规定。建设单位组织竣工验收，实现了建设单位对建设工程质量全面负责，在工程建设全过程中，工程建设参与各方应按各自分工范围。分别承担质量责任。建设工程竣工验收按照如下程序进行：企业自评、设计认可、监理核定，业主验收、政府监督、用户评价。房屋建筑和市政基础设施工程竣工验收备案，在我国境内新建、扩建、改建各类房屋建筑和市政基础设施工程，建设单位应当自工程竣工验收合格之日起 15 日内，向工程所在地的县级以上地方人民政府建设主管部门备案。

4. 建设项目专项竣工验收

工程竣工验收环节是建设工程项目正式移交使用前的一道程序，也是工程建设的一项基本法律制度。根据建设项目（工程）竣工验收办法，建设工程竣工后，相应的建设行政职能部门要分项对工程竣工进行专业验收，主要包括规划、消防、环保、绿化、市容、交通、水务、民防、卫生防疫、交警、防雷等专业验收。

（1）建设工程规划竣工验收，城市规划管理部门应当依申请派员按照规定进行竣工规划验收。对于紧邻道路的建筑工程，建设单位或者个人办理建设工程规划许可证时，向城市规划管理部门申请办理道路规划红线定界手续。城市规划管理部门派员对道路定界进行复验。施工单位现场放样，然后由建设单位或者个人提出复验灰线申请。建设工程竣工后，建设单位或者个人向城市规划管理部门提出竣工规划验收申请。对于竣工规划验收合格的建设工程，城市规划管理部门核发规划验收合格证明。

（2）建设工程消防竣工验收，建设单位应将建筑工程的消防设计图纸及有关资料报送消防机构审核；照国家工程建设消防技术标准进行消防设计的建筑工程竣工时，须经消防机构进行消防验收。消防机构在接到申请资料后10个工作日内进行现场检查，检查后7个工作日内出具书面意见。

（3）建设工程环保竣工验收，建设单位应当如实查验、监测、记载建设项目环境保护设施的建设和调试情况，编制验收监测（调查）报告。建设项目配套建设的环境保护设施竣工后，公开竣工日期；对建设项目配套建设的环境保护设施进行调试前，公开调试的起止日期；验收报告编制完成后5个工作日内，公开验收报告，公示的期限不得少于20个工作日。

（4）建设工程绿化竣工验收，符合规划绿线要求；建设项目绿化经费由建设单位承担；建设工程设计报送绿化管理部门审核并参与验收绿化工程。所有配套绿化工程竣工后，绿化管理部门均须参与验收，收通过的核发绿化工程验收证明书。建设单位自绿化工程竣工验收合格之日起15个工作日内到绿化部门申请备案；绿化部门自出具备案受理通知书之日起15个工作日内作出备案证明。

（5）建设工程市容竣工验收，建设业主在竣工验收到市容环境卫生管理部门办理有关手续。配套建设的环境卫生设施竣工验收的申请基本条件符合配套建设的环境卫生设施意见和标准。审批期限是接到验收书面申请之日起5个工作日内完成验收；自验收之日起5个工作日内核发书面意见。

（6）建设工程交通竣工验收，道路工程包括桥梁、隧道等建设项目审查的道路工程竣工后，公安交通管理部门应当参加验收。建筑工程包括新建、改建、扩建的火车站、码头、航空港等交通集散地以及公共建筑、住宅楼等建设项目审查的范，建设单位向原审核同意的公安交通管理部门申请验收。经验收合格的，方可交付使用。

（7）建设工程水务竣工验收，河道管理范围内的建设项目竣工后，建设单位应当通知市河道管理处或者区（县）河道行政主管部门参加验收。建设工程项目向城市排水管网及其附属设施排放污水需办理排水许可手续，方可进入运营阶段。

（8）建设工程民防竣工验收，单独修建的民防工程竣工验收后，建设单位应当向市民防办办理竣工验收备案手续。结建民防工程竣工验收后，建设单位应当按照建设项目的规划审批权限向市或者区民防办办理竣工验收备案手续。

（9）建设工程卫生防疫竣工验收，建设工程卫生防疫竣工验收的申请：建设工程卫生防疫验收分为规划方案设计审核阶段、扩初设计审核阶段、施工图设计审核阶段和竣工验收阶段，贯通建设全过程。卫生防疫部门审理完毕后，核发竣工项目预防性卫生审核意见书。

（10）建设工程交警（路政）竣工验收，因修建铁路、机场、电站、通信设施、水利工程和进行其他建设工程需要占用、挖掘公路或者使公路改线的，建设单位事先向交通主管部门或者其设置的公路管理机构提交申请书和设计图。竣工后，通知市政工程行政主管部门检查验收。县级以上地方人民政府交通主管部门或者公路管理机构必须参与路政竣工验收。

（11）建设工程防雷竣工验收，防雷验收要求建设单位提供的技术文件包括检测报告、施工图审核意见、隐蔽工程监理意见、施工图、设计变更意见。防直击雷措施应符合规定。

5. 建设项目竣工档案

根据《城市建设档案管理规定》《城市建设档案著录规范》规定，城建档案管理机构负责城建档案的编制、验收、报送等工作，建设单位应当严格按照国家有关档案管理的规定，及时收集、整理建设项目各环节的文件资料，建立、健全建设项目档案，并在建设工程竣工验收后，及时向建设行政主管部门或者其他有关部门移交建设项目档案。建设工程竣工后，建设单位必须向市或者区、县规划管理部门申请规划验收。列入城建档案馆档案接收范围的工程，建设单位在组织竣工验收前，应当提请城建档案管理机构对工程档案进行预验收。预验收合格后，由城建档案管理机构出具工程档案认可文件。建设项目的归档资料是建设项目在规划、勘测、设计、施工、验收等工作中直接形成的，为投入生产、使用后的运行、维护和检修提供依据，也为改建、扩建等提供依据。包括各种技术文件资料和竣工图纸，以及政府规定办理的各种报批文件。在大中型项目竣工验收时，施工单位要提交一套合格的档案资料及完整的竣工图纸，并作为竣工验收的条件之一。建设项目档案归档内容分为：前期文件部分；设计技术文件部分；施工技术文件部分；竣工验收文件；竣工图。

6. 建筑工程综合竣工验收试点

为了进一步转变政府职能，改善和优化营商环境，对新建、改建、扩建的各类房屋建筑工程和市政基础设施非交通工程的综合竣工验收管理。各专业验收管理部门验收通过后，由综合验收管理部门统一核发竣工验收备案证书。

（1）申请验收要求建设单位在工程建设项目具备所有法定验收条件后，应按照法律、法规规定组织竣工验收，通过后应统一申请政府部门组织的综合验收，申请前应当具备以下条件：法律、法规及规章规定的评价及检测工作已完成；各专业验收所需的竣工图纸已编制完成；"多测合一"各类测量测绘数据已完成，并与竣工图进行比对无误。建筑工程的综合竣工验收时限为 15 个工作日。其中市政类线性工程（供水、排水、燃气等非独立占地的市政管线工程）的竣工验收时限为 10 个工作日。建设单位在上海市建设工程建设项目审批管理系统上统一申请综合验收，并按相关规定上传相关资料。

（2）受理申请要求提交申请后，综合验收管理部门通过审批管理系统将上传信息和预审资料推送至各专业验收管理部门，各专业验收管理部门在 2 个工作日内告知预审结论，由综合验收管理部门在线反馈至建设单位。预审结论包括受理、补正、不予受理，逾期未反馈意见的视为受理。需建设单位补正材料的，补正要求一次性告知，补正期间不计入受理时限。各专业验收管理部门应当在补正材料上传后的 2 个工作日内出具补正审核意见，其中市政类线性工程，在 1 个工作日内出具补正审核意见。逾期未反馈补正审核意见的视为受理。

（3）参加现场综合验收确认，各专业验收管理部门在预审时应当明确是否需要参加现场综合验收。符合以下情况的专业验收管理部门可以不参加现场综合验收：专业验收管理部门已经提供提前现场查看服务并初步通过的；专业验收管理部门仅需对预审资料审核的；专业验收管理部门认为无需现场验收的其他情况。各专业验收管理部门应当严格按照法律法规、工程建设强制性标准的规定以及建设单位提交的竣工图纸进行验收（包括现场查看）。设计单位应按照国家有关规定编制工程竣工图，工程竣工图应与施工实际相符并包含施工过程中认可工程变更文件。

（4）现场综合竣工验收申请受理后，综合验收管理部门应当在 5 个工作日内组织相应专业验收管理部门进行现场综合验收，其中市政类线性工程，应当在 3 个工作日内组织相应专业验收管理部门进行现场综合验收。各专业验收管理部门应当按照综合验收管理部门确定的验收时间参加验收，未参加的，视作相应专业验收通过。各专业验收管理部门应当在现场验收后 3 个工作日内，其中市政类线性工程，应当在现场验收后 2 个工作日内，规划和资源部门通过审批管理系统向建设单位出具明确的验收证明文件及整改事项并报送建设管理部门，各专业验收管理部门（规划和资源除外）通过审批管理系统向建设管理部门出具明确的验收结论及需整改事项，需整改事项应当一次性告知。逾期未反馈验收结论的视为"通过"。对于全部符合验收条件的项目，各专业验收管理部门应该出具"通过"验收结论。对于验收中发现存在不符合验收标准，相关专业验收管理部门应当出具"未通过"验收结论。对于验收中发现其他不符合专业验收事项情形的，如建设单位在验收后的 3 个工作日内通过审批管理系统提供书面限期整改承诺，相关专业验收管理部门应出具"附条件通过"验收结论，验收结论出具时限以收到书面承诺起算；如建设单位在验收后的 3 个工作日内未通过审批管理系统提供书面限期整改承诺，相关专业验收管理部门应出具"未通过"验收结论。

（5）整改复验，对于专业验收管理部门"未通过"的验收问题，建设单位应当及时完成整改后，在审批管理系统提交复验申请，整改复验由综合验收管理部门组织。整改复验流程及具体时限参照现场综合验收流程及具体时限。整改和复验时间不计入办理时限。整改复验中发现仍存在"未通过"的问题，综合验收管理部门出具综合验收"不予通过"意见，建设单位整改后重新申请验收。

（6）针对建设规模较大、技术难度复杂或者存在其他建设单位对是否符合全部验收标准无法把握的项目，建设单位可以根据项目实际情况，在具备一项或者部分专业竣工验收条件后，通过审批管理系统向相关专业验收管理部门申请现场查看。现场查看作为统一申请验收之前政府提供的提前服务，办理时限为 12 个工作日，其中市政类线性工程，办理时限为 8 个工作日。对于现场查看通过的，相关专业验收管理部门应当在审批管理系统录入初步通过的意见。相关专业验收管理部门在建设单位统一申请综合验收后，不再进行现场验收，直接出具验收通过意见。

市、区城建档案部门的验收可采取承诺限时完成的方式，进行容缺受理。其中，城建档案部门归档资料验收纳入综合竣工验收，建设单位保存的竣工档案验收经建设单位承诺后，应在竣工验收备案证书发放后的三个月内完成。

（7）验收备案，调整归并民防、绿化、消防等验收管理部门单独设置的专项竣工验收备案程序，对原属于竣工验收消防备案的工程不再实施抽查，建设、水务和绿化市容管理部门对房屋建筑和市政基础设施非交通工程、单独立项的园林工程、供排水工程根据各专业验收管理部门通过审批管理系统出具的通过的验收结论（含附条件通过），在 3 个工作日内出具竣工验收备案证书，其中市政类线性工程，在 2 个工作日内出具竣工验收备案证书。建筑工程综合竣工验收资料清单如表 2 - 3 所示。

表 2 - 3　建筑工程综合竣工验收资料清单

序号	文 件 名 称	备注
1	建设工程综合验收及备案申请表	
2	建设工程竣工验收报告	
3	工程档案资料（城建档案归档资料）	城建档案
4	建设工程竣工档案限时办理归档承诺	
5	土地、规划、房屋、绿化、民防等测绘成果报告书	

续表

序号	文件名称	备注
6	各专业竣工图	
7	《不动产权证书》或《上海市房地产权证》	规划和资源
8	土地价款缴纳凭证	
9	建设工程竣工验收报告（消防）	
10	消防设施检测合格证明文件	消防/住建
11	消防产品清单和有防火性能要求的建筑构件、建筑材料、装修材料、保温材料清单	
12	环境卫生设施竣工验收报告	绿化市容
13	环境卫生设施产权属性或移交说明	绿化市容
14	民防工程建设费缴纳凭证	民防
15	落实能反映所有交通安全设施的机动车出入口照片	
16	录像视频资料应完整反映项目沿道路的出入口设置、围墙等现场实际情况	
17	《建筑工程交通设计审核通知书》中项目名称或道路名称发生变更，应提供地名办出具的建设项目地名使用批准书、道路命名通知和示意图	
18	本次验收内容与《建筑工程交通设计审核通知书》审批内容不一致时的情况说明（如项目分期实施，应提供规土部门相应的分期批复材料及说明；如项目周边道路未同步建成，应提供相关说明等）	交警
19	交通设施设置图	
20	《建筑工程交通设计审核通知书》（仅针对前期未在审批管理系统上审批的项目）	
21	审批的总平面图（仅针对前期未在审批管理系统上审批的项目）	
22	职业病危害放射性防护控制效果评价报告	
23	二次供水检测报告	
24	公共场所集中空调通风系统竣工验收评价报告	卫生
25	集中供水单位竣工验收卫生学评价报告（含水源水、出厂水水质检测报告）	
26	游泳场所卫生学评价报告	
27	气象主管部门委托的检测机构所出具的检测报告	气象
28	防雷工程合同或者配套防雷产品供应合同（含产品清单）	
29	公交枢纽部分建筑设计图及交通流线图	
30	机动车停车场（库）竣工验收测绘报告	
31	机动车停车场（库）充电设施建设情况证明材料	交通
32	机动车停车场（库）交通设施布置图	
33	机动车停车场（库）竣工验收信息表	

四、工程项目竣工结（决）算

1. 建设工程价款结算

建设工程价款结算，是指对建设工程的发承包合同价款进行约定和依据合同约定进行工程预付款、工程进度款、工程竣工价款结算的活动。建设工程竣工后，发包人应当根据施工图纸及说明书、国家颁发的施工验收规范和质量检验标准及时进行验收。验收合格的，发包人应当按照约定支付价款，并接收该建设工程。建设工程竣工经验收合格后，方可交付使用。

施工中发生工程变更，承包人按照经发包人认可的变更设计文件进行变更施工，其中政府投资项目重大变更，需按基本建设程序报批后方可施工。在工程设计变更确定后 14 天内，设计变更涉及工程价款调整的，由承包人向发包人提出，经发包人审核同意后调整合同价款。

工程价款结算应按合同约定办理，工程预付款结算应符合下列规定：包工包料工程的预付款按合同约定拨付，原则上预付比例不低于合同金额的 10%，不高于合同金额的 30%，对重大工程项目，按年度工程计划逐年预付。计价执行《建设工程工程量清单计价规范》GB 50500—2013 的工程，实体性消耗和非实体性消耗部分应在合同中分别约定预付款比例。工程竣工后，发、承包双方应及时办清工程竣工结算。

2. 建设项目竣工结（决）算

竣工决算报告是考核基本建设项目投资效益、反映建设成果的文件；是建设单位向生产、使用或管理单位移交财产的依据。建设单位从项目筹建开始，即应明确专人负责，做好有关资料的收集、整理、积累、分析工作。项目完建时，应组织工程技术、计划、财务、物资、统计等有关人员共同完成工程竣工决算报告的编制工作。基本建设项目完建后，在竣工验收之前应当根据有关资料所列的数字预编制竣工决算报告。未预编制竣工决算报告的项目原则上不能通过竣工动用验收。竣工决算报告由竣工决算报告的封面、目录，竣工工程平面示意图，竣工决算报告说明书，竣工决算表格组成。竣工决算报告说明书是竣工决算报告的重要组成部分。建设项目完建时的尾工工程，建设单位可根据概算所列投资额或尾工工程的实际情况测算投资支出列入竣工决算报告。建设项目完建时，建设单位要认真做好各项财务、物资、财产、债权债务、投资资金到位情况和报废工程的清理工作，做到工完账清。各种材料、物资、设备、施工机具等要逐项清点核实，妥善保管，按照国家规定处理。建设单位预编制的竣工决算报告须提交竣工验收委员会审查。未经竣工验收委员会审查的竣工决算报告不作为正式的竣工决算报告，不得上报。经竣工验收委员会审查并根据审查意见修改后的竣工决算报告作为财产移交、财务处理并结束有关待处理事宜的依据。

3. 建设工程施工合同纠纷案件适用法律问题

针对近年来建筑市场的新变化、司法实践的新问题、管理政策的新突破，就建设工程施工合同效力、建设工程价款结算、建设工程鉴定、建设工程价款优先受偿权和实际施工人权利保护等问题，最高人民法院发布《关于审理建设工程施工合同纠纷案件适用法律问题的解释（二）》（法释〔2018〕20 号，以下简称《解释》），将于 2019 年 2 月 1 日起施行。

（1）关于建设工程施工合同无效损失赔偿数额的认定，坚持以赔偿实际损失为原则，但是建设工程施工合同纠纷具有特殊性、复杂性，司法实践中，当事人往往很难证明实际损失的具体数额，导致其难以获得权利救济。因此，在实际损失难以确定的情况下，《解释》规定当事人可以请求参照合同约定的质量标准、建设工期、工程价款的支付时间等内容确定损失大小。

（2）关于借用资质签订建设工程施工合同的民事责任，在吸收《建筑法》第66条规定的基础上规定，缺乏资质的单位或者个人借用有资质的建筑施工企业名义签订建设工程施工合同的，发包人有权请求出借方与借用方对建设工程质量不合格等因出借资质造成的损失承担连带赔偿责任。实践中，建筑施工企业出借资质造成的损失主要包括建设工程质量不合格、工期延误等损失。只要损失是由出借资质造成的，发包人就有权请求借用资质的单位或者个人与出借资质的建筑施工企业承担连带责任。

（3）关于非必须招标工程进行招标后的工程价款结算依据，规定发包人将依法不属于必须招标的建设工程进行招标后，与承包人另行订立的建设工程施工合同背离中标合同的实质性内容的，应以中标合同作为结算建设工程价款的依据。这一规定的目的是维护招投标市场秩序和其他投标人权益。同时，充分考虑到建设工程施工合同履行期间长、影响因素多的特点，《解释》还规定发包人与承包人因客观情况发生了在招标投标时难以预见的变化而另行订立的建设工程施工合同，可以作为结算建设工程价款的依据，从而兼顾了招标投标市场秩序和契约自由原则。

（4）关于承包人行使建设工程价款优先受偿权的条件，以保障建设工程质量为首要价值选择，规定承包人行使建设工程价款优先受偿权必须以建设工程质量合格为条件。同时，鉴于建设工程领域特有的资质与招标投标管理要求，实践中建设工程施工合同无效的情况较为常见。《解释》并未将建设工程施工合同有效作为承包人行使建设工程价款优先受偿权的条件，以保护农民工等建筑工人的合法利益。

（5）关于建设工程价款优先受偿的范围，《最高人民法院关于建设工程价款优先受偿权问题的批复》限定为承包人在建设工程施工中实际支出的费用。规定应依照国务院有关行政主管部门关于建设工程价款范围的规定确定建设工程价款优先受偿的范围，将承包人应获得的利润也包括在内。同时，为平衡各方当事人利益，《解释》规定，发包人逾期支付工程价款产生的利息，不能优先受偿。为加强对农民工等建筑工人合法权益的保护，《解释》还对承包人处分建设工程价款优先受偿权作了限制，规定发包人与承包人约定放弃或者限制建设工程价款优先受偿权，不得损害建筑工人利益。

（6）关于实际施工人权利保护，对《最高人民法院关于审理建设工程施工合同纠纷案件适用法律问题的解释（一）》（法释〔2014〕14号）第26条第2款规定进行了完善：一是明确规定人民法院应当追加转包人或者违法分包人为本案第三人；二是规定要在查明发包人欠付转包人或者违法分包人建设工程价款的数额后，判决发包人在欠付建设工程价款范围内对实际施工人承担责任。还规定实际施工人有权对发包人提起代位权诉讼，以期进一步加强对农民工等建筑工人权益的保护。

五、固定资产投资项目审计

1. 固定资产投资项目审计

由于建设项目一般都具有建设周期长、消耗大、参建单位多等特点，且其投入产出是分阶段一次性完成的，因此，对建设项目的审计要根据项目建设具体情况，分别进行固定资产投资项目预算（概算）执行情况审计和竣工决算审计。被审计单位的重点是项目法人或建设单位。审计机关有权要求被审计单位按照审计机关的规定提供预算或者财务收支计划、预算执行情况、决算、财务会计报告，运用电子计算机储存、处理的财政收支、财务收支电子数据和必要的电子计算机技术文档，在金融机构开立账户的情况，社会审计机构出具的审计报告，以及其他与财政收支或者财务收支有关的资料。

2. 固定资产投资项目预算执行审计的内容

固定资产投资项目预算（概算）执行情况审计是在建设项目投资经济活动开始后至竣工决算编报前所进行的审计监督。对建设工期在 5 年以下（含 5 年）的建设项目，要在建设期间实施一次审计。对建设工期在 5 年以上的大中型项目，可以在建设期间实施两次或两次以上的审计。具体审计时间的选择上要重点考虑投资的完成情况，选择项目建设的中后期进行。

（1）前期准备工作情况的审计重点：建设用地是否按批准的数量征用，土地征用是否符合审定规划的要求，以及征地拆迁费用的支出和管理情况是否合理。对外道路、通电、通水等前期工程是否按设计要求展开，其费用支出是否符合规定。

（2）项目资金来源与使用情况的审计重点：建设资金来源是否合法，是否落实。建设资金是否按投资计划及时到位，有无因资金不能及时到位造成延误工期或增加资金成本的现象。建设资金使用是否合规，有无转移、侵占、挪用建设资金的问题。有无向建设项目非法集资、摊派和收费等问题。扩建项目和技术改造项目建设资金是否与生产资金严格区别进行核算。建设资金在使用过程中有无损失浪费。

（3）建设成本及其他财务收支的审计的重点：施工图预算是否进行了严格审核，工程量的计算是否正确，选套的单价和单价的换算是否与定额规定相符，各种取费是否按规定的程序和费率计提，有无多计、少计费用的现象。工程价款的结算是否以审定的施工图预算为依据，结算方式是否符合国家规定的工程价款结算办法，预付的备料款和工程款是否如数进行了抵扣，质量保证金是否留足，有无故意拖延结算的问题。建筑安装工程成本是否按概算口径和有关制度正确归集，单位工程成本是否准确，有无将设计外工程费用、未完计划工作量及预付款等列入投资完成额的问题。列入其他投资和待摊费用的各项支出是否符合设计概算要求和有关规定，有无不正当超支等问题。设备、材料等物资是否按设计要求进行采购，其价格、运输和采购保管等费用核算是否准确，材料成本差异的分摊是否合理，有无盲目采购、抬高设备价格、加大材料采购成本等问题。建设项目应缴纳的各项税、费是否按规定及时计提并足额交纳。

（4）经济合同实施情况的审计重点：项目法人或建设单位是否按批准设计的要求与有关单位签订经济合同，签订的经济合同是否符合国家法律，执行中有无违约行为。设计单位收费是否符合国家有关规定，能否按合同规定及时提供图纸和资料，有无多收取设计费以及违反设计规范或不按批准规模和标准进行设计的问题。施工单位工程价款结算是否真实、正确，有无偷工减料、高估冒算、虚报冒领工程款以及计算错误等问题。监理单位收费是否符合有关规定，监理工作是否符合合同要求，执行中有无违约行为。

（5）预算（概算）调整情况的审计重点：调整预算（概算）是否依据规定的编制办法、定额、标准由有资质单位编制，套用定额和计提费用有无错误，是否经有权机关或单位批准。设计变更的内容是否符合规定，签证手续是否齐全。影响项目建设规模的单项工程的投资调整和建设内容变更，是否按规定的管理程序报批，有无擅自改变建设内容、扩大建设规模和提高建设标准的问题。重点审查建设项目设计、施工各个环节是否执行了国家有关环境保护法规和政策，环境治理项目是否和项目建设同步进行。

3. 固定资产投资项目竣工决算审计的内容

固定资产投资项目竣工决算审计，审计机关根据需要对工程结算和工程决算进行审计时，应当检查工程价款结算与实际完成投资的真实性、合法性及工程造价控制的有效性。建设项目竣工决算是以实物数量和货币为计量单位，综合反映竣工项目自开始建设起至工程完工止实际建设成果和财务情况的总结性文件。

（1）竣工决算报表的审计重点：竣工决算报表是否按规定的期限编制，各种报表的填列是否齐全并符合会计关系要求，账表是否一致，有无缺项和账表不符等现象。竣工决算说明书反映的数据和情况是否真实、准确，有无决算反映失实的问题。

（2）项目投资及预算（概算）执行情况的审计重点：核实各种资金渠道投入的实际金额，查明有无建设资金不到位问题，并分析资金不能到位的原因及其造成的不良影响。核实预算（概算）总投资和实际投资完成额，重点审查调整预算（概算）是否合法，决算的建筑安装工程投资、设备投资、其他投资核算是否真实，待摊投资的支出内容和分摊办法是否合规；要考核建设项目完成投资是否超概算，如有超概算情况要核实其金额并分析产生的原因，查明有无擅自扩大建设规模、提高建设标准以及是否存在批准设计外投资等问题。

（3）交付使用财产情况的审计重点：交付的财产是否属于批准设计内的建设项目，是否符合交付条件，移交手续是否齐全、合规，有无因多交、少交而造成突破规模或资产流失等问题。构成交付固定资产价值的单位工程核算是否准确，有无将不同固定资产的组成内容相互混同以及挤占建设成本、故意抬高造价等问题。交付的流动资产和铺底流动资金是否真实、备品备件、工器具的核算是否正确，有无超储积压的现象。交付的无形资产和递延资产核算是否正确，支出是否合理。

（4）在建工程的审计重点：搞清其是否属于按规定可以建设的正常在建工程，着重审查有无违反规定将自行增加的建设内容和新增项目列入其中。如属于正常在建工程，要按施工图设计核实尾工工程量，督促留足投资，继续建设。

（5）结余资金的审计重点：检查储备资金的账实是否相符，库存有无毁损或质次价高的物资，有无重复采购的积压设备，库存物资和待处理设备材料的作价是否合理，有无故意抬价或压价等。银行存款余额是否与银行对账单余额相等，库存现金数额是否与现金日记账账面余额相等，有无"白条"抵充库存现金的现象。应收、应付账款是否真实可靠，债权债务是否及时进行了清理，有无虚列往来账款以及无法回收和支付的款项，有无隐瞒、转移、挪用结余资金的行为。结余资金的处理是否合适，坏账损失是否严格审定，结余的资金是否按有关规定进行了正确处理，处理物资时有无私分和营私舞弊等问题。

（6）建设收入的审计重点：建设项目按批准设计文件所规定的内容建设完成，工业项目经负荷试车考核后，生产合格产品所取得的收入。非工业项目符合设计要求，能够正常使用，经及时组织验收，移交生产或使用单位所取得的经营收入。大型联合企业，按各分厂或车间建成后，分期分批组织验收、交付使用后的产品收入。边建设边生产的单位，前期投产项目所得的产品收入。凡已超过批准的试生产期限、已符合验收条件的工程，未及时办理验收手续而已承担生产任务，其费用不得从建设投资中支付，所实现的收入视同正式投产项目生产经营收入，不再作为建设收入并分成。

（7）投资包干节余的审计重点：投资包干合同的内容是否符合有关规定，包干指标是否按合同要求全面完成，有无不签订投资包干合同或签订投资包干合同不符合有关规定就实行投资包干分成的行为。投资包干节余是否真实，有无在投资包干范围内任意变动或削减建设内容、变相增加投资包干节余等问题。投资包干节余的处理是否符合有关规定，有无隐匿或自行消化投资包干节余的问题。

（8）投资效益评价重点：通过对建设工期和达到设计能力年限的对比分析，评价建设速度的快慢和建设工期对投资效益的影响；通过对投资预算（概算）与投资完成情况、工程成本及单位生产能力投资的对比分析，评价工程造价和建设费用的高低；测算项目投资回收期、财务净现值、内部收益率等经济指标，评价项目建成投产后的获利能力；做现金流量分析，评价项目贷款偿还能力。竣工项目投资效益评价通过综合分析对项目的经济效益、社会效益和环境效益作出正确评价。

六、工程项目后评估

工程项目后评估是在项目投资完成之后所进行的评价，是对项目实施过程、结果及其影响进行调查研究和系统回顾。它主要服务于投资决策，是固定资产投资管理的一项重要内容。建设项目后评估是指对已经完成的项目（或规划）的目的、执行过程、效益、作用和影响进行的系统的、客观的分析；通过项目活动实践的检查总结，确定项目预期的目标是否达到，项目的主要效益指标是否实现，通过分析评价达到肯定成绩、总结经验、吸取教训、提出建议、改进工作、不断提高项目决策水平和投资效果的目的。项目后评估经费应视项目的规模而定，应纳入固定资产投资总额中，以保证后评估工作能正常开展。大中型工业建设项目，从项目后评估提出到提交项目后评估报告应在 3~4 个月内完成。

1. 项目后评估的范围

项目后评估范围应包括所有固定资产投资项目，在以下范围内优先选择后评估对象，项目投产后经济效益较好或明显不好的项目；国家急需发展并对国民经济能产生影响的重点投资项目国家限制发展的某些产业部门的投资项目；一些投资额巨大的投资项目；新技术开发和引进的投资项目。以及建设项目后评估应选择在竣工项目达到设计生产能力后的 1~2 年内进行较好。这是因为经过一段正常运行生产，设计、建设、生产与管理等各方面的问题能充分地表现，并可积累出能够供后评估工作参考的数据和资料，从而对项目准备与决策、项目实施、试运行、竣工投产和生产运行的全过程作出科学、客观的评估。

2. 项目后评估报告

项目后评估报告是建设项目后评估工作的成果汇总，最终提交委托单位和被评估的项目单位。编制一般工业项目后评估报告主要包括内容：概况；项目理想决策后评估；物资采购工作后评估；勘察设计后评估；施工后评估；企业生产运行后评估；项目效益后评估；结论。项目立项决策后评估主要有项目决策评估；项目投资方向评估；项目筹备工作的评估；预测效益评估。项目物资采购工作后评估主要有采购准备阶段的评估；采购实施阶段的评估。项目施工后评估主要有施工准备工作评估；施工管理工作评估；项目竣工验收工作评估。

3. 项目生产运行后评估

除了对目前实际运行的状况进行分析和评估外，还应根据投产后的实际数据资料推测未来发展状况，进行科学的预测。后评估过程中，既要与项目立项阶段的评估指标进行比较，看其是否达到了预期的投资效果，还要与国外同类工程项目进行横向对照，看其生产运行管理是否科学、合理。对项目可行性研究水平进行综合评估。通过对项目的运营评估，具体计算出项目的实际投资指标后，还需对项目可行性研究的内容和深度以及有关的预测指标进行对比，评估可行性研究的水平。比较内容考核项目实施过程的实际情况与预测情况的偏离程度。评估方法评定标准一般为偏离程度小于 15% 时，可行性研究深度符合要求；偏离程度为 15%～25%，相当于初步可行性研究；偏离程度为 25%～35%，相当于项目建议书阶段的预测水平；偏高程度大于 35% 时，可行性研究深度不合格。

4. 项目经济后评估

建设项目经济后评估是项目生产运营后评估的重要内容，是指建成投产对投资效益的再评估，包括项目财务后评估和国民经济后评估两部分。其区别是：建设项目财务后评估与国民经济后评估均是从经济角度对项目效益进行再评估，所不同的是评估内容、评估对比指标、评估角度、效益与费用的含义及划分范围，评估价格与采用参数、后评估报表的范围等均存在着差异。此外，国民经济后评估是在财务后评估的基础上进行调整计算的。建设项目效益后评估除了进行经济后评估外，还应对项目投产运营后所产生的社会效益进行全面评估。

5. 中央政府投资项目后评价

中央政府投资项目后评价应当在项目建设完成并投入使用或运营一定时间后，对照项目可行性研究报告及审批文件的主要内容，与项目建成后所达到的实际效果进行对比分析，找出差距及原因，总结经验教训，提出相应对策建议，以不断提高投资决策水平和投资效益。列入项目后评价年度计划的项目单位，应当在项目后评价年度计划下达后 3 个月内，向国家发展改革委报送项目自我总结评价报告。项目自我总结评价报告的主要内容包括：①项目概况：项目目标、建设内容、投资估算、前期审批情况、资金来源及到位情况、实施进度、批准概算及执行情况等；②项目实施过程总结：前期准备、建设实施、项目运行等；③项目效果评价：技术水平、财务及经济效益、社会效益、环境效益等；④项目目标评价：目标实现程度、差距及原因、持续能力等，项目建设的主要经验教训和相关建议。

七、绿色建筑后评估

为贯彻落实《国务院办公厅关于转发发展改革委、住房城乡建设部绿色建筑行动方案的通知》，住房和城乡建设部组织制定了《民用建筑绿色设计规范》JGJ/T 229—2010、《建筑工程绿色施工规范》GB/T 50905—2014、《绿色建筑工程施工质量验收规范》和《绿色建筑评价标准》GB/T 50378—2019，尤其是《绿色建筑后评估技术指南》。

1. 绿色建筑后评估

绿色建筑从规划设计、建造竣工，随即进入了建筑全寿命期中所占时间最长的运行使用和维护阶段。绿色建筑后评估即对绿色建筑运维阶段的实施效果、建成使用满意度及人行为影响因素进行主客观的综合评估。绿色建筑后评估是对绿色建筑投入使用后的效果评价，包括建筑运行中的能耗、水耗、材料消耗水平评价，建筑提供的室内外声环境、光环境、热环境、空气品质、交通组织、功能配套、场地生态的评价，以及建筑使用者干扰与反馈的评价。

2. 参评绿色建筑的前提条件

《绿色建筑后评估技术指南》重点是对绿色建筑在运行使用阶段的节能、环保、健康等绿色方面的评价，并未涵盖通常建筑物所应具备的全部功能和性能要求，如安全、消防等要求，故参评的建筑应首先符合国家现行有关标准规定。参评的办公类和商店类的绿色建筑应满足现行《绿色建筑评价标准》GB/T 50738 的所有控制项要求，即对于参评《绿色建筑评价标准》GB/T 50738 或其他绿色建筑评价标准的办公类和商店类建筑，均应符合现行国标《绿色建筑评价标准》GB/T 50738 控制项要求。绿色建筑后评估是从建筑运行使用阶段开始直至建筑拆除这一较长的时段。这段时间内的二次装修、系统升级改造等运维措施会降低建筑安全性能，缩减建筑寿命，导致浪费更多的资源能源。因此如果被评建筑的结构发生过较大改造或调整，申报单位应提供结构安全性鉴定报告；如果被评建筑结构未发生过较大改造或调整，申报单位应提交一份被评建筑结构安全承诺书，证明参评建筑在运行使用阶段满足现行结构规范的要求。承诺书中应明确被评建筑在此之前未发生任何影响结构安全的改造或损坏。

3. 后评估建筑对象

绿色建筑后评估应以建筑单体或建筑群为对象，评价时凡涉及系统性、整体性的指标，应基于参评建筑单体或建筑群所属工程项目的总体进行评价。建筑单体和建筑群均可以参与绿色建筑后评估。当需要对某工程项目中的单栋建筑进行评价时，由于有些评价指标是针对该工程项目设定的，或该工程项目中其他建筑也采用了相同的技术方案，难以仅基于该单栋建筑进行评价，此时应以该栋建筑所属工程项目的总体为基准进行评价。建筑群是指位置毗邻、功能相同、权属相同、技术体系相同或相近的两个及以上单体建筑组成的群体。常见的建筑群有住宅建筑群、办公建筑群。当对建筑群进行评价时，可先用指南评分项对各建筑进行评价，得到各建筑单体的总得分，再按各单体建筑的建筑面积进行加权计算得到建筑群的总得分，最后按建筑群的总得分确定建筑群的绿色建筑后评估等级。参评建筑本身不得为临时建筑，且应为完整的建筑，不得从中剔除部分区域。无论评价对象为单栋建筑或建筑群，计算系统性、整体性指标时，要基于该指标所覆盖的范围或区域进行总体评价，计算区域的边界应选取合理、口径一致、能够完整围合。

八、装配式建筑评价

为促进装配式建筑发展，规范装配式建筑评价，在总结《工业化建筑评价标准》GB/T 51129 的实施情况和实践经验的基础上，参考有关国家标准和国外先进标准相关内容，《装配式建筑评价标准》GB/T 51129—2017，于 2018 年 2 月 1 日施行。装配式建筑评价采用装配率评价建筑的装配化程度，适用于评价民用建筑的装配化程度。

1. 装配式建筑

装配式建筑由预制部品部件在工地装配而成的建筑。装配率是单体建筑室外地坪以上的主体结构、围护墙和内隔墙、装修和设备管线等采用预制部品部件的综合比例。全装修是建筑功能空间的固定面装修和设备设施安装全部完成，达到建筑使用功能和性能的基本要求。集成厨房是地面、吊顶、墙面、橱柜、厨房设备及管线等通过设计集成、工厂生产，在工地主要采用干式工法装配而成的厨房。集成卫生间是地面、吊顶、墙面和洁具设备及管线等通过设计集成、工厂生产，在工地主要采用干式工法装配而成的卫生间。

2. 装配率计算和装配式建筑等级评价

（1）装配率计算和装配式建筑等级评价应以单体建筑作为计算和评价单元，并应符合下列规定：单体建筑应按项目规划批准文件的建筑编号确认；建筑由主楼和裙房组成时，主楼和裙房可按不同的单体建筑进行计算和评价；单体建筑的层数不大于 3 层，且地上建筑面积不超过 500m² 时，可由多个单体建筑组成建筑组团作为计算和评价单元。

（2）装配式建筑评价应符合下列规定：设计阶段宜进行预评价，并应按设计文件计算装配率；项目评价应在项目竣工验收后进行，并应按竣工验收资料计算装配率和确定评价等级。装配式建筑应同时满足下列要求：主体结构部分的评价分值不低于 20 分；围护墙和内隔墙部分的评价分值不低于 10 分；采用全装修；装配率不低于 50%。

（3）装配式建筑宜采用装配化装修。

3. 装配式建筑评分

（1）主体结构（50 分），评价项柱、支撑、承重墙、延性墙板等竖向构件评价要求 35%~80%，评分分值 20~30 分；评价项梁、板、楼梯、阳台、空调板等构件评价要求 70%~80%，评分分值 10~20 分。

（2）围护墙和内隔墙（20 分），评价项非承重围护墙非砌筑评价要求大于 80%，评分分值 5 分；评价项围护墙与保温、隔热、装饰一体化评价要求 50%~80%，评分分值 2~5 分；评价项内隔墙非砌筑评价要求大于 50%，评分分值 5 分；评价项内隔墙与管线、装饰一体化评价要求 50%~80%，评分分值 2~5 分。

（3）装修和设备管线（30 分），评价项全装修评分分值 6 分；评价项干式工法楼面、地面评价要求大于 70%，评分分值 6 分；评价项集成厨房评价要求 70%~90%，评分分值 3~6 分；评价项集成卫生间评价要求 70%~90%，评分分值 3~6 分；评价项管线分离评价要求 50%~70%，评分分值 4~6 分。

4. 装配式建筑评价等级划分

当评价项目满足规定，且主体结构竖向构件中预制部品部件的应用比例不低于 35% 时，可进行装配式建筑等级评价。装配式建筑评价等级应划分为 A 级、AA 级、AAA 级，并应符合下列规定：装配率为 60%~75% 时，评价为 A 级装配式建筑；装配率为 76%~90% 时，评价为 AA 级装配式建筑；装配率为 91% 及以上时，评价为 AAA 级装配式建筑。

第三章　BIM 技术造价应用

第一节　BIM 技术造价应用概述

BIM 技术应用在业界已经逐步开展起来，怎样将造价工作更好地融入 BIM，成为了广大造价工作者最关心的事情。目前，在造价咨询界呼声最高的是为业主进行"全过程工程咨询"，这一做法旨在调整 BIM 技术应用对造价咨询企业和从业人员的业务冲击，充分发挥造价人员的业务优势和特长。考察 BIM 技术应用点，其中大部分都与工程成本投入有关，只要我们掌握这些内容，就完全能够将全过程工程咨询做好。

所谓全过程工程咨询，是为业主提供建设项目在全生命周期各阶段产生问题后，对这些问题提出解决方案的成本评估。全过程工程咨询与以往的造价咨询最大的不同点在于，以往的造价咨询只负责整个工程项目成本投入的计算，往往是在工程完工后才进行结算，这种方式对中间过程的问题没有处理成本评估，待到项目完工结算造价时，发现投资预算严重超标。全过程工程咨询则是在项目碰到问题还没有进行施工之前就进行解决方案决策，同时对解决方案进行可行性以及成本投入评估，为业主提供优选条件和处理时间，避免由于盲目处理问题而造成成本投入的评估不足，杜绝最后结算时成本投入大量超标的现象。总之，以往的造价咨询是事后算账，不能将成本投入控制在建设项目的过程中，产生问题因盲目处理造成成本投入不可控；而全过程工程咨询是将成本投入评估融入建设项目的每一个环节，有效地对项目成本投入起到控制作用。

在建设工程全生命周期过程中，经常会遇到各种变化和不确定因素发生，解决这些问题和选择解决方案需要快速确定投资成本，甚至要在多个方案中进行成本比对。要让造价人员在极短时间内提供多个方案的成本比对数据，现实证明继续沿用简单造价工作模式已经远远不能适应这种快节奏的"工程咨询"了。于是将造价融入 BIM 技术应用，让 BIM 技术来解决造价人员在实际工作中手忙脚乱的窘境，成为广大造价从业人员必须掌握的技能。

一、建设工程全生命周期参与角色及业务关注点

建设工程全生命周期参与角色及业务关注点见表 3 - 1。

表 3 - 1　建设工程全生命周期参与角色及业务关注点

序号	参与角色	关 注 点						
		选址决策	环境匹配	后期效益	造型、结构	造价	施工管理	使用维护
1	设计方	●	●	●	●	●		
2	咨询方					●	●	
3	施工方					●	●	

续表

序号	参与角色	关注点						
		选址决策	环境匹配	后期效益	造型、结构	造价	施工管理	使用维护
4	物业管理					●		●
5	政府机构	●	●			●		
6	业主（建设方）	●	●	●		●		●

注：表内参与角色中的"咨询方"，这里只指工程造价，实际上工程咨询方有很多，如工程监理等，特此说明。严格来说，只要业主愿意委托，工程建设中的所有关注点的内容都是咨询方要代表业主关注的事项。

从表3-1我们看到，造价是建设工程全生命周期几个参与角色全部要关注的内容。表中的角色关注点的归纳并非绝对，是按照该角色在此项内容上投入的精力大于70%考虑的。如设计方在设计时也会考虑施工的方便性，只是当设计房屋用途与施工方便性有冲突时，设计方会优先考虑房屋用途。

对建设工程参与角色关注点的理解有两点：一是对角色产生利益的行为，二是对角色产生信誉效果的行为。

如表3-1中设计方所关注的内容对设计方自己是没有利益的，由于它的业务全部属于业主委托，虽然关注点对设计角色自身没有利益，但它的关注立场必须要与业主同步。业务做得好与不好，会对设计方的信誉产生影响；做得不好会导致业务量的减少，反之则增加。

政府机构是一个监督机构和业主的双重角色。如果建设项目是国有资产，政府机构会转换为业主角色，其关注点与业主同样，如果建设项目是业主资产，则政府机构转为监督角色。

二、建设工程全生命周期各阶段业务内容

1. 立项决策阶段

立项决策阶段是确定项目是否实施的关键，决定项目是否立项和投资的关键任务，为后续项目的建设选址、可行性评估、效益分析和资金筹集计划建立依据。

（1）项目选址：项目建设地点的选择首先是考虑拟建项目与周边环境的关系。如河流、山体、周边已有机构等，这些环境对项目后期的使用有否不利影响；其次，要考虑现场的供水、供电、供气是否足够和畅通；再次，考虑靠近原料地原则，确保选择建设地点要利于排污和不被污染的环境；最后，要考虑项目建设地的行业适当聚集的原则，考虑项目建成后对产品的运输、工人的生活、工作的环境影响等。

（2）可行性评估：项目前期的可行性评估是对项目建成后的一切效益做的预估，进行项目可行性评估有一整套的规则，包括项目建成后的室内外的人流交通是否合理方便，是否满足防灾减灾要求，项目建成后是否满足使用要求等。

（3）效益分析：评估项目的后期收益、效益。

（4）资金筹集计划：拿出估算指标进行资金筹集等。

以上四步是连贯的，在调整的过程中会穿插进行。模型在此阶段可以起到评估拟建项目

或房屋的规模、布局以及体量、造型；校核环境中的日照、采光、通风，防噪声等的利用效果；模拟交通、灾害的疏散，考量项目建成后的使用结果等。此阶段的模型主要为模拟和供调整，在每调整一个方案后，提供相应的概算报告，以供决策者比对和选择，解决工程盲目上马，杜绝后期因没有详细决策的资金浪费。

项目立项决策阶段模型中的信息量不多，主要是几何信息，少量的有材料信息。

2. 工程设计阶段

决策阶段的任务完成后，进入工程设计环节。工程设计分方案设计、初步设计和施工图设计，专业工程还需进行深化设计。

设计阶段的模型是在决策阶段初始模型上进一步调整得到的。由于初始模型不考虑拟建房屋的具体构造、用材以及各专业的配合等，故进入设计阶段会出现一些具体的问题，解决这些问题利用 BIM 的优势就会充分体现出来。

进入设计阶段，设计人员会对房屋构件赋予具体尺寸、位置定位、选用材料等，并且所有构件式样在三维状态下都是可视的，便于后期对构件进行精确调整。设计阶段的构件已经有了 BIM 应用更深的信息，满足对构件的调整。设计阶段进行 BIM 应用可以实时方案成本比对，并将比对结果提供给委托方确定实施方案。

在工程设计阶段，下列事项是我们要做和关注的内容：

（1）方案设计阶段：根据业主要求，设计方结合勘探资料对拟建项目拿出符合当时、当地人文地理等方面的设计方案，包括投资概算、设计理念、设计完成计划等内容。

（2）初步设计阶段：主要是对项目进行使用要求、造型、结构构造方面的设计。经过对模型多次和多方面的调整，待模型达到委托方满意后，进入施工图设计阶段。

（3）施工图设计阶段：此阶段对拟建建筑进行详细设计，包括建筑主体设计，结构验算，使用材料确定，工艺做法设计、配套安装设备，施工图绘制等工作，同时可以对拟建建筑进行施工图预算。

（4）专业工程的深化设计：深化设计是建设项目利用 BIM 应用最多的环节，包括房屋的结构方式、构件的几何尺寸、构件之间的空间位置、构件选用和配置材料、各专业的配合安排、施工方法的满足等。

3. 工程招投标阶段

工程招投标阶段是决定能否选择一个合格承包商或供应商，来合作完成项目建设，如期交付一个合格产品的保证。在该阶段，传统的造价管理主要工作是依据施工图纸编制招标控制价和投标报价。

在工程招投标阶段，下列事项是我们要做和关注的内容：

（1）标书的编制：基于 BIM 技术的招标管理，是招投标阶段针对招标人和投标人利用 BIM 技术创建算量模型，通过模型深化自动完成工程量的计算、统计和分析，形成准确的工程量清单。同时，算量模型通过关联造价和时间属性信息，自动完成工程的计价和资金计划编制工作。从而快速、准确地完成招标控制价和投标报价的编制工作，以及项目的资金计划和现金流编制。

（2）标书的检查：基于 BIM 的可视化功能，在招标控制价或投标报价编制过程中，通过实施模拟检查模型构件中是否存有错漏项，最大限度地避免造价成果文件的错算、漏计等情况发生，减少施工阶段因工程量问题而引起的纠纷。使工程量计算工作摆脱人为因素的影响，得到的数据会更加客观准确。

（3）标书的提交与评价：招投标过程中，招标人通过设计单位将拟建项目 BIM 模型以招标文件的形式统一发放给投标人，方便投标人利用设计模型进行深化设计，快速获取正确的工程量信息，正确编制完成针对招标工程的技术标和经济标文件。同时，投标人通过电子招投标系统按要求的时间节点和技术要求提交投标文件。招标人和评标专家也基于招标评台进行公正、公开、公平的评标工作，选择出合格的合作商。

4. 工程施工阶段

项目在施工阶段经常的管理工作有：工期安排，材料进场计划，设备、人员配置，施工工艺，质量要求，安全管理，施工现场布置，成本管控等，这些工作繁杂重复，利用 BIM 技术，可以方便地对这些工作进行处理。

由于建筑信息模型是在电脑中虚拟场景，为我们提供了给各种构件赋予显示和隐藏时间信息的方便，利用构件在时间节点显示和隐藏构件动态方式，从而在电脑中模拟出工程的施工进度。电脑中虚拟建筑可以进行任意地分解和组装，在对工人进行技术交底时，可将模型中复杂构件分解和组合起来进行技术交底。将模型动画化后，可以将复杂节点的构造及施工顺序清楚地对工人进行展示。

例如，将模型置于 3D 施工现场布置软件内，可以方便地定位吊车、道路、各种材料堆场，计算出设备耗能等，优化施工现场，减少施工的材料周转距离和临时设施的搭设频率，节约施工成本。由于有了详细的进度计划，项目主管人员会将资金用在施工紧急、优先的项目中，减少资金积压和使用不当造成资金短缺，使成本得到真正的管控。

在施工阶段，下列事项是我们要做和关注的内容：

（1）合约规划与管理：工程建设过程中的重头戏是在施工阶段，大量的建设投入都在此阶段产生。为约束各参与方的职责行为，此阶段会产生各种各样的合约，包括施工合同、用工协议、采购协议、设备租赁合同等。合约参与方在签订合约后，要对合约的履行进行实施规划，包括质量、工期、安全等，最重要的是工程款项的支付和收取，同时也要做好成本付出的预计和效益目标的规划。

（2）现金流的编制：衡量企业经营状况是否良好，现金流量是非常重要的指标。编制好现金流量表是控制资金流量的重要手段，现金流入包括：销售商品、提供劳务、出售固定资产、收回投资、借入资金等；现金流出包括：购买商品、接受劳务、购建固定资产、现金投资、偿还债务等。

（3）材料、设备的采购及供应：根据施工图预算可以得到拟建建筑所需的各种材料、设备的品名、数量和规格型号等，按照所列内容根据进度计划建立采购计划。要严格区分甲供和乙供材料设备内容，同时也应区分好甲供和乙供的具体数量。

（4）变更及洽商的管理：根据进度展示的构件，计算其工程量后，分析出消耗的工、料、机数量，通过计价软件计算，得到进度成本和计划成本。当工程有变更的时候，施工方要利用 BIM 技术的可视化和参数化，对施工难度节点进行施工措施优化，找出在成本控制范围内可行的最佳施工方案。

（5）进度款核算与支付：在模型上记录施工日志、施工作业人员、在模型上记录隐蔽和中间质量检查记录，在模型中记录安全管理交底和检查记录等，定位定点，便于复查和校对。利用模型中记录的数据，把控每一项进度款和应支付款的发生时间以及额度。

（6）结算及后评价管理：竣工结算和项目后评价是工程造价管理的关键工作，无论施工单位还是业主都应重视工程价款的审计结算。竣工结算和项目后评价阶段的工作程序是对竣工验收资料进行整理收集归档，依据工程承包合同条款的规定，编制审核竣工结算，并从造价咨询管理的角度对其项目建设作出准确合理的评价。

结算及后评价主要的三个关键工作如下：

第一，整理该建设项目中所有相关的工程资料并记录保存；

第二，按时编制审核工程结算；

第三，竣工后对项目进行合理评价。整个阶段最重要的是项目后评价，从工程造价的角度全面评价项目工程成本的合理性，并给出哪些环节可以改进管理，合理降低造价的明确建议。

5. 营运维护阶段

房屋建成后，有大量的设施设备安装布置在其中，供人们进行生活、工作、学习等活动。设备的使用、维护、添置就需要对这些资产进行管理。可以利用已经完工的 BIM 模型对房屋进行后期的运营维护管理。

（1）运维成本分析：常用的有利用物联网集成对设备进行使用、维护、添置管理，利用已有 BIM 模型对房屋进行分改、扩建，也可以利用已有 BIM 模型对房屋使用进行最佳使用效果规划分析，降低房屋的运维成本。

（2）运维方案优化：可以在已有 BIM 模型的基础上对改、扩建后的工程进行方案成本比对，对运维方案进行优化找出最佳方案。

（3）运维效益分析：英国皇家工程院（Royal Academy of Engineering，RAE）曾做过的一项研究表明，在建设工程全生命周期的过程中，房屋的建造成本如果是 1 的话，则在房屋的运营周期的成本会达到 5 甚至更多，而在这栋房屋内工作人员的费用会达到 200，所以对项目建成后的运维效益分析是非常必要的。房屋运营周期的成本主要包括房屋折旧、后期维护的费用，能源消耗以及各种人员的开支等。工程项目的固定资产投入一旦固定，怎样将运维阶段的效益最大化可以通过两个方面分析：一是技术方面，可以在项目策划、设计阶段就予以考虑，进入营运阶段则可以采用不同的技术措施来降低运维成本；二是管理方面，采用先进的管理方式来降低人员、物资消耗成本。

三、造价工作在建设工程全生命周期各阶段的应用点

用虚拟方式在计算机中建立一个拟建建筑的模型，之后随着工程建设的进展，在这个模型上赋予各种应用信息，这个虚拟的模型称为建筑信息模型。模型是固定的，而模型上所带信息是动态的。随着工程的进展，按照应用要求赋予和截获相关信息为我们所用，这就是"BIM 技术应用"。建筑和安装工程模型在建设工程全生命周期各阶段的应用如下：

首先，在工程项目中进行 BIM 技术应用，主要是利用 BIM 的五大特点：

一是可视化：计算机中建立的模型是与拟建建筑一模一样的，体现"所见即所得"的形式，使参与者能够看到的就是房子或者构件，而不是一堆不可理解的二维图线条。

二是协调性：利用计算机平台，链接终端设备，让建设项目的各参与方可以随时随地进行沟通，解决问题。协调就是配合，广义上就是建设项目的各参与方的互相配合，狭义上就是各专业的配合，甚至施工班组之间的配合。

三是模拟性：利用计算机的动画功能，将拟建建筑的建造和使用过程进行动画模拟，找出问题和缺陷。

四是优化性：事实上建设工程在全生命周期中是一个不断变动优化的过程。优化受三个内容制约：信息，时间和复杂程度。事物的复杂程度高到一定程度时，人类本身能力已经无法掌握事物的所有信息，必须借助技术和设备的帮助。BIM 及与之配套的各种工具对复杂的建设项目提供了优化的可能性。

五是出图：以前的 BIM 并不出施工图，现在的 BIM 可以出过程中的所有图纸，除施工图外还包括管线综合图、结构留洞图、施工作业交底图、施工配料图等，也可以出各类检查报告，如碰撞检测报告等。

利用 BIM 的五个特点，以下是某公司在 BIM 技术应用时的应用点：

（1）实施策划：建设项目实施的前期工作。当业主准备筹建项目时，会组织和委托相关咨询机构对拟建项目进行可行性研究，其中会邀请造价咨询人员参与投资评估。

（2）协同管理：建设项目在设计、交易、施工、营运实施过程中有多方参与，为了让 BIM 技术应用在各参与方中做到信息传递顺畅，需要搭建一个协同管理平台。各参与方可以在平台中根据自己的权限，对拟建建筑的模型和数据进行查看、维护和修改。当然平台还有远程会议、款项支付、资料管理等功能。

（3）软件培训：建设工程的 BIM 技术应用，在协同平台的统一下各参与方根据自身权限，不论是对模型建立和修改模型，还是查看和修改数据，都离不开软件的使用。为使各个参与方在终端机上正常打开源头模型，需要各参与方使用统一的软件，这就必须对各参与方的操作人员进行软件培训。培训内容包括 BIM 技术知识、BIM 案例介绍、BIM 软件操作、BIM 平台使用、BIM 导则标准宣贯、BIM 工作指导等。

（4）招标咨询：这里指建设项目投资人委托和准备委托的咨询机构的行为。事件由投资人发起形成招标委托，之后由咨询机构给出招标过程中对 BIM 技术应用的操作要点和方法。

（5）建筑模型创建：从接受委托人 BIM 技术应用开始，咨询机构进入 BIM 技术应用实际工作。对于建设项目完整的 BIM 技术应用，建筑模型创建实际上在项目的立项决策时就开始了，当然此时模型只用作本章中所述的各类评估，此时的建筑模型有待大量的修改和优化。

（6）建筑方案验证：不论是初步设计还是详细设计阶段，只要有了建筑模型，就可以对模型进行各种功能方案验证，包括建筑的实用性、安全性、舒适性、环保性、美观性等，最重要的是对成本投入估算和评估。

（7）建筑方案分析优化：对建筑模型的方案验证后，会找出一些设计中没有考虑周全的问题，并针对这些问题作出一些解决方案。解决建设项目存在和欠考虑的问题，不是单方面处理就可以满足要求的，要对问题进行综合考虑和平衡，如为了节约成本就大量削减建设项目内容或降低规格要求，这样做虽然降低了成本，但会导致项目建好后存在其他缺陷或无法弥补的隐患。对项目产生的问题提出解决方案，我们称之为方案优化，所谓优化就是对建设项目的问题分清主次进行处理，如实用性与美观性有冲突时，就要确定这两者之间哪个功能属于第一位，优化时就应对次要的内容进行后位处理。

（8）结构模型：结构模型是对建筑模型的细化和补充。建设工程 BIM 技术应用进行到此步已经属于详细设计阶段。结构模型的用途有两个方面，一是利用模型进行结构力学分析，对建筑物中的杆件或节点进行应力分析后，确定选用材料、构件的杆件或节点内部构造方法和杆件尺寸等；二是利用结构模型考量建筑物通过结构造型后，拟建建筑在使用过程中能否在稳定、强度、抗灾、安全等方面满足使用要求。

（9）结构校核：有时结构工程师为了项目的结构牢固和安全保险，会人为地加大结构的用材规格和数量，甚至在结构构造中多余增加支撑杆件，造成"胖梁大柱"现象；反之，由于业主的投资控制，可能会减少应该设置的内容。这就必须对已有结构进行校核，让项目的结构形式和用材等都在适当范围内，达到结构安全合理。另外，有些拟建项目由于体量庞大造型复杂，造成施工难度大甚至不好施工，会对结构进行改变和调整后，也需要对改变和调整后的结构进行校核，使之满足结构要求。

（10）安装工程模型：现在房屋建筑体型越来越大，功能越来越强大和复杂，且极具综合性，建成一栋房屋涉及的安装专业内容很多。鉴于此，拟建项目在进行初步设计时，其安装内容就开始同步设计，安装工程模型也同步开始创建。

（11）安装方案分析优化：建设工程安装专业一般有给排水、强弱电、采暖通风、消防、楼宇智能等，这些内容都是由专业工程师设计。现实参与安装专业设计的工程师各自为政，他们设计时往往只考虑自己的范围，最后将成果模型放到建筑模型当中，通过虚拟现实展示，会或多或少发现没有考虑到的问题，如照明高度的问题，照明不够或过多的问题，水管压力不够的问题等，这时需要对方案进行优化，让设计的内容刚好适合使用要求。

（12）环境模拟：环境模拟包含流通疏散模拟、交通动线模拟、车辆通行模拟三个子项。当初步设计有了大概的结果后，要将拟建建筑模型置于周边环境中进行检验，以确定项目建成后在周边环境影响下的营运效果。模拟的内容有室内外交通、能源供应等的方便性，防灾减灾过程中的人流疏散方位以及通道道路的宽向容量和距离，邻山邻水的抗山体滑坡和抗水体崩岸抗避风险的能力等。反过来，拟建建筑对周边环境的人类活动以及对经济、文脉的影响等。环境模拟可以采用 VR（虚拟现实）仿真和 AR（沉浸式虚拟现实）仿真来进行。

（13）流通疏散模拟：流通疏散模拟是环境模拟的深化过程，主要利用 BIM 技术应用中的可视化技术，结合有关规定，对拟建建筑中的通道、走廊、楼梯等交通部位进行遇到灾难时的人群疏散检测。内容包括保证在灾难发生时，人群能够快速、方便地进行疏散。通过疏散模拟，对于通道、走廊、楼梯等交通部位的宽度不够、长度过长、楼梯不符合规范的应进行建筑设计调整；反之，设计太过的也应酌情缩小尺度，避免流通疏散占用太大空间。

（14）交通动线模拟：交通动线模拟是环境模拟的深化过程。交通动线是指机动车辆的行走线路，包括会车、车辆转弯、掉头等。交通动线模拟在室内一般指对拟建建筑车库车辆的行走线路模拟，室外指对停车场和拟建建筑施工时的施工现场模拟。通过模拟会发现车辆的行走路线在某时间不够会车而造成拥堵，或者设计预留的转弯半径不够拖运长形物件的车辆通过，也有可能会给驾驶车辆的司机造成错误的行车路线等。同理，在设计和纠正错误时也不能将交通动线考虑的太宽敞而造成场地浪费。

（15）车辆通行模拟：车辆通行模拟与交通动线模拟是相辅相成的，这里进行车辆通行模拟主要是突出车辆在转弯和上下坡道时，模拟周边环境对车辆和驾驶人员的视觉影响。通过 VR 仿真和 AR 仿真检验拟建建筑在营运时车辆通行的真实效果，避免房屋建好后出现不可挽回的错误。

（16）绿色建筑验证：在进行环境模拟的同时，可以进行绿色建筑指标验证模拟。绿色建筑是我国多年以来在业界推行的一项基本国策，房屋的绿色体现在以下几方面：一是使用建筑材料上尽量选用低消耗能源、对环境没有污染、可再生的材料；二是空间构造上考虑房屋的朝向、层高空间、门窗式样大小、玻璃、墙体、屋面厚度、室内外保温隔热措施等；三是房屋后期使用方面，在采暖、通风、采光、降噪、排污等方面尽量做到节能减排。利用模型对建筑的绿色性进行验证，在建筑不满足绿色建筑验收要求时，要采用改变建筑用材、调整房屋空间、采用相关措施等来满足绿色建筑验收要求。房屋做了改变应进行成本投入比对，选择性价比合适的措施来满足绿色建筑验收要求。

（17）施工方案验证：当设计工作进行到一定阶段时，BIM 技术应用中的一环是对施工方案的选择，特别是那些大型、复杂的建筑。施工方案验证并不是施工方案设计，是对拟建建筑已经设计有具体施工方法，而对这个方法能否适合施工的验证。施工方案验证包括施工顺序、施工方便、施工安全、完成后的质量保证等。过程中会对已有施工方案进行调整，同步会对施工成本进行调整。

（18）碰撞检查：一栋建筑会有多个专业的人员参与设计，而这些专业人员在设计的过程中可能只会考虑自己专业这一块，设计结果虽然有总工程师把关，但也难免不出现问题。碰撞检查工作是将各专业的模型汇到一个模型中，利用 BIM 技术可视化特点，对模型中的管线与管线、管线与设备、设备与设备、管线设备与房屋构件进行碰撞检查，找出模型中不合理的布置点，并将问题形成文件，提交给相关专业的工程师进行修改。

（19）管线综合：碰撞检查得出结果后，要对问题点进行调整优化，这个工作称为"管线综合"。管线综合的原则一般是小管绕大管，无压力管绕有压力管等，并且尽量不要调整房屋结构构件。当一定要调整房屋结构构件时，应有保证结构稳定和强度的措施。管线经过综合优化后会对原有成本产生影响，要做成本调整。调整的方案应做到施工方便，管线排布合理美观、满足使用要求且性价比高。

（20）精装效果模拟：装饰在建筑工程中的作用一是对结构构件进行保护，二是对建筑进行美化；美化含有两个内容，一是让装饰后的饰面容易清洁，二是让色彩和材质在人们的心理上觉得或轻灵、或厚重、或通透、或闭塞、或愉悦、或沉闷等。根据建筑物的作用不同，装饰效果一定是要与拟建建筑表达情感一致。例如，幼儿园的装饰效果就应该轻灵活泼，萌态满满，而大学建筑就应该体现厚重，极具思想性。虽然建筑物的造型达到了表现要求，而装饰效果不能与之匹配，再好的设计也不是好的设计。精装效果模拟可以解决以上没有考虑到的缺陷，通过模拟对缺陷进行调整弥补。

（21）辅助设计决策：辅助设计是指设计方还没有将设计成果提交给业主，而业主又急需想了解设计内容，进一步对设计方明确自己的想法和需求。这时 BIM 技术应用咨询方可对设计方的初步设计进行早期模型建立，提供给业主对拟建建筑进行先期了解，并提出更改建议。偏离业主需要的设计错误和意图可得到及时纠正，避免设计完成后再来修改错误或导致施工时产生变更，为业主解决时间和成本的投入问题。

（22）工程量计算：工程量计算是建设工程确定投资成本的主要工作之一，从立项决策开始直至项目拆除，工程量计算的操作会贯穿整个建设工程全生命周期。在 BIM 技术应用中，计算建筑项目的工程量全部都是利用计算机中创建的虚拟模型。计算工程量的模型成为计算模型，它不仅带有构件的几何信息，还会根据项目的进展，不断改变计算造价成本的信息，为后期计算造价，分析项目工料机消耗提供信息条件。例如，项目在投资评估阶段，工程量信息只需要相应的几何信息就够了，但进入工程交易阶段，就必须增加使用建筑材料信息、工程施工的措施工艺信息等。一栋房屋从立项开始，一旦模型创建成功，其信息类型和含量会随着项目应用专项不断地变化。

（23）进度管理：利用建筑模型，将项目进度规划时间和工程量计算信息分别赋予到模型中的每个构件上，在利用计算机按时间节点显示图形的功能，当操作者在计算机中指定好某个时间段，则带有该段时间的构件就会显示在计算机屏幕上。相关人员对显示的模型与施工现场的实际情况进行比较，就可以知道项目的实际与计划的差距，从而调整下一步的进度计划。可对显示的构件进行工程量计算，得到某阶段的进度计划工程量，为进度做好施工安排。

（24）成本管理：成本投入是现实社会每项活动几乎都要考虑的内容，在建设项目中进行 BIM 技术应用，根本出发点也是控制成本投入。不论是考量投资回报还是建设工程中的每一项方案确定，成本管理是项目节支增效的必要手段。建设项目是在不断地变更调整中进行的，在没有 BIM 应用时，对项目每一个动作要在极短时间内得到精准的成本投入数据，几乎是不可能的。现在利用 BIM 对项目进行成本管理，就变得非常简单。如要对比一个最佳施工方案，做法一般有两种，一是直接修改模型，另一种是不动模型直接修改模型所带信息，之后将修改构件的工程量计算出来，再通过计价软件计算出每一个方案的成本，通过多个方案的比对，就可在极短时间拿出最佳方案，做到对方案的成本管理。

（25）调整变更分析：变更在建设项目中是经常发生的事件，变更主观上是要将坏的事物进行纠正使之变好，而现实中有很多变更并不一定就会变好。虽然利用了模型的可视化，让我们在设计阶段早期发现缺陷，并进行错误修正，但通过变更调整后问题也往往没有解决。对调整变更的内容一定要进行可行性分析，分析内容包括美观性、实用性、施工方便性、结构可靠性、节能环保性等，最主要的是成本的校核，一定要找到变更的最佳方案，否则不如不变更。

（26）施工方案优化：一般情况下，建筑施工是有一套固定的程式的。随着现实中的建筑项目越建越大，造型越来越怪异复杂，传统施工方式已经不能满足要求。为让拟建建筑在工期、质量、安全、降低成本上达到目标，施工方会设计各种施工方案。利用 BIM 对预选方案进行比较，对选中方案再次优化，找出在施工上最方便、可行、投入成本低廉高效的施工方案。

（27）专项方案模拟：BIM 技术应用中的模拟分为两种，一种是整体性模拟，另一种是个体性模拟。专项方案模拟属于个体性模拟。个体性模拟是小范围针对专业性强的内容进行模拟，如地下室土方大开挖，需要模拟自卸汽车上下基底的坡道，又如施工场地狭小需要对拉货车辆预留车道转弯半径等，都要通过对专项方案进行模拟，得出最佳方案后再进行实施。应用点中所有涉及"模拟"字眼的内容，都是动态检测的内容。

（28）深化下料：利用模型中的构件尺寸，对所用材料进行下料尺寸控制，优化下料是

BIM 技术应用的扩展。如建设项目中要用到的管道，实际间隔尺寸是 5.2m 一根，如果现场用 6m 的定尺管，就会截去 0.8m，这 0.8m 的管又不能做其他用途，丢弃了就造成浪费。利用深化下料手段，将工地上的管道做成下料单，按下料单直接到厂家进货，使采购回来的管道刚好是适合长度，就避免用定尺管道的浪费。又如，装配式房屋的墙板构件，利用模型中的构件尺寸可对预制墙板进行长度、宽度控制，做成墙板预制单，按照安装部位、安装顺序做成编号，现场安装时按照编号安装，就可大大节约时间、提高功效、减少裁切浪费。深化下料也是成本控制的手段。

（29）可视化交底：复杂工程作业，施工现场用一堆不可理解的二维线条施工图给工人进行施工作业交底，确实有一定的难度。利用 BIM 的可视化特性，进行施工技术交底就方便得多。甚至可以将模型做成动画形式，对工人展示作业顺序，工人一看就知道该怎么施工。可视化交底可以减少试做样板，也可以减少由于不知道怎么做造成质量不合格而返工，质量好、减少返工就是极大的成本节约。

（30）辅助施工决策：业主将建设项目委托给施工单位施工，施工单位报价时会将相应的施工措施也报入造价。为验证施工措施的合理性，造价咨询方应辅助业主对施工方报来的施工措施进行验证，同时也对造价进行控制，这就是辅助施工决策。

（31）模型维护：这里所说的模型维护，是指受业主委托的咨询方对模型的维护。工作内容有对原始模型的创建，对变更模型的创建和修改，将模型归档，建立模型使用者权限等。总之，被委托方对 BIM 使用的模型要自始至终进行跟踪，直至建设工程全生命周期终结。

（32）放样定位：利用模型数据，再利用放样机器人，可对正在施工的项目进行放样定位，如预埋铁件的准确位置，穿墙、板管道的套管定位，还有管道支吊架的安装定位。用人工拿着尺子在梯子上爬上爬下的传统操作方式，既费时又费力，容易出错且功效不高，利用模型和放样机器人进行施工放样可大大减轻工作强度，做到效率高且放样精准。

（33）运营维护：运营维护是指建筑物进入运营阶段的模型维护工作。内容包括对运营阶段的模型创建、修改、归档以及建立模型使用者权限等。由于拟建建筑在设计和施工时，很少会关注建筑物建造好后的设施摆放，以及具体的房间用途，甚至有些楼宇智能的设备都是后期临时增加安装的，所以要做好建筑物后期的运营管理，必须对已经具有的建筑模型进行相关信息和模型的添加修改，才能用于后期的运营管理，所以要对模型进行运营阶段的维护。

（34）资产管理：资产管理是 BIM 技术应用的延伸应用，属于运营维护工作内容。房屋建成后，有大量的设备、设施等固定资产添置安装于房屋的室内外，这些资产经常处于维护保养、报废和添置过程中，利用 BIM 技术可以对这些资产进行信息集成、快速三维定位、方便查找等管理，从而提高对资产使用的效率、使用质量和降低资产损耗的风险。

（35）防灾应变管理：本项也属于 BIM 技术应用的延伸应用，是将楼宇智能可视化的扩展。以往的做法是当楼宇在发生灾害时，监控电脑上只能显示灾害发生的区域监控视频，不能显示灾害点周边情况，如人员的逃生环境等。利用 BIM 模型，不仅能为管理者提供了解灾害发生时的地点，还能将灾害周边可能产生二次灾害的物资存储状况、人流疏散的情况、周边安全通道的情况等加以展示，让指挥人员及时指导受灾人员在最短时间向着最安全的方向疏散，也可以辅助管理者充分掌握灾害发生时指挥物资的搬运撤离。

（36）空间管理：房屋建造起来后，如果不是特殊需要，人们往往会忽略对房屋空间的利用和优化，这是因为房屋的空间尺寸已经固定了，使用时只能被动地去适应这些条件。利用 BIM 技术对房屋运营阶段进行空间管理，可将房屋空间大量优化。空间管理和优化包括房间的平面和立面，虽然设计时已经对室内的用途进行过各种模拟，但由于设计时不能完全确定房间使用时的各种设备添置，加上其他因素，不一定设计时的房屋使用模拟就很正确，所以在进入房屋营运时进行空间管理优化就非常必要。房间在使用中是一个动态的过程，特别是大型的仓储房屋，经常性地有各种货物的进进出出，如果室内的空间管理不好，会对后期的运输交通、安全等都会带来不利影响。

（37）能耗管理：水、电、气是我们常用的能源，房屋在使用的过程中是要消耗能源的。利用 BIM 模型，可将房间的能源进行优化和管理，可以对房屋的用途、人员数量、设备选型进行综合考评，做到充分利用能源，不缺少也不过多，造成不必要的浪费。

（38）维护保养管理：利用 BIM 模型，将设备对应到房间，同时将设备的相关信息置于设备模型上。当使用者点击要查看的模型时，弹出的表单中就会罗列该设备的用途、操作方法、维护时间、维护人等信息，便于管理人员在要求时段内对设备进行维护。反之在使用人的权限内，对相关资料数据进行查看、采集、增补、修改、保存和删除等操作。

（39）资料数据管理：由于有了房屋前期的 BIM 模型，在后期的营运阶段，可将用到的设备、家具、物料等内容挂接到相关的房间，并且通过内部系统，在使用人的权限内，对相关资料数据进行查看、采集、增补、修改、保存和删除等操作。

以上是建设工程全生命周期利用 BIM 技术在各阶段的应用点，现将造价工作在各阶段的应用归纳如下：

（1）决策立项阶段应用点。决策立项阶段的应用点有：实施策划、协同管理、软件培训、招标咨询、建筑模型创建、建筑方案验证、建筑方案分析优化、环境模拟、流通疏散模拟、交通动线模拟、车辆通行模拟、绿色建筑验证。

造价工作在此阶段的主要作用是帮助业主做好选址的投资，校验投资的回报，进行项目的可行性研究。同时利用初步模型，验证投资概算，以及在多种方案中归纳出有效的，切合实际的方案提供给业主参考。

（2）工程设计阶段应用点。工程设计阶段应用点有：协同管理、软件培训、建筑模型创建、建筑方案验证、建筑方案分析优化、结构模型、结构校核、安装工程模型、安装方案分析优化、流通疏散模拟、交通动线模拟、车辆通行模拟、绿色建筑验证、施工方案验证、碰撞检查、管线综合、精装效果模拟、工程量计算、专项方案模拟、模型维护。

造价工作在此阶段的主要工作是通过设计方的详细设计，对项目的选材、造型构造等，结合业主对项目的需求，并在投资额的控制下进行成本计算，实时为业主提供设计中的成本投入。在能力所及下，为业主提供富有成效的，性价比高的建造方案。

（3）施工管理阶段应用点。施工管理阶段应用点有：协同管理、软件培训、招标咨询、施工方案验证、碰撞检查、管线综合、工程量计算、进度管理、成本管理、调整变更分析、施工方案优化、专项方案模拟、深化下料、可视化交底、辅助施工决策、模型维护、放样定位。

此阶段的应用分两个参与者：一个是受业主委托的造价咨询方，另一个是施工方自身人员。造价咨询方在此阶段的主要工作是：为业主对施工方报来的施工方案进行验证；对设计方调整变更后进行成本分析；辅助施工决策并进行验证。施工方自身人员在施工过程中的主要工作是：要保证建筑项目的质量、工期、安全、施工顺利、成本节约等就要时刻对施工过程中的所有涉及点进行评估，在其中找出不利因素，为决策者提供第一手的成本投资数据，方便找到最佳解决方案，将成本投入和风险降低在最低或可控范围。

（4）营运维护阶段应用点。营运维护阶段应用点有：软件培训、建筑模型创建、建筑方案分析优化、结构模型、结构校核、安装工程模型、安装方案分析优化、精装效果模拟、模型维护、运营维护、资产管理、防灾应变管理、空间管理、能耗管理、维护保养管理、资料数据管理。

项目进入此阶段，按照以往的观念，房屋已经建好并交付使用，剩下来的工作是物业管理的事了，造价工程师在此阶段几乎没有工作可做，事实上也确实如此。但是既然是 BIM 应用，就应该将模型的功能最大化利用。考察营运维护阶段的应用点，其实造价在此过程中还是有些工作可以做的。如房屋在后期装修改造方面的有结构校核、精装效果模拟。通过结构验算和模拟，为业主提供切实有效且投资合理的装修方案。再如，由于有施工时期施工方提供的建造竣工模型，对于那些隐蔽在构件中的管线可以在模型中查到，便于装修敲墙打洞时对这些部位进行规避，从而使投资明确，避免盲目施工增加成本投资。

第二节　BIM 技术造价应用的模型与信息

建筑工程 BIM 技术应用的首要工作是创建信息模型。信息模型是以模型为载体，在其上加载和传递具有建筑技术特征的设计、造价、施工等相关信息，使之能够为建设项目全生命周期中的各阶段所应用。信息模型是多专业三维协同工作的必要条件，也是实现建设项目全生命周期信息有效传递的重要手段。

建筑工程 BIM 技术应用的模型及其所承载的相关信息必须是全面的、正确的并且是规范和标准的。信息的准确性、全面性体现在模型的深度要求等方面。

模型深度要求是对模型所承载的信息量以及适用于当前应用的分类描述。建设项目各专业阶段所包含的信息内容应起到承上启下的作用，这需要创建的模型应在应用框架内形成统一标准，以便于建设项目在全生命周期内各阶段协同。故此创建的模型必须规范和准确，使各应用参与方能够在统一框架下顺畅和正确使用。

一、模型创建及要求

1. 模型创建

建设工程项目的 BIM 技术应用离不开模型。模型的创建有下列几种方式：

（1）已经有上游设计部门提供的设计模型时，可以直接对这个设计模型，增加造价专业需要的相关信息后，经过分析计算，得到需要的工程量。

（2）有委托方提供的用 CAD 软件绘制的电子图文件时，可以在工程量计算软件中使用“构件识别”功能，轻松快捷地将施工图中的构件转换为工程量计算模型。

（3）只有纸质的二维施工图纸时，就只能根据图纸内容，进行手工建模。这种方式也并不是没有好处，因为所有构件都是操作人员亲手布置到电脑中的，故此所有数据心中一清二楚，计算出来的数据用户放心。

以上三个模型生成方式不是一成不变，三种方式在一个项目中可以交叉使用。创建模型的具体操作见各软件公司相关软件操作手册。

2. 模型要求

建筑和安装工程的三维模型是进行工程量计算的基础，从 BIM 技术应用和实施的基本要求来讲，工程量计算所需要的模型应该是直接利用设计阶段各专业模型。然而在实际过程中，专业设计时对模型的深度要求极少包含造价部分的信息，至少是不全，所以设计阶段模型与用于工程造价所需模型是有差异的。这主要包括：

（1）工程量计算所需要的信息在设计模型中体现不全，如设计模型没有内外脚手架搭设设计。

（2）某些设计简化表示的构件在工程量计算模型中没有体现，如做法索引表等。

（3）工程量计算模型需要区分做法而设计模型不需要，如内外墙设计在设计模型中不区分。

（4）用于设计 BIM 模型的软件与工程量计算软件计算方式有差异，如内外墙在设计 BIM 模型构件之间的交汇处，默认的几何扣减处理方式与工程量计算规则所要求的扣减规则不一样。

（5）钢筋计算所需的信息不会直接体现在构件中，如构件的抗震等级。

（6）设计模型中缺少所有施工措施信息，然而造价成本中是必须要计算此部分内容的；如挖土方的放边坡、支挡土板，构件模板的材质，支撑方法等。

简单利用设计模型进行造价工程量计算的不利因素还有很多，这里不一一举例。造价人员在利用设计模型进行造价工程量计算时，有必要通过相关软件将设计模型深化为工程量计算模型。从目前 BIM 应用来看，由于设计包括建筑、结构、机电等多个专业，会产生不同的设计模型，这导致工程量计算工作也会产生不同专业的工程量计算模型。鉴于此，有软件公司已经做到不同专业模型在具体工程量计算时分开进行，可以基于统一的 SFC 文件和 BIM 图形平台进行合成，形成完整的工程量计算模型，支持后续的造价管理工作。（注：SFC 表示基于 revit 的一个插件 UNibim for revit 生成的文件格式）

二、信息原理及作用

模型信息贯穿建筑项目全生命周期，为保证信息的延续性和完整性，在设计和创建 BIM 模型开始，就应该制定一套完整的且可执行的模型信息维护标准。这套标准应遵循在初始模型的基础上，根据项目的各进展阶段，不断对模型和信息进行完善和更新的原则，进行两次或多次深化、变更等，使模型和信息始终在 BIM 应用的正确范围内，模型中的信息不要缺少也不应冗余。

1. 信息原理

信息包含两种：一是信息、数据；二是情报、资料、消息信息。BIM 的信息主要属于数据信息，部分属于文字类信息。建筑信息模型中的信息来源于设计图纸及说明书、施工组织设计、工程地质勘察报告、原始数据记录、各类报表、来往信件等。

建筑信息模型中的信息分为两种，一种是内部信息，另一种是外部信息。内部信息是工程模型项目自带的那些信息，包括构件名称、构件的几何尺寸、构件的材质、构件的形状、体量、在模型中所处位置、结构类型等。外部信息是对工程项目能带来施工难易程度、工期进度、成本变化等的信息，如时间进度、施工措施、市场材料价格等。根据工程项目的进展和应用要求的不同，内部信息可转换为外部信息，反之外部信息可以转换为内部信息。一般情况下内部信息是必须的，外部信息可以视应用要求不同而有所取舍。如初步设计应用时，并不很关注工期进度。

2. BIM 信息作用

工程项目 BIM 技术应用，主要是信息的应用。利用计算机进行工程项目全生命周期管理，模型是可视化信息，其次是对计算机中的模型输入它需要知道的条件（信息），才能够让计算机输出我们所用的正确信息。不论计算机技术怎样发展，要让计算机输出对我们关注的内容（信息），首先是让它知道我们要干什么，其次是对它给出能够为我们所用的计算输出条件。

利用计算机进行 BIM 技术应用，计算机捕捉的信息有图形的、有数据的，也有文字的。

图形信息为我们提供可视化的条件，这个信息为我们提供建筑的体量范围、形状以及拟建项目周边环境等场景，信息可用于对拟建建筑进行建成后的使用实用性、方便性，以及对人产生的心理作用等方面做参考，同时也可作为绿色建筑的参考依据。

数据信息是不可见的，它提供建设项目的体量、构件等的具体尺度，为我们进行 BIM 技术应用提供具体的数据。在项目的实施过程中，需要对目标任务进行精确地管理，如结构的分析计算，成本控制的工程量计算，施工现场的人、材、机消耗分析、准备和管理等，都是需要具体的数据的。

文字信息提供有关特性的辨识。工程建设项目的实施过程，并非全过程都是数据计算，有很大一部分的信息内容是由文字提供，如建筑师对房屋的装饰要求，结构工程师对材料的选用说明等，这些内容就是我们经常见到的施工说明和结构说明等文字内容。另外，还有施工现场的管理，如项目总工下达的施工技术交底文件，里面的操作工艺方法，质量要求、检测手段等。

工程项目进行 BIM 技术应用，以上三种信息类型有时会互相转化。将信息内容（条件）输入给计算机，计算机通过对已知条件分析，就会输出我们需要的结果，之后再将输出的结果作为条件输入到计算机，就会得到我们再次需要的信息（结果）。这就是 BIM（Building Information Modeling）的技术应用，也就是信息的作用。

第三节　BIM 造价应用操作方法

利用计算机进行建设工程工程量计算，是在计算机中用建立虚拟建设项目模型的方式来进行工程量计算的。这个模型可以是上游设计部门的设计模型，也可以是造价人员根据施工图自己创建的模型。模型中不仅包含工程量计算所需的所有构件的几何信息，同时也包含所用材料及施工做法等信息。

在"工程量计算模型"中的构件，其名称应该与工程项目的专业一致。通过在计算机中对这些构件的准确布置和定位，使模型中所有的构件都具有精确的形体和尺寸。

生成各类构件的方式同样应遵循工程施工的特点和习惯。例如，楼板是由墙体或梁、柱围成的封闭区域形成的，当墙体或梁等支撑构件精确定位后，楼板的位置和形状也就确定了。同样，楼地面、天棚、屋面、墙面装饰也可通过墙体、门窗、柱围成的封闭区域生成的轮廓构件，从而得到楼地面、天棚、屋面、墙面装饰模型。对于"轮廓、区域型"构件，工程量计算软件可以自动找到这些构件的边界，从而自动生成这些构件。

一、工具软件介绍

建设项目进行 BIM 技术应用是离不开软件的使用的。现在市面上有各种各样的软件，以下介绍几种国外 BIM 方面的主流软件，如表 3 - 2 所示。

表 3 - 2　国外 BIM 应用方面的主流软件

序号	软件名称	研发公司	类型	用　　途
1	Sketchup	Google	方案设计软件	使用该软件能够充分表达设计师的思想，也能满足与客户的即时交流，它使得设计师可以直接在电脑上进行十分直观的构图
2	AutoCAD	Autodesk（欧特克）	图形绘制软件	二维和三维的设计绘图软件
3	Revit	Autodesk（欧特克）	BIM 建模软件	提供信息丰富的模型，支持永续设计、冲突侦测、营造规划与建造决策，同时协助与工程师、承包商及业主的协同合作。设计过程中，任何设计变更都会随设计与文件变化自动更新，让程序更协调一致，文件内容也更可靠
4	ArchiCAD	Graphisoft（图软）		
5	CATIA	Dassault（达索）		
6	Bentley	Bentley（奔特力）		
7	3D Max	Autodesk（欧特克）	BIM 可视化软件	减少建模工作量、提高精度与设计（实物）的吻合度，可快速产生可视化效果
8	Artlantis	Abvent		
9	AccuRender	Robert McNeel		
10	Vray	Chaosgroup 和 Asgvis		
11	Lumion	Act - 3D		
12	Maya	Autodesk		
13	ETABS	CSI	结构分析软件	结构分析软件，可链接 BIM 核心建模软件的信息进行结构分析，可对分析结果和结构模型进行调整
14	STAAD	Bentley（奔特力）		
15	Robot	Autodesk（欧特克）		
16	Navisworks	Autodesk（欧特克）	BIM 模型综合碰撞检查软件	可以集中建设项目各专业的信息与数据，在模型中进行分析整合、计算协调以及动态模拟；辅助核心建模软件进行各专业的模型检查，最终出具更加完善的建筑信息模型，有效避免模型中错误的产生，提高项目设计的效率
17	Solibri Model Checker	Solibri		

序号	软件名称	研发公司	类型	用　　途
18	ARCHIBUS/FM 管理平台	ARCHIBUS	BIM 运营软件	与模型做数据交互，系统针对企业内设施进行全生命周期管理，其中的空间管理为最大亮点，可在图形界面上管理房屋空间，降低空间使用成本
19	ArchiFM. net	ArchiCAD		
20	Autodesk FM Desktop	Autodesk（欧特克）		

以上是国外在 BIM 应用方面的一些主流软件，但是没有适合我国使用的算量、计价软件，这是因为国外的算量和计价软件不适合我国国情，特别是软件中没有我们国家各地现行的各种专业定额。

国内有各公司研发的建设工程造价专业软件，这些软件有自主开发的平台，也有利用 Autodesk 公司产品作为平台二次开发的算量软件。不论是自主平台还是利用平台，软件中都内置有全国各地区的定额，能按照定额规定的工程量计算规则进行工程量计算。

自主平台软件优点是操作简单方便，有属于研发公司自己的自主知识产权，缺陷是不能承接表 3-2 所列软件的信息传递，即使有也要利用数据格式转换软件，难于满足 BIM 应用模型和数据即时传递需要。

利用平台软件操作复杂一些，由于平台不属于研发公司自己，需要用正版平台。但优点是由于使用表 3-2 所列软件为平台，能够无间隙与相关软件融合，得到完整的信息传递，满足 BIM 应用模型和数据的传递需要。

不论是什么平台的软件，都应具备下列条件：

（1）方便使用者在软件中选择专业定额（计算依据）和各种计算设置；

（2）能够对建设项目所含的各种专业构件进行创建；

（3）能够对建筑物中各种构件的尺寸进行调整，如构件跨层、跨构件、弯曲、倾斜、变形等；

（4）可以对已建模型进行后期编辑；

（5）可以对构件单独指定、调整相关信息和计算规则、输出内容；

（6）可以随时随地查看各种构件的计算工程量计算过程，算量结果和模型构件之间可互相切换验证；

（7）灵活的输出，包括固定输出和指定输出；

（8）有各种固定报表和满足使用者自制报表。

除此以外，为满足造价计算，软件中应针对构件提供专业属性（信息），便于 BIM 应用。构件的专业属性是指构件在工程量计算模型中被赋予的与工程量计算相关的信息。主要分为以下六类：

（1）物理属性，主要是构件的标识信息，如构件编号、类型、特征等。

（2）几何属性，主要指与构件本身几何尺寸有关的数据信息，如长度、高度、厚度等。

（3）施工属性，是指构件在施工过程中产生的数据信息，如混凝土的搅拌制作、浇捣，管线的敷设安装方式，以及所用材料等。

（4）计算属性，是指构件在工程量计算模型中，经过程序的处理产生的数据结果，如构件的左右侧面积，钢筋锚固长度、加密区长度等。

（5）其他属性，所有不属于上面四类属性之列的属性均属于其他属性，可以用来扩展输出换算条件，如用户自定义的属性，轴网信息，构件中的备注等。

（6）钢筋属性，是在进行钢筋布置和计算时所用的信息，如环境类别，钢筋的保护层厚度等。

二、造价 BIM 应用操作方法

按照本章第一节的介绍，建设工程全生命周期里程碑分为五个阶段，造价工作在其中每一阶段都有参与的必要。按照传统造价工作方式，造价咨询是分阶段进入角色，这种方式不符合全过程工程咨询，为了使案例符合本教材的宗旨，本章内容按照全过程工程咨询进行叙述，下面介绍 BIM 技术造价应用的操作方法。

1. 准备工作

（1）准备工作。

建设项目在进行 BIM 技术应用时，为了使造价工作与项目同步并参与成本控制，有下列相关的准备工作要做。

1）了解项目概况。了解项目概况，为咨询工作打基础。了解内容包括业主是什么性质的企业，准备建设的项目有多大规模、用途、准备多少投资、资金来源、建设地点、发展方向、建设时间段等。在项目进行建设的过程中，业主准备使用一些什么高新手段，如大数据与互联网、城市交通与物流、新材料与新能源等。项目概况中对造价成本最有影响的是项目大小、用途、建设地点和建设时间段。

2）确定项目管理模式。这里将项目的管理模式定为全过程工程咨询项目。受业主委托全过程工程咨询工作是在授权范围内对工程建设全过程提供专业化咨询和服务，具体包括为业主提供从项目立项、可行性研究、招投标代理、勘察设计、项目管理、施工监理到交工后评估的全过程集约化咨询。

集成管理是全过程工程咨询的最大特点。全过程工程咨询不是工程建设各环节、各阶段咨询工作的简单罗列，而是把各个阶段的咨询服务看作是一个有机整体。在决策指导设计、设计指导交易、交易指导施工、施工指导竣工的同时，使后一阶段的信息向前期集成、前一阶段的工作指导后一阶段的工作，从而优化咨询成果。

采用全过程工程咨询模式有利于工程咨询角色较早介入到工程中，更早熟悉设计理念和建设图纸，明确投资控制要点，预测风险，并制定合理有效的防范性对策。

3）明确造价 BIM 技术应用范围。明确本次 BIM 技术造价咨询服务的范围，避免在实施的过程中因目标不明确而造成主次颠倒，将大量的精力投入到次要的工作当中。咨询单位明确业务范围后，可以实时提醒业主的关注点，也避免业主将投资投入到进度可以缓和的项目内容上。

4）确定参考依据和标准。进行 BIM 技术应用，要依据各种规范和标准，一般以国家、省、市及行业内现行标准、规范、规定和业主提供的各种专业设计图纸、业内 BIM 技术应用实际现状为依据，具体有如下内容：

①《AEC（UK）BIM Standard for Autodesk Revit》Version 2.0；

②《中国建筑信息模型应用统一标准》GB/T 51212—2016；

③各省的建筑信息模型应用统一标准，如《广东省建筑信息模型应用统一标准》DBJ/T 15-142-2018；

④各市的应用指引，如《深圳市建筑工务署工程项目 BIM 普及应用指引（试行版）》；

⑤各市的 BIM 实施标准，如 2017 年版《深圳市建筑工务署政府公共工程（房建类）BIM 实施标准》；

⑥各市的 BIM 模型创建基础规范，如《深圳市建筑工务署 BIM 模型创建基础规范（试行版）》SZGWS BIM08—2017；

⑦各市的 BIM 管线洞口预留预埋管理规范，如《BIM 管线洞口预留预埋管理规范（试行版）》SZGWS BIM10—2017；

⑧各市的 BIM 可视化施工交底管理规范，如《基于 BIM 的可视化施工交底管理规范（试行版）》SZGWS BIM11—2017；

⑨各市的 BIM 深化设计管理规范，如《施工 BIM 深化设计管理规范（试行版）》SZGWS BIM12—2017；

⑩各市的 BIM 模型清单规范，如《施工 BIM 模型清单规范（试行版）》SZGWS BIM21—2017；

⑪各市的 BIM 施工过程模拟管理规范，如《BIM 施工过程模拟管理规范（试行版）》SZGWS BIM23—2017；

⑫各市的 BIM 施工方案优化管理规范，如《基于 BIM 的施工方案优化管理规范（试行版）》SZGWS BIM25—2017；

⑬各市的 BIM 施工总平面布置规范，如《基于 BIM 的施工总平面布置规范（试行版）》SZGWS BIM26—2017；

⑭各市的 BIM 标准模型管理规范，如《施工 BIM 标准模型管理规范（试行版）》SZGWS BIM27—2017；

⑮各市的 BIM 成果交付管理规范，如《施工 BIM 成果交付管理规范（试行版）》SZGWS BIM28—2017；

⑯各市的 BIM 工程安全管理规范，如《基于 BIM 的工程安全管理规范（试行版）》SZGWS BIM33—2017；

⑰各市的 BIM 施工进度管理规范，如《基于 BIM 的施工进度管理规范（试行版）》SZGWS BIM34—2017；

⑱各市的 BIM 模型审核管理规范，如《施工 BIM 模型审核管理规范（试行版）》SZGWS BIM35—2017；

⑲各市的 BIM 重要工程量统计管理规范，如《施工 BIM 重要工程量统计管理规范（试行版）》SZGWS BIM36—2017；

⑳各市的 BIM 竣工模型管理规范，如《施工 BIM 竣工模型管理规范（试行版）》SZGWS BIM37—2017。

除以上相关标准规范外，还有工程量计算和计价的各种规范和定额，如：

①《房屋建筑与装饰工程工程量计算规范》GB 50854—2013；

②《通用安装工程工程量计算规范》GB 50856—2013；

③《建设工程工程量清单计价规范》GB 50500—2013；

④各省市地区颁布的各种专业的定额；

⑤各省市地区颁布的材料价格信息。

除此之外，还应准备和收集一些历史工程项目指标，包括单方造价指标、单方工料机消耗指标，当地的地质、气象等资料。

（2）划分项目重点、难点。

在项目中进行 BIM 技术应用，平常的问题是很容易处理和解决的，关键是将重点和难点预先在拟建工程中找出来，有的放矢早做预案。划分项目重点、难点应注意下列内容：

①项目是否为国家、省、市、地区重点建设工程，公众关注度高且具有较大社会影响力和示范作用工程。一般此类工程对进度、成本、质量、安全等都有非常高的要求。另外，要注意项目在设计阶段采用的设计方式，如果是采用二维设计方式，由于二维设计技术的局限性，设计中存在大量表达不清、表达错误、设计深度不够、设计冲突等问题。如果项目复杂，则图纸版次相对比较多，对建模和模型更新都会带来巨大挑战。

应对措施：对于公众关注度高，具有较大社会影响力和示范作用的重点建设工程，应对措施主要是加强人员技能培训，提高参与人员的业务水平，让参与人员在主观行动上与项目部保持一致。在建模准备阶段，根据设计图纸建立 BIM 模型，随着项目进展，逐渐对模型赋予相关应用的信息。通过对 BIM 应用模型深化优化过程，将问题进行方案模拟和选择，减少设计错误。对每个问题至少向业主提供三个解决方案和成本投入结果，让业主选择，减少施工过程中的返工；利用 BIM 技术模拟和优化施工组织、进度安排等；利用 BIM 平台实现可视、动态和精确的进度管理，支持施工管理人员对进度进行管控工作。

为充分做到模型和数据的有效传导，尽量选择国内外重要 BIM 软件厂商软件，为参与单位建模人员提供先进合适的软件工具，方便参与单位快速、精准建模，做到对图纸变更的变化内容能够快速定位和变更处理。

②对于投资额大的项目，造价计算精确性每提高一个百分点，节省的投资额都会达到几百上千万，如果计算不准确，影响的金额将是非常巨大。而想要有效的控制成本，首先需要精确地算清楚成本，如何利用 BIM 模型支持全专业工程量的快速精确完整的计算是行业普遍难点。

应对措施：向业主推荐真正实现全专业（包括电线电缆和钢筋）Revit 模型的解决方案。将软件产品、技术标准等做成项目 BIM 应用导则，导则内容应该经过其他项目实践检验，证明实际可操控并有效。由项目经理指导本项目参与单位和人员利用 BIM 模型查看工程量计算结果，让多方人员参与监控，提高造价计算精度和效率。

③了解项目的承包方式及承包标段，如果是多个承包商，会造成多头多时段的连接，涉及的专业、单位非常多，这些对设计、施工和管理都是难题。如果这些参与单位对 BIM 实施应用没有深入的认识和切实可行管理方法，很难保证 BIM 应用的效果。另外，由于传统二维设计方式深度不够，很多内容要到施工现场才能确定；同时由于各单位、各专业间的协调和沟通难度大，如果没有合适手段，容易造成质量问题。

应对措施：利用 BIM 技术应用可视化的特点，帮助业主方、设计方、施工方管理人员与劳务班组进行技术沟通，让他们更准确地理解设计意图和施工细节，减少因沟通偏差导致的各种问题产生，降低沟通成本；同时，在项目中使用 BIM 协同管理平台，提高各个参与单位协调配合以及沟通管理的效率。

在项目 BIM 实施导则中，明确组织架构及各参与方的职责要求，包括 BIM 实施流程、BIM 应用内容、进度和质量控制规定、工作协同规定、软硬件配置标准、BIM 技术标准（模型精度标准、命名规则、单位坐标设置、模型拆分合并、视图创建规则、色彩标准、模型信息要求）、成果交付规定、考核评价方法等。确保项目各参与方按照统一的标准和方法应用 BIM 技术、交付 BIM 成果、实现预期目标。

在工作程序上，制定创建模型、评审模型、模型出图、BIM 图纸审核的工作流程与责任机制，通过工作程序和机制规范各方工作行为。

在协作方式上，引入 BIM 应用管理平台作为项目实施 BIM 应用的重要补充，利用平台提供的图纸、模型文档管理和文档审核功能，进行成果提交、成果评审、问题跟踪、任务安排、任务跟踪，使各项工作按计划有序进行。

④注意项目安全、文明施工措施，如临街、跨道路、高空等。每一项工作都要必须保证工程项目在实施过程中的安全文明生产。

应对措施：由全过程工程咨询公司和总包单位一起建立基于 BIM 技术的施工现场信息化管理机制，将施工安全文明管理动作做到模型中的具体部位，包括引起安全文明隐患的说明，安全文明要求，安全文明措施做法，检查方法，内容及注意事项等，之后对安全文明活动进行全面监控，防患于未然。

利用 BIM 管理平台中的安全管理功能，集成 BIM 模型、施工图纸、规范标准等，方便随时调阅；在管理平台中自动记录安全晨会、安全教育资料管理和学习管理、特种作业人员管理、基于二维码的安全隐患提前预判和巡检，对安全问题进行全程跟踪及统计，形成安全管理闭环。在管理平台中进行竞赛评比与排名，激发参与方和施工班组重视安全文明施工的热情，做好安全管理工作。

⑤在保证工程质量的前提下，对项目进度要求高，工期紧，任务重的项目。

应对措施：引入 BIM 5D 进行施工管理。BIM 5D 是一个施工管理平台，在平台中可展示 BIM 模型，它包含拟建建筑中各类构件的资源信息。通过在计算机中对模型进行可视化模拟施工，按照施工组织安排，实时计算出施工过程中的人、材、机供应关系以及资金供应等数据，依此可提前向各参与方进行沟通和协调。在施工模拟时，软件会自动根据资金和工期要求，分析项目的进度计划是否合理和准确，并对进度计划进行优化。

利用 BIM 5D 中多视口功能，全面展现项目整体、项目局部、不同专业的模拟情况。从外部查看整体结构施工进度、楼层内部的机电施工进度，并与项目实际进展比对，实时调整模型进度和实际的偏差。

利用 BIM 5D 进度模拟功能，对各个时间节点的现场工况进行展示，让项目管理人员在施工之前提前预测施工过程中每个关键节点的施工现场布置、大型机械及措施布置方案等，从而降低因施工现场问题导致的施工进度延迟、现场协调困难，产生大量二次运输等问题。

⑥对于采用装配式施工项目，其构件在设计、生产、存储、运输、安装等方面产生的各种技术质量问题。

应对措施：将不同岗位的工程人员连接到 BIM 管理平台上，利用 BIM 应用中的工程信息的共享功能，将模型中数据进行共享，让参与人员可实时获取、更新与本岗位相关的信息。这样做既指导实际工作，又能将参与人员自己相应工作的成果更新到模型中，使各方工程人员对项目作出正确理解，提升装配施工管理水平。

装配式项目的 BIM 应用，是将拟建建筑进行三维可视化，之后通过深化设计快速生成构件加工图纸。同时在模型中对构件植入识别码，借助条形码、二维码或射频芯片等方式，使用移动端（手机、平板电脑）进行预制构件生产和运输过程的动态管理，实时查询构件的加工运输情况，进行动态管理。

在造价方面利用 BIM 模型，实现构件在设计、采购、加工、安装等业务上优化，将投资成本风险杜绝在施工之前。如装配构件预制数量和规格混乱，到现场组装大量裁切或不够长度等现象的发生。

⑦怎样利用 BIM 应用模型成果，延伸到运维阶段，支持未来运维管理。

应对措施：在前期准备阶段，与建设方、设计、施工单位等进行深入沟通，了解各参与方工作和模型成果使用需求，制定项目 BIM 实施导则，明确后期运维相关标准和交付要求，并在实施过程中进行有效管控。

与业主的运维部门进行专项沟通，深入了解运维需求，共同制定出运维工作所需的模型及信息要求，在施工时提前做好模型创建和信息植入。

⑧解决项目施工场地空间狭小，施工现场有效利用的场地不多，且施工单位众多，场地布置规划困难。

应对措施：可利用 BIM 技术建立施工现场场地模型，对施工场地布置、施工现场塔吊运动、材料堆放转场、场地周转利用、现场运输交通、临时围挡周边环境影响、安全文明施工管理等进行模拟，发现问题，优化方案，对施工总平面规划合理性进行验证。

⑨项目涉及高大空间或异型混凝土构件时，存在高大支模工程和异型支模工程，造成施工安全和施工难度的管控难点。

应对措施：利用 BIM 模型，对高支模区域进行模板支架设计，研究方案的可行性，预处理施工中可能出现的问题。在造价控制方面，利用软件中的排版功能，合理分布安装模板，尽量利用原尺寸模板减少裁切。利用模型对异型构件的模板进行放样，合理利用模板消耗，在有条件的情况下，利用模型进行 3D 打印模板安装作业，节省工料消耗，并可提高工程质量。

其次，可利用项目管理平台，打印出危险源二维码，张贴在项目现场，对高支模区域的危险源进行常态化的管控，安排安全员利用手机 APP 扫码巡检，并将检查结果输入平台，对施工安全进行管控。

⑩协助业主对项目进行社会宣传，利用 BIM 模型对项目进行营销展示。

应对措施：项目的宣传工作按内容与形式组成如下：一是将在项目上的 BIM 应用点和应用方法进行提炼总结；二是将不同的 BIM 应用点的应用效果进行价值显性化和量化；三是展示项目管理、施工技术、BIM 技术的应用点与亮点；四是利用模型，展示建筑室内室外功能，使用条件，园区环境等。

以上只是一个建设工程大致的重点和难点。根据建设工程的不同，实际碰到的重点和难点远不止这些，需要学习者在实践中慢慢了解并学会利用 BIM 解决问题。

（3）确定 BIM 实施目标。

做任何事都是要有目标的，工程项目管理利用 BIM 技术应用的目标是，为业主解决建设项目过程中各类问题，包括方案的可视化、技术交底与会商、参与方协同管理、综合管控（进度、质量、安全、成本）、变更管理以及信息共享传递等诸多方面工作。利用 BIM 技术应用的目标大致是：

①辅助把控项目进度：通过 BIM 技术减少图纸问题，控制变更，避免因设计问题导致窝工返工怠工，提高施工管理水平，从而把控项目进度，使其按照既定的计划进行。利用 BIM 技术应用，提高施工效率，细化施工方案，采用可视化技术交底等技术手段辅助现场控制施工进度。

②控制成本：利用 BIM 技术辅助问题处理，对解决方案进行事前成本投入评估。通过可视化模拟减少设计错误，控制变更，加强成本控制降低项目成本。做好施工图预算、工程结算工作。

③辅助提高项目质量：通过 BIM 技术发现和解决设计问题、优化设计，利用 BIM 的直观性辅助设计决策，提高设计质量，同时减少图纸错误，进而提升施工质量。

④各参建方协同管理、信息共享：利用项目管理平台，加强项目各参建方的统一协同管理，综合管控，协助业主对进度、质量、安全、成本进行全面的管控。

⑤指导施工单位在项目中运用 BIM 技术指导施工，提升工程质量；采用 BIM 技术可视化，加强 BIM 模型、方案可视化技术交底，进行施工指导。

⑥支持运维：通过 BIM 模型集成运维数据信息，为未来项目运营管理提供支持。

⑦营造本项目全员全方位使用 BIM 技术的氛围和环境，创新项目基于 BIM 的管理模式。

⑧将 BIM 价值量化：研究表明，BIM 软件的使用可使工期缩短 7%～10%，可以消除工程 60% 以上的变更，过程中记录所有变更的数据，并与以往同类项目进行对比，分析变更次数以及变更对工期与成本的影响，形成量化结果，体现 BIM 价值。

⑨BIM 价值显性化：项目上的 BIM 工作人员，除完成项目 BIM 咨询工作外，应记录并整理参与各方应用 BIM 技术的过程效果，对这些 BIM 应用，进行价值整理，使之更为系统化，提升 BIM 价值显性化。

（4）确定 BIM 技术应用实施计划。

BIM 技术应用实施计划，包括实施进度计划、建模标准、组织与人员架构、流程、交付成果、重要时间节点、BIM 沟通协调方式等方面，可作为项目 BIM 应用交付指导文件，确保项目 BIM 技术应用有序进行。

实施进度与各参建方职责：

①检查节点：日常工作（每周），项目阶段性节点；

②检查依据：项目 BIM 实施进度计划；

③检查形式：项目 BIM 周例会；

④检查人员：业主方、BIM 咨询顾问；

⑤检查内容：比对项目 BIM 实施工作实际进度与计划进度，审核子项工作完成情况（动态审核、节点审核）；

⑥检查结论：进度跟踪，动态调整后工作安排，形成任务，写入会议纪要，并对任务持续进行跟踪，直到任务完成。

项目 BIM 实施进度计划安排详见表 3－3，该实施进度计划表经过评审后，各参建单位应严格执行。

表 3-3　BIM 实施进度计划表

阶段	工作内容	责任分配							计划安排
×××××建设项目 BIM 咨询工作各方职责分工与实施进度计划表									
		建设方	管理公司	BIM顾问	设计单位	施工单位	监理单位	造价咨询	
项目立项设计阶段	BIM 咨询团队组建	★	☆	★				☆	合同签订后 15 日内
	实施策划、协同管理、软件培训、建筑模型创建、建筑方案验证、建筑方案分析优化	☆	★	★	★			★	根据业主的工作流程和进度同步实施，主要是按照工作流程制定实施计划，满足总体进度及业主要求
	结构模型、结构校核、安装工程模型、安装方案分析优化、环境模拟、流通疏散模拟、交通动线模拟、车辆通行模拟、绿色建筑验证	☆	★	★	★			★	
	调整变更分析、施工方案优化、专项方案模拟	☆	★	★	★			★	
	招标咨询、工程量计算、进度管理、成本管理	☆		★				★	
施工准备阶段	BIM 实施方案、标准、管理办法、实施细则及各阶段实施流程、会议机制、各项 BIM 应用点工作要求等	☆	★	★	★	★	★	☆	合同签订后 30 日内
	BIM 培训	☆	★	★	★	★	★	★	合同签订后 15 日内开始，全过程培训指导
	协同平台搭建	☆	★	★	★	★	★	★	合同签订后 15 日内
	施工准备阶段 BIM 应用实施					★	★	☆	开工之前完成
施工实施阶段	各专业模型创建		☆	★		★		☆	与实际施工进度同步实施，施工结束时完成，满足施工现场进度及建设方要求
	碰撞检查		☆	★		★		☆	
	净高分析优化		☆	★		★		☆	
	管线综合深化		☆	★		★		☆	
	预留预埋定位		☆	★		★		☆	
	工程量计算		☆	★		★		☆	
	钢筋工程量计算		☆	★		★		☆	
	基坑围护方案分析		☆	★		★		☆	
	挖填方分析		☆	★		★		☆	
	场地布置模拟		☆	★		★		☆	

续表

阶段	工作内容	责任分配							计划安排
		建设方	管理公司	BIM顾问	设计单位	施工单位	监理单位	造价咨询	
施工实施阶段	施工方案模拟		☆	★		★		☆	与实际施工进度同步实施，施工结束时完成，满足施工现场进度及建设方要求
	可视化交底		☆	★		★			
	钢筋下料加工		☆	★		★		☆	
	管段深化下料		☆	★		★		☆	
	预制加工		☆	★		★		☆	
	变更分析		☆	★		★		☆	
	BIM 5D 动态进度管理		☆	★		★		☆	
	BIM 5D 动态成本管理		☆	★		★		☆	
	进度计量与支付		☆	★		★		☆	
	基于 BIM 的质量管理		☆	★		★			
	基于 BIM 的安全管理		☆	★		★			
	各阶段模型审核		☆	★		★		☆	
	模型维护更新		☆	★		★		☆	
	三维激光扫描检查验收		☆	★		★			
	无人机进度管理与校核		☆	★		★			
	宣传展示策划			★		★			
	论文与案例撰写			★		★			
竣工阶段	竣工模型构建		☆	★		★		☆	与阶段竣工和综合竣工同步实施，与工程移交同步完成
	竣工模型审核	★	☆	★	★	★	★	☆	

★表示主要责任方，☆表示配合责任方

注：表内"造价咨询"单位，由于现阶段造价咨询在 BIM 应用方面还处于初级阶段，故暂时将造价咨询单位单列。表内"管理公司"是代表业主，对建设项目行使决定权，由于实际有些事项必须业主确定，故也将管理公司单列。

表 3-3 内容并未将 BIM 应用的应用点全面包含，学习者应根据项目实际情况制定 BIM 实施进度计划表。

（5）确定 BIM 组织架构、工作机制及工作职责。

项目 BIM 工作由 BIM 咨询方来负责。BIM 咨询方在项目全过程中统筹 BIM 的管理，制定统一的 BIM 技术标准，编制施工阶段 BIM 实施计划，组织协调各参与单位的 BIM 实施细则，审核汇总各参与方提交 BIM 成果，对项目的 BIM 工作进行整体规划、监督、指导，以及直接实施部分 BIM 应用。

项目 BIM 管理组织架构如图 3-1 所示。

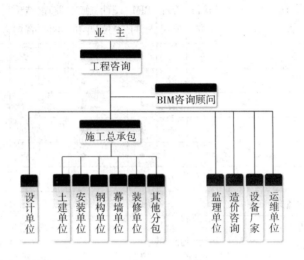

图 3-1　项目 BIM 管理组织架构

项目 BIM 实施流程图如图 3-2 所示。

在项目 BIM 实施流程图中可看到参与单位和工作流程走向，要完成这些工作内容，参与单位需要具备一定的 BIM 实施能力，下面介绍造价咨询单位的能力要求和职责说明。

造价咨询单位的能力要求：

1）造价咨询单位应具备使用 BIM 工程量统计软件的能力；

2）造价咨询单位应能根据施工图纸的工程量信息与实际工程量进行辅助工程量统计，帮助业主控制项目投资。

造价咨询单位准备阶段职责：

1）在进行项目 BIM 实施整体策划时，根据造价咨询业务情况和工作需要，提出 BIM 实施建议，特别是满足算量工作要求的建模标准建议；

2）指定造价咨询单位 BIM 实施工作负责人，负责内外部的沟通协调，配合 BIM 实施相关工作；

3）参与 BIM 实施协调人组织的 BIM 培训，学习 BIM 的基本概念和理论、BIM 应用点和实施流程、软件基本操作、BIM 平台的管理使用等内容，以满足后续基本工作要求；

4）根据自身情况和工作需求，提出造价咨询工作计划，以便 BIM 实施统筹安排；

5）认真执行 BIM 工作计划，在项目全过程中严格按照规定 BIM 实施节点及交付要求完成相应工作。

造价咨询单位实施阶段职责：

1）当模型创建完成后，造价咨询工作将大部分利用 BIM 5D 平台，对由 BIM 5D 平台生成的阶段性累计投资预测结果进行分析，检查和发现问题，提出投资控制建议；

2）利用 BIM 模型生成的变更工程量清单，评估变更成本、提出优化建议，帮助业主减少决策风险、控制变更成本；

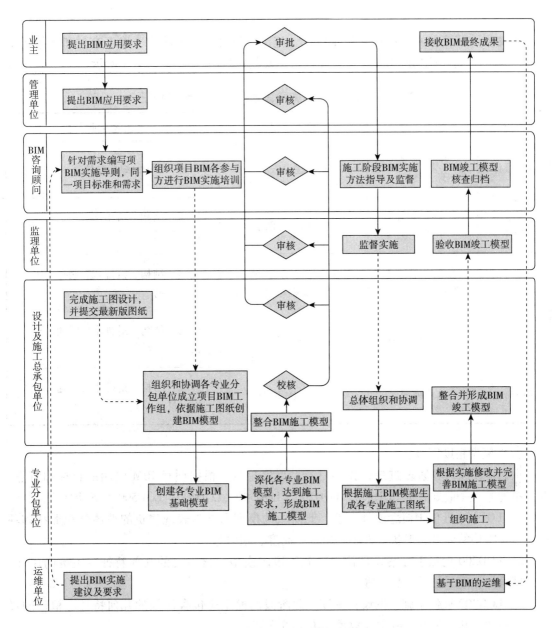

图 3 - 2　项目 BIM 实施流程图

3）工程进度款结算时，利用 BIM 模型生成的进度工程量清单，与自身计算结果进行比对，检查和发现问题，提升进度计量与支付效率、提高工程结算精度；

4）编制竣工结算时，与由 BIM 模型生成的工程量清单进行比对，检查和发现问题，提高竣工结算精度。

2. 模型创建

利用 BIM 技术进行建设项目实施应用，最主要的工作是进行模型创建。创建模型有各种各样的软件，对这些软件的操作，每个软件公司都要配套的操作手册，以供学习者学习。本节主要讲解 BIM 技术应用对模型的要求和相关规则。

（1）建模内容。

建设项目 BIM 技术应用包含初步设计、施工图设计、施工阶段、竣工交付和运维 5 个阶段，各个阶段应创建的 BIM 模型、建模依据及其包含的专业如表 3 - 4 所示。

表 3 - 4　BIM 应用实施阶段性工作方法和专业配合

阶段	创建模型	建模依据	包含专业
初步设计	使用、方案、环评模型	初步建设方案	建筑、景观、绿色建筑
施工图设计	施工图设计 BIM 模型	施工图设计图纸	建筑、结构、给排水、暖通、电气、装饰、景观
施工阶段	施工 BIM 模型 变更 BIM 模型	施工深化设计图纸、施工工艺流程等设计变更	建筑、结构、给排水、暖通、电气、装饰、景观
竣工交付	竣工 BIM 模型	竣工图纸	建筑、结构、给排水、暖通、电气、装饰、景观
运维阶段	运维模型	竣工 BIM 模型	建筑、结构、给排水、暖通、电气、装饰、景观

（2）模型精度等级。

根据建设项目各阶段进展，模型是有精度区分的。根据项目 BIM 应用的目标和特点，模型精度等级一般划分为 LOD100、LOD200、LOD300、LOD400、LOD500 共 5 个等级。

1）LOD100 近似于概念设计深度。此阶段的模型通常为表现建筑的整体外观形状和环境，包含粗略的体量、形状、大小、位置、高度、朝向等。

2）LOD200 近似于方案设计深度。此阶段的模型包含主要的几何特征、关键的尺寸、大致准确的位置、材质、数量等。

3）LOD300 近似于施工图设计深度。此阶段的模型应包含详细的几何特征、精确的尺寸、准确的形状、位置、材质、数量、施工措施等。

4）LOD400 近似于竣工图设计深度。此阶段的模型应包含真实的形状、尺寸、位置、材质，包含真实的属性、参数、说明等信息。

5）LOD500 近似于运维阶段模型深度。此阶段的模型应整合各功能系统至运维管理平台，能在三维模型中直观展示、模拟、巡检，并根据实时运维情况进行信息更新，如设备运行情况、养护情况、维护人员等。

（3）单位坐标设置。

1）以坐标原点为项目基准点，建立统一轴网和标高系统。

2）建立项目北与地理信息正北方向的关系。

3）标高命名由楼层编码和标高数值组成，标高数值以相对标高为准。

4）避难层、机房层、屋面层，机房屋面层等特殊楼层，命名形式为特殊楼层缩写＋标高数值。

5）项目中所有模型均应使用统一的单位，项目单位为毫米。

6）标高单位为米，标注尺寸单位为毫米。

（4）模型设色原则。

1）为实现专业、系统、空间之间的表达一致性，对模型颜色进行规范。

2）按照相同系统应采用相同色系进行表达的原则，对部分重点专业和系统的设色进行规定。

3）在模型设色过程中关键的构件和部位须用红色系表达，其他构件和部位慎用。

4）BIM咨询方依照上述原则，组织各参建单位制定本项目的模型设色方案，BIM模型创建基础规范统一视觉体系，由招标人发布实施。

（5）模型拆分原则。

1）针对模型的不同应用需要，应事先设定拆分要求。

2）设计阶段建筑、结构、机电等专业模型的拆分应根据项目的实际情况，在BIM实施方案中明确规定，拆分方案应由设计、施工和BIM顾问各方共同商定。

3）施工阶段单独创建建筑、结构、机电、幕墙、精装的专业模型的，模型的拆分方案由施工方、BIM顾问方，以及运维单位共同商定，在施工阶段的BIM实施方案中明确规定。

4）运维阶段的模型应根据资产管理、运行维护、应急管理等不同应用内容拆分。

5）在按照系统拆分模型的基础上，各系统再进一步按照空间区域拆分。

6）模型应能够实现按专业、按建筑分区、按部位、按楼层、按标高、按功能区或房间、按构件进行拆分。

7）拆分的单个模型文件的大小，最大不宜超过200M，以保证计算机操作的流畅性。

8）特殊专业模型在拆分时，应充分考虑专业特点和专业综合需要。如幕墙专业模型的拆分应充分考虑结构专业的实际需要；结构系统拆分时，应注意考虑竖向承力构件贯穿建筑分区的情况（如巨柱），应先保证体系完整和连贯性；机电系统拆分时，应注意某些子系统或构件贯穿建筑分区的情况（如点对点的布线等），应先保证体系完整和连贯性等。

（6）模型文件命名规则。

1）模型文件命名应考虑文件名的长度和后期管理需要，应包含项目名称、实施阶段、相关专业及具体的空间位置，同时还应包含自定义字段。

2）命名格式如下，中间用"－"连接（［　］表示按实际项目需要添加）。

项目名称代码	［单体代码］	［子项代码］	专业代码	楼层编号	自定义描述

3）如果有多个子项的可以用设计编号（如01、02）进行区分。

4）专业代码，用于表明该模型的专业用途，常用专业代码：AR：建筑；ST：结构；AC：暖通；PD：给排水；FS：消防；ZP：喷淋；EL：强弱电；MEP：机电。

5）如有其他专业代码需要增加，需协商统一。

6）楼层代码，地下室部分以B代表，地上部分以F代表，参考标高命名方式。

7）自定义描述，用于表示文件版本号、时间等自定义描述内容。

8）各项目根据各自的实际需要，在相关规范的基础上，自定义项目的模型文件命名方案。

（7）模型构件命名规则。

1）在项目方案设计进行模型创建之前，应制定本项目的模型构件命名规则。

2）模型构件主要用于设计模型和施工模型的数量统计。

3）项目根据各自的数量统计实际需要，由 BIM 顾问方编制模型构件命名方案，由设计单位审核，提交参建单位会议确定。

4）命名示例，如结构墙：剪力墙 – 400；建筑柱：矩形柱 – 600 × 600，如需添加其他自定义信息可用 " – " 连接。

（8）视图创建规则。

1）在 BIM 模型中应包含必要的视图（或视口）。

2）具体的模型视口创建方案，应在参建单位的 BIM 实施方案的模型创建和管理中明确规定。

3）在设计模型向施工环节传递使用的情况下，设计模型应考虑施工环节的基本视图创建需求。

4）通常，设计方应按照楼层、专业创建设计模型视图，特殊需要的专业视图应在视图创建方案中详细规定。

5）通常，施工方应根据分部分项工程创建施工模型视图，特殊需要的专业视图应在视图创建方案中详细规定。

6）在模型创建过程中，参建单位应根据工务署的管控需求创建管控视图，具体要求应在设计模型和施工模型创建前由工务署 BIM 顾问方提供。

7）各专业应根据本专业的实际需要规划和创建各自的模型视图。

3. 信息关联

（1）模型信息要求。

1）模型构件属性表中须包含包括规范的构件名称和构件编码；模型文件属性表中须包含创建时间、创建人员、文件命名、模型专业、实施阶段、相关专业及具体的空间位置等信息，以上两项信息统称为模型的通用信息。

2）根据项目的设计实际需要，设计单位与 BIM 顾问方可根据业主的实际管理需要，联合编制《设计模型深度信息表》。

3）根据项目的施工实际需要，施工单位与 BIM 顾问方可根据业主的实际管理需要，联合编制《施工模型深度信息表》。

4）根据项目的运维工作实际需要，结合业主的实际管理需要，运维单位与业主和 BIM 顾问方联合编制《运维模型深度信息表》。

5）根据项目的管控工作实际需要，项目组与业主和 BIM 顾问方联合编制《管控模型深度信息表》。

（2）模型信息内容。

1）建筑工程模型信息如表 3 – 5 所示。

表 3-5　建筑工程模型信息

构件类型	命名样例	Revit 构件原有属性（信息）	Revit 构件需添加属性（信息）
砌体墙	加气混凝土砌块 &QT	1. 几何尺寸； 2. 砌筑砂浆等级； 3. 砌块强度等级； 4. 结构材质	1. 构件编号； 2. 所属楼层（在标识数据下填写）； 3. 施工工艺、措施方法
建筑柱	混凝土柱 &Z	1. 几何尺寸； 2. 结构和材质	1. 构件编号； 2. 混凝土强度等级； 3. 所属楼层； 4. 施工工艺、措施方法
构造柱	构造柱 &GZ	1. 结构材质； 2. 几何尺寸	1. 构件编号； 2. 所属楼层； 3. 混凝土强度等级； 4. 施工工艺、措施方法
梁	混凝土梁 &L	1. 几何尺寸； 2. 结构和材质	1. 构件编号； 2. 所属楼层； 3. 混凝土强度等级； 4. 施工工艺、措施方法； 5. 跨号
圈梁	圈梁 &QL	1. 结构材质； 2. 几何尺寸	1. 构件编号； 2. 所属楼层； 3. 混凝土强度等级； 4. 施工工艺、措施方法
过梁	过梁 &GL	1. 结构材质； 2. 几何尺寸	1. 构件编号； 2. 所属楼层； 3. 混凝土强度等级； 4. 施工工艺、措施方法
门	门 &M	1. 材质信息； 2. 几何尺寸； 3. 顶高度	1. 构件编号； 2. 所属楼层； 3. 立樘位置； 4. 制作、安装、使用方式
窗	窗 &C	1. 材质信息； 2. 几何尺寸； 3. 窗台底高度； 4. 顶高度	1. 构件编号； 2. 所属楼层； 3. 立樘位置； 4. 制作、安装、使用方式

构件类型	命名样例	Revit 构件原有属性（信息）	Revit 构件需添加属性（信息）
梯段	梯段 &TD	1. 结构深度； 2. A 型梯段用 Revit 中自带梯段族建模，梯梁、梯板分开建模；画其他 BT、CT、DT、ET 型按照"单个"梯段和平台板组合的方式用"草图楼梯"工具画； 3. 几何尺寸； 4. 材质信息	除了 Revit 自带有梯段参数信息，还需添加： 1. 低端平板长：（尺寸标注下添加）； 2. 高端平板长； 3. 梯段类型：A（根据楼梯图纸样式填写属于那种梯段型）（在标识数据下添加）； 4. 构件编号； 5. 所属楼层； 6. 混凝土强度等级； 7. 施工工艺、措施方法
墙洞	圆形洞口/矩形洞口 &QD	1. 洞口底高度； 2. 几何尺寸	1. 构件编号； 2. 所属楼层； 3. 施工工艺、措施方法
天沟	天沟 &TG（根据图纸名称）	1. 几何尺寸； 2. 结构材质	1. 构件编号； 2. 混凝土强度等级； 3. 施工工艺、措施方法
压顶	压顶 &YD（根据图纸名称）	1. 几何尺寸； 2. 结构材质	1. 构件编号； 2. 所属楼层； 3. 混凝土强度等级； 4. 施工工艺、措施方法
栏杆	楼梯栏杆 &LG	几何尺寸	1. 构件编号； 2. 所属楼层； 3. 材质； 4. 施工工艺、措施方法
扶手	楼梯扶手 &FS	几何尺寸	1. 构件编号； 2. 所属楼层； 3. 材质； 4. 施工工艺、措施方法
坡道	坡道 &PD（根据图纸名称）	1. 几何尺寸； 2. 坡道材质	1. 构件编号； 2. 所属楼层； 3. 施工工艺、措施方法

续表

构件类型	命名样例	Revit构件原有属性（信息）	Revit构件需添加属性（信息）
台阶	室内台阶 &JT（根据图纸名称）	1. 结构材质； 2. 几何尺寸	1. 构件编号； 2. 所属楼层； 3. 材质； 4. 施工工艺、措施方法
板洞	圆形板洞口／矩板形洞口 &BD	几何尺寸	1. 构件编号； 2. 所属楼层； 3. 施工工艺、措施方法
悬挑板	悬挑板 &XTB	几何尺寸	1. 构件编号； 2. 所属楼层； 3. 混凝土强度等级； 4. 施工工艺、措施方法
竖悬板	竖悬板 &SXB	几何尺寸	1. 构件编号； 2. 所属楼层； 3. 混凝土强度等级； 4. 施工工艺、措施方法
腰线	L形腰线 &YX	几何尺寸	1. 构件编号； 2. 所属楼层； 3. 材质； 4. 施工工艺、措施方法
防水反砍	防水反砍 &FSFK	几何尺寸	1. 构件编号； 2. 材质； 3. 施工工艺、措施方法
栏板	栏板 &TLB	几何尺寸	1. 构件编号； 2. 所属楼层； 3. 材质； 4. 施工工艺、措施方法
散水	坡形散水 &SS	几何尺寸	1. 构件编号； 2. 所属楼层； 3. 材质； 4. 施工工艺、措施方法
场地	场地	几何尺寸	1. 构件编号； 2. 施工工艺、措施方法
挖土方	挖土方	几何尺寸	1. 构件编号； 2. 施工工艺、措施方法

续表

构件类型	命名样例	Revit 构件原有属性（信息）	Revit 构件需添加属性（信息）
土方回填	土方回填	几何尺寸	1. 构件编号； 2. 施工工艺、措施方法
桩基	预支圆桩	1. 结构材质； 2. 几何尺寸	1. 构件编号； 2. 混凝土强度等级； 3. 施工工艺、措施方法
砖基础	条形基础	1. 砂浆等级； 2. 砌体材料； 3. 几何尺寸	1. 构件编号； 2. 施工工艺、措施方法
带形基础	条形基础	几何尺寸	1. 构件编号； 2. 混凝土强度等级； 3. 施工工艺、措施方法
独立基础	独立基础	1. 几何尺寸； 2. 结构材质	1. 构件编号； 2. 混凝土强度等级； 3. 施工工艺、措施方法
筏板基础	筏板	1. 几何尺寸； 2. 结构材质	1. 构件编号； 2. 混凝土强度等级； 3. 施工工艺、措施方法
设备基础	设备基础	1. 几何尺寸； 2. 结构材质	1. 构件编号； 2. 混凝土强度等级； 3. 施工工艺、措施方法
坑基	集水坑	几何尺寸	1. 构件编号； 2. 施工工艺、措施方法
坑槽、垫层、砖胎模	坑槽	1. 挖土深度； 2. 回填深度	1. 构件编号； 2. 施工工艺、措施方法
	垫层	几何尺寸	1. 构件编号； 2. 材质； 3. 施工工艺、措施方法
	砖胎膜	几何尺寸	1. 构件编号； 2. 材质； 3. 施工工艺、措施方法

续表

构件类型	命名样例	Revit 构件原有属性（信息）	Revit 构件需添加属性（信息）
柱帽	柱帽 – ZM	1. 结构和材质； 2. 几何尺寸	1. 构件编号； 2. 混凝土强度等级； 3. 所属楼层； 4. 施工工艺、措施方法
剪力墙	混凝土墙 &TQ	1. 结构和材质； 2. 几何尺寸； 3. 注释	1. 构件编号； 2. 混凝土强度等级； 3. 所属楼层； 4. 墙段号； 5. 施工工艺、措施方法
板（平板、空心板等）	混凝土板	1. 结构和材质； 2. 几何尺寸	1. 构件编号； 2. 混凝土强度等级； 3. 所属楼层； 4. 施工工艺、措施方法
后浇带	后浇带 – 板	几何尺寸	1. 混凝土强度等级； 2. 所属楼层； 3. 施工工艺、措施方法
楼地面	地面	1. 材质； 2. 几何尺寸	1. 编号； 2. 房间、楼层位置； 3. 施工工艺、措施方法
	楼面	1. 材质； 2. 几何尺寸	1. 构件编号； 2. 房间、楼层位置； 3. 施工工艺、措施方法
屋面	屋面	1. 材质； 2. 几何尺寸	1. 构件编号； 2. 施工工艺、措施方法
墙面	墙面	1. 材质； 2. 几何尺寸	1. 构件编号； 2. 房间、楼层位置； 3. 施工工艺、措施方法
天棚	天棚	1. 材质； 2. 几何尺寸	1. 构件编号； 2. 房间、楼层位置； 3. 施工工艺、措施方法

构件类型	命名样例	Revit 构件原有属性（信息）	Revit 构件需添加属性（信息）
钢筋	钢筋	1. 钢筋名称； 2. 规格型号	1. 布置钢筋的构件名称、编号； 2. 布置钢筋构件的结构类型； 3. 钢筋名称； 4. 钢筋规格、型号； 5. 钢筋连接方式； 6. 施工工艺、措施方法

2）安装工程模型信息如表 3 - 6 所示。

表 3 - 6　安装工程模型信息

构件类型	命名样例	Revit 构件原有属性（信息）	Revit 构件需添加属性（信息）
管道	内外热镀锌钢管 &PC	1. 材质； 2. 规格、型号	1. 专业类型； 2. 系统类型； 3. 回路编号； 4. 所属楼层； 5. 隔热、保温、防腐措施； 6. 施工工艺、措施方法
水泵	变频供水泵	1. 功率； 2. 流量； 3. 重量； 4. 扬程	1. 专业类型； 2. 系统类型； 3. 回路编号； 4. 所属楼层； 5. 隔热、保温、防腐措施； 6. 施工工艺、措施方法
气压罐	—	1. 容量； 2. 重量	1. 专业类型； 2. 系统类型； 3. 回路编号； 4. 所属楼层； 5. 隔热、保温、防腐措施； 6. 施工工艺、措施方法
水箱	生活给水箱	1. 容量； 2. 重量； 3. 几何尺寸	1. 专业类型； 2. 系统类型； 3. 所属楼层； 4. 隔热、保温、防腐措施； 5. 施工工艺、措施方法

续表

构件类型	命名样例	Revit 构件原有属性（信息）	Revit 构件需添加属性（信息）
管道阀门、水表、过滤器、防止倒流器	截止阀、水表、过滤器	—	1. 专业类型； 2. 系统类型； 3. 回路编号； 4. 所属楼层； 5. 隔热、保温、防腐措施； 6. 施工工艺、措施方法
隔油池	隔油池	几何尺寸	所属楼层
地漏	地漏	规格、型号	1. 专业类型； 2. 系统类型； 3. 回路编号； 4. 所属楼层； 5. 隔热、保温、防腐措施； 6. 施工工艺、措施方法
大便器、小便器、洗脸盆	大便器、小便器、洗脸盆	规格型号	1. 专业类型； 2. 系统类型； 3. 回路编号； 4. 所属楼层； 5. 隔热、保温、防腐措施； 6. 施工工艺、措施方法
消火栓	消火栓	规格型号	1. 专业类型； 2. 系统类型； 3. 回路编号； 4. 所属楼层； 5. 隔热、保温、防腐措施； 6. 施工工艺、措施方法
水泵结合器	水泵结合器	1. 规格型号； 2. 安装位置； 3. 重量	1. 专业类型； 2. 系统类型； 3. 回路编号； 4. 所属楼层； 5. 隔热、保温、防腐措施； 6. 施工工艺、措施方法
喷淋头	喷淋头	1. 规格型号； 2. 有无吊顶	1. 专业类型； 2. 系统类型； 3. 回路编号； 4. 所属楼层； 5. 隔热、保温、防腐措施； 6. 施工工艺、措施方法

构件类型	命名样例	Revit 构件原有属性（信息）	Revit 构件需添加属性（信息）
湿式报警阀	湿式报警阀	规格型号	1. 专业类型； 2. 系统类型； 3. 回路编号； 4. 所属楼层； 5. 隔热、保温、防腐措施； 6. 施工工艺、措施方法
水流指示器	水流指示器	规格型号	1. 专业类型； 2. 系统类型； 3. 回路编号； 4. 所属楼层； 5. 隔热、保温、防腐措施； 6. 施工工艺、措施方法
风管	矩形风管（送风系统）	1. 材质； 2. 材料规格、型号	1. 专业类型； 2. 系统类型； 3. 回路编号； 4. 所属楼层； 5. 隔热、保温、防腐措施； 6. 施工工艺、措施方法
风管大小头、风管三通、四通	风管大小头、风管三通、四通（SF 送风系统）	1. 材质； 2. 材料规格、型号	1. 专业类型； 2. 系统类型； 3. 回路编号； 4. 所属楼层； 5. 隔热、保温、防腐措施； 6. 施工工艺、措施方法
风机	混流风机	1. 风量； 2. 重量； 3. 功率	1. 专业类型； 2. 系统类型； 3. 回路编号； 4. 所属楼层； 5. 隔热、保温、防腐措施； 6. 施工工艺、措施方法
风口	单层活动百叶风口	1. 材质； 2. 材料规格、型号； 3. 风量	1. 专业类型； 2. 系统类型； 3. 回路编号； 4. 所属楼层； 5. 隔热、保温、防腐措施； 6. 施工工艺、措施方法

续表

构件类型	命名样例	Revit 构件原有属性（信息）	Revit 构件需添加属性（信息）
风机盘管	卧室暗装静音型风机盘管	1. 电压； 2. 功率； 3. 风量； 4. 规格、型号	1. 专业类型； 2. 系统类型； 3. 回路编号； 4. 所属楼层； 5. 隔热、保温、防腐措施； 6. 施工工艺、措施方法
空调设备	组合空调器	1. 电压； 2. 功率； 3. 规格、型号	1. 专业类型； 2. 系统类型； 3. 回路编号； 4. 所属楼层； 5. 隔热、保温、防腐措施； 6. 施工工艺、措施方法
消声器	阻抗复合式消声器	规格、型号	1. 专业类型； 2. 系统类型； 3. 回路编号； 4. 所属楼层； 5. 隔热、保温、防腐措施； 6. 施工工艺、措施方法
散流器	方形散流器	1. 最小流量； 2. 最大流量； 3. 规格、型号	1. 专业类型； 2. 系统类型； 3. 回路编号； 4. 所属楼层； 5. 隔热、保温、防腐措施； 6. 施工工艺、措施方法
风管阀门	280℃矩形防火阀	1. 类型注释：280℃矩形防火阀（标识数据下填写）； 2. 耐火等级； 3. 温感器动作温度	1. 专业类型； 2. 系统类型； 3. 回路编号； 4. 所属楼层； 5. 隔热、保温、防腐措施； 6. 施工工艺、措施方法
配管与线缆	带配件的线管	—	1. 专业类型； 2. 系统类型； 3. 回路编号； 4. 所属楼层； 5. 隔热、保温、防腐措施； 6. 施工工艺、措施方法

构件类型	命名样例	Revit 构件原有属性 （信息）	Revit 构件需添加属性 （信息）
电气设备	单管防水防爆荧光灯 （PS：模型中电气设备的命名一定要按实际命名，命名错误导致挂清单错误）	规格、型号	1. 专业类型； 2. 系统类型； 3. 回路编号； 4. 所属楼层； 5. 隔热、保温、防腐措施； 6. 施工工艺、措施方法
变压器	变压器	1. 规格、型号； 2. 功率	1. 专业类型； 2. 系统类型； 3. 回路编号； 4. 所属楼层； 5. 隔热、保温、防腐措施； 6. 施工工艺、措施方法
配电箱柜	照明配电箱	1. 规格、型号； 2. 几何尺寸	1. 专业类型； 2. 系统类型； 3. 回路编号； 4. 所属楼层； 5. 隔热、保温、防腐措施； 6. 施工工艺、措施方法
电动机	—	1. 规格、型号； 2. 功率、重量	1. 专业类型； 2. 系统类型； 3. 回路编号； 4. 所属楼层； 5. 隔热、保温、防腐措施； 6. 施工工艺、措施方法
吸顶灯	吸顶灯	规格、型号	1. 专业类型； 2. 系统类型； 3. 回路编号； 4. 所属楼层； 5. 施工工艺、措施方法
格栅灯	格栅灯	规格、型号	1. 专业类型； 2. 系统类型； 3. 回路编号； 4. 所属楼层； 5. 施工工艺、措施方法

续表

构件类型	命名样例	Revit构件原有属性（信息）	Revit构件需添加属性（信息）
支架灯	支架灯	规格、型号	1. 专业类型； 2. 系统类型； 3. 回路编号； 4. 所属楼层； 5. 施工工艺、措施方法
航空指示灯	航空指示灯	规格、型号	1. 专业类型； 2. 系统类型； 3. 回路编号； 4. 所属楼层； 5. 施工工艺、措施方法
疏散指示灯	疏散指示灯	规格、型号	1. 专业类型； 2. 系统类型； 3. 回路编号； 4. 所属楼层； 5. 施工工艺、措施方法
灯具	应急灯、壁灯、节能灯、防水防尘灯、座头灯、感应灯等其他灯具，荧光灯	规格、型号	1. 专业类型； 2. 系统类型； 3. 回路编号； 4. 所属楼层； 5. 施工工艺、措施方法
开关	单联单控开关	规格、型号	1. 专业类型； 2. 系统类型； 3. 回路编号； 4. 所属楼层； 5. 施工工艺、措施方法
插座	单项插座	规格、型号	1. 专业类型； 2. 系统类型； 3. 回路编号； 4. 所属楼层； 5. 施工工艺、措施方法
桥架	托盘式－镀锌桥架	1. 材质； 2. 截面尺寸	1. 专业类型； 2. 系统类型； 3. 回路编号； 4. 所属楼层； 5. 隔热、保温、防腐措施； 6. 施工工艺、措施方法

（3）模型信息获取。

建设项目的 BIM 技术造价应用，信息主要来源于构件的属性。工程量计算软件中构件信息的获取分为以下几种：

1）编号确定，是指在工程设置内和编号定义时就需要将相关信息定义好的信息。

2）布置确定，是指构件布置到界面中而得到的信息，如梁和墙体的长度，定义构件时我们只给出了梁和墙体的截宽和截高，其长度是布置到界面中得到的，就是光标在界面中画多长算多长。

3）分析确定，是指模型中的构件通过软件运行分析后得到的数据，如墙体中需要扣减的门窗洞口，在模型未进行分析计算之前，布置的墙体中是没有扣减的门窗信息的（虽然已经在墙体中布置有门窗洞口），只有通过分析计算后门窗洞口的面积才会加入到墙体之中，所以软件中构件的扣减或增加内容属于分析得到的内容。

4）手工录入，是指直接在相关栏目中直接输入的属性值，而且此类属性值一般是工程名称、楼层信息、项目特征和指定扣减或备注说明等内容，其他内容依此类推。族名称以及族属性等信息，工程量计算软件可通过映射等方式进行自动获取，以确保工程量计算信息的正确性，完成最终的工程量计算。

工程项目的 BIM 技术应用强调信息互用，它是协调、合作的前提和基础。BIM 信息互用是指在项目建设过程中各参与方之间、各应用系统之间对模型信息实行交换和共享。

4. 结果输出

（1）建筑和安装工程模型检查。

当模型创建好成果输出之前，要对模型进行全面细致的检查，避免因为模型的错误造成输出结果错误，引起下游工序一连串错误的发生。

建设工程 BIM 应用都是以模型为基准，模型创建的好，则输出数据就准确，所以必须对模型的质量进行严格控制。模型质量控制分为内部控制和外部控制两部分。内部控制是通过企业内部管理与控制实现，外部控制是对 BIM 项目的多个参与方进行协调和对 BIM 成果的质量检查。

模型内部控制更倾向于创建阶段，建筑和安装两个专业的模型和信息检查包括以下几个方面：

1）合规性检查。信息模型首先需要进行建模方法的合规性检查，具体包括以下方面：

①模型命名规则性检查；

②系统类型应用规范性检查；

③专业类型应用和规范性检查；

④楼层属性应用规范性检查；

⑤模型配色规范性检查；

⑥常规建模操作规范性检查；

⑦技术措施建模规范性检查。

2）信息模型完整性检查。对模型完整性的检查包括：

①检查专业涵盖是否全面；

②检查专业内模型装配后各系统是否完整，各楼层、各构件之间空间位置关系是否正确，有无错位、错层、缺失、重叠的现象发生；

③全部专业模型装配后，检查各专业之间空间定位关系是否正确，有无错位、错层、缺失、重叠的情况发生；

④检查模型成果的存储结构是否与模型地图一致。

3）图模一致性检查。依据图模一致性审查要点，使用专业公司的软件产品对模型与图纸的对应性进行内审，控制模型成果质量与准确性。

4）分专业及交接面检查。检查各专业模型交接界面是否正确划分，是否出现重复、重叠建模的情况，是否有模型缺失的情况。如建筑构件与内装饰专业的完成面是否出现重叠，或个别交界空间缺少内装饰或建筑面层。

5）建筑专业模型检查。

①检查建筑与结构模型的主体构件是否有明细表。

主体构件明细表可方便造价人员快速核对构件类型、构件属性（包含族名称、混凝土强度等级、材质、编号等）是否完善满足工程量输出要求，且钢筋将会根据明细表统计钢筋工程量（详见钢筋章节介绍）。

②检查混凝土构件。

a. 按照强墙柱弱梁板的结构理念，在建模过程中也是按照柱＞墙＞梁＞板（"＞"表示优选于）的顺序，这样可将柱梁、梁板等构件交接处工程量部分，优选计算相应的支座构件中，如最先是柱工程量，其次是梁，最后是板工程量。检查模型的搭接顺序是否符合规范，优先保证支座构件的完整性。

b. 由于钢筋是布置在构件中的，故要计算钢筋，应将钢筋的相关信息添加到构件中，因此需要检查相关构件中是否有符合计算钢筋的属性项，并检查属性值是否正确。

c. 板洞、墙洞建模方式：板洞、墙洞应直接使用 Revit 中洞口族建模，检查是否符合要求。

d. 墙体构件：检查墙体是否以核心层中心线为定位，墙体与粗装饰做法是否分开建模，建议墙体构件不做装饰做法，以方便墙体构件不受装饰做法的影响。

e. 其他信息的检查：检查模型的文件的完整性、模型的精细程度是否达到要求等。

6）安装专业模型检查。

①检查安装构件是否有明细表：安装构件明细表可方便造价人员快速核对构件类型，构件属性（包含族名称、设备管线、规格型号、材质、编号等）是否完善满足工程量计算要求。

②设备、附件、各类器件：设备是能源、水源的提供和消耗者，建模应根据设计要求布置好对应规格型号的设备；附件是依附在构件主体上的连接、控制、支撑等零件，检查是否布置和软件自动生成完整齐全；器件是如灯具、开关插座、水表、闸阀、监控等，检查是否按设计要求的规格型号进行了布置；检查模型的搭接顺序是否符合规范，优先保证主要构件的完整性。

③管线：管线是安装工程的血脉通道，检查方法首先查看各类系统图及施工说明，因为安装工程有大部分的内容并非在图中体现，而是在说明和系统图中。检查方法是从供给设备开始到结束设备止，不能有截断和多余线路。对于做了管线综合的模型调整，要遵循小管绕大管、无压力管绕有压力管、造价低的管绕造价高的管的原则。检查管道上有否防腐、保温等的相关依附信息，因为这部分内容是不需要建模而直接出结果的；反之一条管线上可能某

段有防腐、保温等做法，而另一段没有，也应检查确认清楚。

④管线绕梁、柱、墙的调整：建筑工程中有些结构构件是不容许破坏的，当有管线在这些部位时，要检查对结构是否有破坏，或者采取了加强措施，如增加套管等，要有建模和注明。

不论是建筑构件还是安装工程构件，除检查构件的主体模型外，应特别注意依附模型的附项构件是否有生成和创建。

（2）分析计算。

1）核对构件。在进行分析计算之前，对模型和信息正确性检查之后，可以对重要的、关键的构件和部位进行单独的工程量分析核对。核对构件的工程量不是对整个工程项目，而是只对选中的构件。分析时，软件只对选中构件周边有扣减关系的构件产生分析，能够极快的找到问题。如发现计算值有问题，可以及时调整相应扣减规则。

核对构件应有下列内容：

①清单工程量，即按清单规范工程量计算规则分析计算出来的工程量。

②定额工程量，即按当地定额工程量计算规则分析计算出来的工程量。

③计算式，列出所有的计算值及计算式。

④相关构件，将相关构件视图显示，说明相关扣减的实体。

⑤扣减规则，可查看与相关构件的扣减规则，并可临时调整计算规则。

2）汇总计算。对重要的、关键的构件和部位进行抽查后，进入汇总计算。计算结果按照给定的条件，如按施工流水段计算，显示的就是按施工流水段的结果；按楼层计算，显示的就是按楼层的结果；按构件计算，显示的就是按构件计算的结果。

3）结果查询。对模型进行分析汇总计算后，可以按需要查看构件的明细工程量、清单工程量、定额工程量、实物工程量以及计算式等信息。计算结果与图形界面可以互换，使计算式与图形模型关联，对关联构件的工程量进行核查。

（3）与计价软件的数据传递。

对建设项目进行 BIM 技术应用，作为造价咨询，必须要时刻计算成本投入。工程量通过模型计算出来后，这只是造价进行工料机分析的基础，要将工程量分析出人材机消耗，需要用到计价软件。现在每个建设工程软件公司都有计价软件，但在 BIM 的要求下，达到工程量出来后，立即得到工料机消耗，有些公司的软件是做不到的。哪怕就是有工程量软件与计价软件的数据联通，也不能只是一部分，其输出数据应该还向 BIM 5D（施工管理软件）扩展，如此一个一个的环节直至建设项目终结。进行 BIM 技术应用，计价软件最好直接连接 Revit 做算量软件平台的输出数据，这样可以在极短时间内完成工程项目的工料分析和计价。计价软件应完全支持国标清单计价规范，以及全国各地区的各专业定额计价规定。可用于工程量清单计价，定额计价、综合计价等多种计价方式。

5. BIM 5D 软件的应用

BIM 5D 是基于 BIM 应用施工环节的全过程管理平台。在软件中通过对模型进度、合同、图纸、签证、变更等资料进行关联，对模型进行三维动态展示，进行分析计算后，得到按照施工进度计划时间段呈现的模型部分的成本、质量、安全、物料等数据，施工管理人员可依据这些数据，实现施工过程动态管理。此种方式能可视化的帮助管理人员获得预计施工过程的感知认识，在施工过程中提高管理效率，从而达到减少施工变更，缩短工期、控制成本、提升质量的目的。本教程是 BIM 造价应用，在此只对 BIM 5D 成本管理做介绍。

在 BIM 5D 中进行成本管理的流程如图 3 - 3 所示。

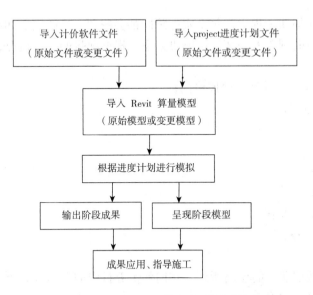

图 3 - 3　BIM 5D 成本管理流程图

从流程图中看到 BIM 5D 是不创建模型的，它主要是融合模型和相关数据文件，并通过对模型和相关数据的条件进行分析计算，得到对应结果。

需要明确以下几个事项：

1）模型文件和计价文件的格式应该与 BIM 5D 能够接受的格式一致，否则不能导入；

2）指定时间段时，应该是工期计划总时间内的某一段，不能超出计划总时间段；

3）计算结果只能是计价软件包含的工、料、机内容，不能超出未包含的工、料、机；

4）BIM 5D 本着一模一算的原则，不能对模型进行局部处理。故导入的原模型如果发生了变更，应该在建模软件中对变更部位的模型再次进行修改调整，之后再导入 BIM 5D 中进行计算处理；

5）变更后的计价、工期安排也应按照变更模型的处理方式。

成果应用指导施工：

1）根据预设的时间节点，将模型显示的施工成果与实际比对，将已完成工程、待完成工程、已经滞后的工程模型显示出来，让管理人员做到全面了解。

2）通过对显示出来的进度模型计算，得到已完成工程进度款数额，待完成工程计划进度款数额，滞后的工程进度款的调整数额。

3）通过对显示出来的进度模型计算，得到计划时间段需投入的工、料、机数量，便于项目管理人员预先进行组织。

4）计划时间段需投入的工、料、机数量与库存工、料、机对比，做到将工程款用到必要工、料、机的准备上，合理利用资金周转，做到零库存。

5）通过对模型的进度模拟，抓住施工关键节点，让项目成员将施工精力和资金投入到关键节点上，避免抓小放大的现象出现。

6）结合 BIM 5D 质量、安全方面的管理功能，做好施工质量、安全方面的控制，减少质量返工，做到安全施工，减少因质量、安全方面的问题而产生的成本投入。

6. 方案筛选确定

建设项目全生命周期过程中，每个实施阶段都会碰到大量的问题和风险，为解决问题和规避风险，工程人员时刻在考虑和选择解决方案。根据项目的实际情况，问题和风险的内容大致有以下几类：

（1）节约投资成本，做到性价比最高；

（2）项目经济适用；

（3）美观大气；

（4）赶工期；

（5）施工方便；

（6）质量第一；

（7）安全文明，不扰民；

（8）追求后期效益；

（9）其他内容。

以上内容主要按照业主的思路所列，它们就像五行中的金木水火土，会相生相克，在选择解决方案时，要分清主次。

一个好的造价人员应该学会为业主提供优质的解决方案。在提供方案时，应按照业主的需要作出正确的符合实际且可实施的方案。在现实中提供的方案大部分会以节约投资成本为主要目标，做到性价比最高为主要考虑因素，但也有些工程项目并不会以节约投资成本为主要考虑对象。如要赶工期，要高质量产品，要美观大气等，就不会有成本节约，甚至会突破投资预算。

第四节　BIM 技术造价应用价值

在本章第一节中我们阐述了建设项目的 BIM 技术应用点，这些应用点基本涵盖了建设工程全生命周期的各环节，下面对与造价相关的应用点做一个大致的评述。

（1）实施策划：有 BIM 咨询人员参与投资评估，造价人员必须参与。

（2）招标咨询：造价人员参与的一项重要工作，可为业主提供国家或地区在招投标方面的相关政策，同时也可作为招标、投标的实施人员。

（3）建筑模型创建：造价人员在此阶段可以参与力所能及的模型创建和审核。

（4）建筑方案验证：造价人员应参与对拟建建筑的实用性、安全性、舒适性、环保性、美观性等验证，最重要的是成本投入和控制。

（5）建筑方案分析优化：造价人员在此阶段应按照本章第三节方案筛选确定的方法，为业主提供建筑优化方案。

（6）结构模型：在此阶段不能只是节约成本，而要最大程度保证结构安全。

（7）安装工程模型创建：造价人员在此阶段可以参与力所能及的模型创建和审核。

（8）安装方案分析优化：造价人员在此阶段应按照本章第三节方案筛选确定的方法，

为业主提供安装优化方案。

（9）绿色建筑验证：造价人员应参与对拟建建筑的节能、减排、低碳等方面验证，对拟建建筑使用材料以及朝向、空间构造方面的成本投入进行分对比，确保拟建建筑的绿色环保，且性价比高。

（10）施工方案验证：此阶段主要由造价咨询人员负责。通过对设计成果的施工方案验证，调整施工中的成本投入。

（11）管线综合：有碰撞的管线通过综合调整后，造价人员要对管线综合后的造价进行调整计算，控制成本投入。

（12）精装效果模拟：造价人员可参与力所能及的模型创建和审核，如果有材料或装饰方案调整，要进行造价调整计算，控制成本投入。

（13）辅助设计决策：造价人员要早期介入初步设计，利用算量模型给业主提供可视化拟建建筑，对设计方案出现的问题和缺陷提出更改建议，为业主解决时间和成本的投入。

（14）工程量计算：这是造价人员必须要做的工作。

（15）进度管理：造价人员可参与相关模型创建和审核，根据工程进度，施工方造价人员应提交工程计划进度款、已完工程进度款、调整滞后工程工程量，对项目部提供工、料、机消耗准备计划等。业主方造价咨询人员要对工程计划进度款、已完工程进度款进行审核，为业主把控付款额度，避免超付、错付。

（16）成本管理：这是造价人员必须要做的工作，通过对多个方案的对比选择拿出性价比高的方案，为业主进行成本投入决策。

（17）调整变更分析：是成本管理的辅助手段，通过对变更的分析，确定此项变更是做还是不做，以及对成本投资的影响，为业主提供决策数据。

（18）施工方案优化：施工方案除了需要方便、高效、可行等优化以外，也是对成本投入的一种优化。施工方造价人员主要对方案进行成本投入计算，咨询造价人员要对施工方案中的措施进行成本校核，避免过多措施的成本投入。

（19）专项方案模拟：造价人员可参与力所能及的方案选择，建设项目有方案调整，要进行造价调整计算，控制成本投入。

（20）辅助施工决策：此项是咨询造价人员的工作，帮助业主对施工方提交的施工方案进行成本校核，避免过多成本的投入。如钢筋支撑的马凳措施，一次性模板的对拉螺栓的措施控制等。

（21）模型维护：这是造价人员的必要工作。

（22）运营维护：咨询造价人员的工作，为业主提供运营维护成本数据。

（23）资产管理、防灾应变管理、空间管理、能耗管理、维护保养管理、资料数据管理：在有条件的情况下造价咨询人员可为业主提供相关管理模型。

以上所述 BIM 技术造价应用，是贯穿建设工程全生命周期的。从大量的 BIM 应用价值分析论文中，对 BIM 应用最大的价值都落脚在设计阶段，因为通过 BIM 应用的五个特点，确实可以将拟建建筑的缺陷和风险在设计阶段给予处理解决。但是作为造价人员，由于我们的责任是辅助业主对建设工程进行全生命周期的过程成本管理，所以 BIM 技术造价应用的价值是体现在全过程当中，不是某一个阶段和环节。

总之，对建设项目进行 BIM 技术造价应用，不是盲目地对成本投入的节流，从而达到节约成本投资。BIM 技术造价应用是在实施过程中合理选择切实可行的，又能达到项目在各方面目标的基础上进行的应用控制。BIM 技术造价应用除相关技术需要掌握以外，最主要的还是经验积累，只要具备有处理问题的丰富经验，做 BIM 技术造价应用，才能得心应手。

第四章　全过程工程咨询应知的法律问题

第一节　建设工程合同效力问题

一、主体瑕疵而工程合同无效

1. "承包人"主体瑕疵而合同无效

建设工程合同是承包人按时保质完成建设工程，发包人支付合同价款的特殊承揽合同，其中包括工程勘察、设计、施工合同。因此施工承包合同的根本性内容应包括：承包人和发包人（即当事人）、承包权（即标的）和数量。

为实现"保证工程质量和安全"这一宗旨，被《中华人民共和国建筑法》（以下简称《建筑法》）称为"承包人"的必须是单位有资质、个人有资格，并在其资质范围内从事建筑活动的建筑施工企业、勘察单位、设计单位。否则即便完成了符合质量要求的建设工程，也只能称为"实际施工人"。因此，《最高人民法院关于审理建设工程施工合同纠纷案件适用法律问题的解释》（法释〔2014〕14号）（以下简称"《司法解释（一）》"）第一条第（一）项、第（二）项中规定：若没有资质、借用资质或超越资质，所签订的建设工程施工承包合同是整体无效的。

由于超越资质并非没有资质，因此法律对其所签订的施工承包合同无效予以一定程度的"宽容"，即只要"在建设工程竣工前取得相应资质等级"，该施工承包合同可以认定为有效，因此《司法解释（一）》第五条就是"补正理论"在建设工程施工承包合同中的应用。

在实务过程中，"补正理论"在其他合同中早已应用，如在商品房买卖中。"补正理论"能够起到一定的促进当事人积极履行合同，保证交易安全的作用。

2. "发包人"主体瑕疵而合同无效

发包人之所以成为发包人是因为其具有承包权。而业主具备承包权的前提是其具有建设用地规划许可证和建设工程规划许可证。

在城市、镇规划区内土地使用权除了划拨方式取得使用权外，多数取得的方式是出让取得使用权。前者先要取得建设用地规划许可证后，方可取得划拨土地的使用权。后者则是先取得土地使用权后，再向规划主管部门领取建设用地规划许可证。

若没有上述"二证"，则业主无法成为《建筑法》所定义的发包人。《最高人民法院关于审理建设工程施工合同纠纷案件适用法律问题的解释（二）》（法释〔2018〕20号）（以下简称"《司法解释（二）》"）第二条明确，若业主没有"二证"，其不能成为发包人，所签订的建设工程施工承包合同也是无效的。

《司法解释（一）》给予超越资质的承包人"补正"的机会。可能为了体现对等，在《司法解释（二）》第二条中也给予了未取得"二证"但已签订建设工程施工合同的业主"补正"的机会。即"起诉前取得建设工程规划许可证等规划审批手续"可以认定其为发包人，之前所签订的建设工程施工合同可以认定为有效合同。

由于办理相应规划审批手续应由发包人完成。若发包人能办而不办，同时又要求法院确认该建设工程施工合同无效的，基于"当事人为自己的利益不正当地阻止条件成就的，视为条件已成就"的合同法精神，就合同无效这一点，法院当视为发包人已取得相应规划审批手续，从而不支持其诉求。

二、"发包行为"瑕疵而工程合同无效

承包权的发包有直接发包和招标发包两种，而招标发包又可分为必须招标而招标以及非必须招标而当事人自愿选择招标两种情况。但无论前者还是后者，只要是招标发包，均应遵循《中华人民共和国招标投标法》（以下简称《招投标法》）。

1. 招标发包存在瑕疵而合同无效

根据《司法解释（一）》的相关规定，违反《招投标法》中的效力性强制性规定，会因"必须进行招标而未招标"导致所签订的施工承包合同无效。而即便是当事人自愿选择招标的，也会因"中标无效"导致签订的施工承包合同无效。具体可分为以下两种情形：

（1）必须招标而未招标导致无效。

法律规定：强制性招标工程项目的招标方式必须以公开招标方式进行。以下四种建设工程项目属于强制性招投标工程项目：

1）大型基础设施、公共事业等关系社会公共利益、公共安全的项目。

所谓基础设施是指为国民经济生产过程提供的基本条件，它可分为生产性基础设施和社会性基础设施。所谓公共事业是指为适应生产和生活需要而提供的具有公共用途的服务。

2）全部或部分使用国有资金投资或者国家融资项目。

所谓使用国有资金投资项目是指建设工程项目所使用的资金来源是国家所有的投资项目。所谓使用国家融资项目是指建设工程项目所使用融资贷款项目的贷款人是国家的投资项目。

3）使用国际组织或者外国政府贷款、援助资金的项目。

所谓使用国际组织或者外国政贷款、援助资金的项目是指建设工程项目所使用的贷款资金的出贷人是国际组织或外国政府及其机构，或者所使用的资金是由国际组织或者外国政府援助的投资项目。

4）法律或国务院规定必须进行招投标的项目。

法律规定，中华人民共和国国家发展和改革委员会可以根据实际需要，会同国务院有关部门对必须进行招标的具体范围和规模标准进行部分调整。而省级人民政府则可根据本地区的实际情况，规定本地区必须进行招标的具体范围和规模标准，但不得缩小本规定确定的必须进行招标的范围。

（2）中标无效而无效。

中标是招标情况下签订合同的前提。法律规定"中标无效"所签订的施工承包合同无效。而中标无效大致包括以下六种情形：

1）泄露保密信息影响中标所签的施工承包合同。

建设工程项目的招投标程序的操作具有一定的专业性和政策性等，发包人往往委托有资

质的招标代理机构来完成，如果招标代理机构泄露应当保密的有关情况并影响最终中标，其中标无效。

2）招标机构参与串通影响中标所签的施工承包合同。

如果出现招标代理机构与招标人、投标人串通损害国家利益、社会公共利益或者他人利益并影响中标结果，该行为所造成的后果明显有悖于《招标投标法》的宗旨的，其中标无效。

3）需招标项目而透露标的影响中标所签的施工承包合同。

如上所述，强制性招标投标的建设工程项目往往关系国计民生的工程项目，涉及国有资产的保值增值以及社会公共安全等因素，如果出现招标人向他人透露标底等情况并且影响中标结果，势必不能保证国有资产的保值增值以及社会公共安全，其中标无效。

4）串标或行贿而中标所签的施工承包合同。

串标行为明显与招标投标法的原则与宗旨相违背，其中标无效。

5）弄虚作假方式骗取中标所签的施工承包合同。

以他人名义或弄虚作假的方式进行投标，往往会使招标人的意思表示扭曲，如果投标人骗取了中标，其实并非是投标人的真实意思的表示，并且影响对其他投标人以及潜在投标人的公平，其中标无效。

6）违反实质性谈判规定影响中标所签的施工承包合同。

如果强制招标项目违反该规定并影响中标的，这不仅影响到公平原则的问题，而且关系到国有资财保值增值以及社会公共安全问题，其中标是无效的。

7）与推荐的中标候选人以外所签的施工承包合同。

如果招标人在评标委员会推荐的中标候选人以外确定中标人，或者强制性工程项目所有的投标被否决后，自行确定中标人的，中标无效。

综上所述，由于经过招标投标程序而签订的施工承包合同不仅要符合《建筑法》的有关规定，而且也要符合《招标投标法》中的相关规定。因此如果在招标过程中，违反了《招标投标法》中的效力性强制性规范，其中标是无效的，而根据无效的中标而签订的建设工程施工合同理所当然无效。

2. 直接发包存在瑕疵而合同无效

若该合同以欺诈、胁迫手段，结果损害国家利益；或恶意串通，结果损害国家、集体或他人利益；或者以合法形式掩盖非法目的；或者结果损害社会公共利益的，即便这些合同没有违反相应效力性强制性规定，也属于整体无效的合同。

三、主体存在瑕疵而分包合同无效

1. "总包人"主体存在瑕疵而无效

作为特殊承揽合同的建设工程合同具有一定的人身性，因此承揽合同原则上需要承揽人运用自己的设备、技术和劳力，完成主要工作，本质上是不允许由第三人完成的。又因为建设工程合同的标的物是不动产，其质量关系到不特定人的安全，因此《建筑法》的宗旨之一是保证工程质量和完全。鉴于此，法律对建设工程合同的分包是限制的，转包是不允许的。否则所签订的建设工程合同分包合同在法律上将被认定为无效合同。

但是我们必须知道："分"的前提是有"总"，即先有总包合同，才后有分包合同。从动态整体角度而言，分包合同是相对总包合同存在的。总包人相对业主而言是承包人，相对分包人而言是发包人。因此分包合同本质上就是通过合同关系取得承包权的总包人将承包权再次发包的过程。

若从静态单一角度而言，分包合同就是一个施工承包合同，该合同的发包人的承包权是通过业主发包，即通过另一施工承包合同而取得而已。

发包人之所以成为发包人是具有承包权，根据《司法解释（二）》第二条的规定，业主之所以成为发包人是具有相应的许可证，在发包合同中的总包人之所以能成为发包人，是因为其与作为发包人的业主签订的总包合同是合法有效的。否则分包合同是无效的。

同样，作为总包人必须具有承包权，而其承包权是通过施工总承包合同取得的。因此总包人必须具有合法有效的总包合同，否则，其所谓的总包人不能成为发包人，所签订的所谓的分包合同理所当然是无效合同。从理论上而言，业主作为发包人签订的施工承包合同无效的情况下，其分包合同也会随之无效，即施工承包合同的分包人必须是合格的承包人，这是施工分包合同效力的前提。

2. 实际施工人签订而无效

被《建筑法》称为"承包人"的必须是单位有资质，个人有资格，并在其资质范围内从事建筑活动的建筑施工企业。否则，即便完成了符合质量要求的建设工程，也只能称为"实际施工人"。因此《司法解释（一）》第一条第（一）项、第（二）项中规定：若没有资质、借用资质或超越资质，所签订的建设工程施工承包合同是无效的，该规定同样适用于施工分包合同。

四、分包行为瑕疵而分包合同无效

分包行为的本质就是发包，仅其发包的承包权是通过合同取得。因此分包同样既可以招标发包，也可以直接发包。而建设工程合同作为强调"工程质量和安全"的特殊承揽合同，法律对其有关的强制性规定多属于效力性强制性规定。因此其分包行为造成施工承包合同无效可分以下两种：

1. 发包行为违法而无效

从必须招标发包的目的和《建筑法》宗旨来看，必须招标的工程项目只适用于业主作为发包人的发包行为。因此，《司法解释（一）》第一条第（三）项中规定的"建设工程必须进行招标而未招标"而无效的情形不适用于判断施工分包合同无效。

如果总包方选择以招标方式进行分包的，同样应适用《招标投标法》，这一点已在《司法解释（二）》中予以明确。因此，《司法解释（一）》第一条第（三）项中规定的"中标无效"所签订的施工承包合同无效原则上可适用于判断施工分包是否有效。

2. 分包行为违法而无效

《司法解释（一）》第四条是判断分包合同是否有效的条款，其在《建筑法》和《中华人民共和国合同法》（以下简称《合同法》）的基础上，再次明确违法分包、非法转包、没有资质和借用资所签订的分包合同是无效的。

法律允许总承包人在发包人同意的前提下，将其承包的工程分包给具有相应资质的分包人，但不允许分包人将其承包的工程再次分包，也不允许施工总承包人将其承包的建筑工程主体结构的施工进行分包。

　　根据分包是否违反法律的禁止性规定，可将分包为合法分包和违法分包。没有违反法律禁止性规定的分包是合法分包，反之则是违法分包。

　　违法分包主要有以下四种情形：

　　（1）总承包人将建设工程分包给不具有相应资质条件的单位的。

　　（2）建设工程总承包合同中未有约定，又未经发包方的同意，承包人将其承包的部分建设工程交由其他单位完成的。

　　（3）施工总承包单位将工程主体结构的施工发包给其他单位的。

　　（4）分包单位将其承包的建设工程再分包的。

　　除了以上违法分包外，还存在非法转包行为。所谓非法转包是指工程施工合同的承包人不实际履行合同约定的义务，将其承包的建设工程全部转让第三人（即转承包人），其自身实际上不对工程的技术、质量、进度等进行管理的行为。其主要表现形式有两种：

　　（1）承包人将全部工程转包。

　　（2）承包人将全部工程肢解后以分包的名义转包。

　　合法分包与非法转包的本质区别在于合法分包的发包人（即总承包人）并未脱离合同当事人的地位。对总包合同而言，总承包人实际履行着总包管理义务；对分包合同而言，总承包人也实际履行着监督义务。因此根据违约责任理论，如果分包工程出现质量或安全问题，总承包人与分包人共同向发包人承担连带责任。

　　非法转包的"发包人"（即总承包人）其实已脱离合同当事人的地位。对总包合同而言，总承包人并未履行总包管理义务；对分包合同而言，总承包人也未履行监督义务。因此根据侵权责任理论，如果分包工程出现质量或安全问题，总承包人与实际施工人共同向发包人承担连带责任。

五、劳务分包与施工分包的区别

　　《司法解释（一）》第七条是关于劳务分包有别于施工分包的规定。其实，《建筑法》体系对施工分包与劳务分包作出了不同规定，如法律并未规定劳务分包需要发包人同意，也没有规定分包人不可将其分包项目中的劳务部分再分包，更没有劳务分包人与总包人共同向发包人承担连带责任等规定。施工分包与劳务分包是两种不同性质的分包，存在以下不同之处：

1. 合同性质不同

　　施工分包合同的标的物是工作成果，属于完成工作成果的合同；而劳务分包合同的标的物是提供一定技能的劳务，属于提供劳务的合同，因此二者的合同性质不同。

2. 资质要求不同

　　由于施工分包合同与劳务分包合同的性质不同，施工分包主体需要具有相应的总承包资质或专业施工资质，而劳务作业分包主体则要求具有相应的劳务作业的资质。因此二者的资质要求不同。

3. 限制条件不同

　　施工分包必须经发包人同意，否则就属于违法分包，而违法分包所签订的建设工程施工合是无效合同。而法律并未规定，劳务分包必须要经发包人（或者总包人）同意。因此，二者限制条件不同。

4. 风险承担不同

分包工程项目在尚未验收合格之前的风险由施工分包人承担，而劳务分包人则不承担分包工程项目的风险。因此二者对分包项目的风险承担不同。

5. 对价构成不同

发包方对价支付给施工分包人的是工程款（由人工费、材料费、机械台班费、管理费、利润以及相关税费组成），而支付给劳务分包人的是劳务报酬（由人工费、简易机械设备费、管理费、利润以及相关税费组成）。因此二者对价构成不同。

6. 结算方式不同

施工分包的结算方式主要有固定价、可调价和成本加酬金价，而劳务分包的结算方式主要有固定劳务报酬价、不同工种计时单价、不同工作计件单价。因此二者价款的结算方式不同。

7. 责任承担不同

施工分包是施工承包权的部分有限制的让与，遵循"工程质量优先"宗旨而派生的连带责任原则；而劳务分包则是施工承包权中的劳务作业部分的让与，遵循合同相对性原则所派生的一般责任原则。因此二者责任承担方式不同。

当然，除了以上七点不同之外，还有质量标准不同、分包人生活临时设施费用承担不同等差异。其最本质的还是合同性质不同，其他的差异均是由此派生而来。

通常在实务中，根据分包价款的结算主体的不同，分包工程价款的结算方式存在如下两种方式：

（1）施工总承包人与施工分包人结算。

根据合同的相对性，分包工程项目的合同相对人是总承包人和分包人，因此工程价款结算的常态是由总承包人与分包人进行结算。《建设工程施工专业分包合同（示范文本）》GF - 2003 - 0213 也是以这一理论为基础的。其不仅对分包人与发包人的关系进行了限制，而且明确设置了分包工程价款与总包价款无任何连带关系等规定。由于工程造价兼有技术性和契约性的特点，因此就同一分包工程项目，发包人与总承包人结算工程造价总额未必一定等于总承包人与分包人结算工程造价的总额。因此总承包人往往不仅能够得到该分包工程项目的管理费，还可能得到二者工程价款的差价。

（2）发包人与分包人直接结算。

发包人为了控制造价，避免总承包人取得分包工程造价的结算差价，在总包人要求发包人同意其分包的情况下，发包人往往会以发包人与分包人直接结算为条件，来决定是否同意其分包。于是产生了发包人直接结算的情况。就工程造价而言，发包人与分包人直接结算相对于承包人与分包人直接结算，其工程造价相对容易控制。往往不存在结算方式不同的差价。

综上所述，由于施工分包同与劳务分包合同在合同性质上的不同，所以法律对其资质的要求、分包限制条件也有不同的规定，而合同条款中的价格构成、结算方式、责任承担也不尽相同，因此劳务分包与施工分包是不同的。

第二节 招标发包中的法律问题

一、招标投标行为的法律性质

1. 招标行为法律性质是邀约要请

根据《合同法》第十三条规定，合同订立的方式由要约与承诺构成。对于方式的法律含义，该法第十四条以及二十一条分别定义：前者为"要约人希望和他人订立合同的意思表示"，后者为"受要约人同意要约的意思表示"。据此，原则上合同的订立经由"要约"与"承诺"完成。

此外，针对"要约"，《合同法》第十四条规定其内容应具体确定，且表明受承诺约束。因此合同的订立过程，其本质就是要约人与受要约人就双方具体的意思表示内容形成明确合意的过程。该过程中，缔约主体可以通过直接磋商，也可以通过程序磋商（如招标投标程序、拍卖程序）的方式，完成要约与承诺行为。

鉴于我国《中华人民共和国立法法》所确立的"特别法优先"的法律适用原则，以及《合同法》第一百二十三条对于其"一般法"地位的再次确认，招投标活动的合同订立除适用《合同法》规定外，还应当优先遵守《招标投标法》的程序规定。

若进行招标发包，其首要的行为是"招标行为"。因此招标行为的法律性质的定义至关重要。定义招标行为性质，主要应当依据《招标投标法》，在《招标投标法》没有相应规定的情况，遵循《合同法》的相关规定。《招标投标法》第十九条只规定招标文件的要求，而未明确其法律性质，而《合同法》则明确招标行为属于要约邀请。《合同法》第十五条对"要约邀请"的概念已有定义，即"希望他人向自己发出要约的意思表示"，并且将招标行为的法律性质定为"要约邀请"。发布招标公告作为邀请行为的方式之一，即表示招标人作出"希望他人向自己发出要约"的意思表示。故而招标人的招标邀请行为的性质为"要约邀请"。

基于上述关于邀请行为的性质分析，无论采取《招标投标法》第十条中以招标公告形式公开招标，还是以招标邀请书形式邀请招标的，招标人向不特定的对象作出招标邀请的行为，其本质上均属于向潜在投标人发出的"要约邀请"。

根据《合同法》对于要约邀请的定义，其不需要具备具体内容，但作为特别法的《招标投标法》对招标行为提出了明确要求，不仅要求招标人"编制招标文件中包括招标项目的技术要求、对投标人资格审查的标准、投标报价要求和评标标准等所有实质性要求和条件"，而且要求招标人"拟签订合同的主要条款"，比要约的构成要件更具体，因此招标行为常被误解为要约。

2. 投标行为的法律性质是要约

由于在《合同法》中，"要约邀请"是"希望他人向自己发出要约"的意思表示，而"要约"是"希望和他人订立合同"的意思表示。因此对于"要约邀请"而言，"要约"实质是对其予以响应的行为。结合《招标投标法》第二十七条第一款关于投标文件应当对招标文件作出的实质性响应的规定，投标文件的提出是对作为"要约邀请"形式的招标文件的响应。据此，提交投标文件的行为其本质属于《合同法》所规定的"要约"。

另外，需要特别注意的是，根据《招标投标法》的规定，提交投标文件的"要约"，与《合同法》所规定的"要约"，主要有以下两点不同：

（1）就意思内容而言，由于《招标投标法》规定招标文件应当包括实质性要求条件和拟签订合同内容，且该法对招标文件的内容，除对施工项目的投标文件规定少许特定内容外，仅要求做实质性响应。所以提交投标文件的"要约"不适用《合同法》关于"要约"内容应当具体的规定。

因此遵循"特别法优先"原则，《招标投标法》将《合同法》中原来由要约人负责具体内容的大部分责任，转嫁为主要由"要约邀请"的主体承担。

（2）就生效时间而言，结合《合同法》第十六条关于"要约到达即生效"的规定，以及第十七条关于"要约撤回应在到达以前"的规定可知：要约人撤回"要约"应当在其生效以前。同时，对于投标文件的要约撤回时间，《招标投标法》第二十九条规定应当在"提交投标文件的截止时间前"。因此"招标人在招标文件所要求提交投标文件的截止时间"为投标文件的"要约"生效时间，而非投标人将投标文件送达投标地点的时间。

综上，在招投标活动中，潜在投标人提交投标文件的行为根据《招标投标法》，属于《合同法》中内容标准与生效时间特殊的"要约"行为。

3. 发出中标通知书的行为是承诺

我国《合同法》定义"承诺"为"同意要约"的意思表示，且该法规定，承诺内容应当与要约内容一致。因此根据该法第二十二条关于"承诺原则上以通知方式作出"的规定，受要约人通知表示"同意要约内容"的行为，即为其承诺的作出。同时，根据《招标投标法》第四十五条第一款、第四十六条第一款的规定内容，招标人向招标人发出招标通知书后，应当在法定期限内，签订与招投标文件内容一致的合同。因此招标人发出中标通知书，即代表其对于作为要约的投标文件所响应的实质性内容表示同意。据此，《招标投标法》中发出中标通知书的行为，在性质上属于《合同法》中承诺的作出。

综上，在招投标活动中，招标人发出中标通知书的行为根据《招标投标法》，属于《合同法》中生效时间特殊的不可撤回的"承诺"行为。遵循"特别法优先"原则，《招标投标法》将《合同法》中关于"承诺"的生效时点，从承诺的"到达"提前至中标通知书的"发出"，即中标通知书的承诺发出即生效，而非到达生效。

二、实质内容签订必须按招标合意

《合同法》第二十五条规定，"承诺生效时合同成立"。但是根据该法第三十二条、三十六条的内容规定，法定采取书面形式的合同原则自双方签章时成立，除非此前一方已经履行主要义务且对方接受。《合同法》关于合同的成立时间，我国法律以承诺的生效为原则，以书面形式下的合同签章为例外。

《中华人民共和国招标投标法实施条例》第五十七条第一款规定，经招投标程序订立的合同应当采用书面形式。因此该类合同关系的建立，以招标人与中标人完成签订书面合同为合同的成立，而并非依原则上所规定的承诺生效，即中标通知书的发出。

综上，招投标活动中的招标人和中标人根据《招标投标法》签订书面合同的行为，属于《合同法》中签订依据与条款内容特定的"合同成立"。

前文已经提及，根据重要性程序，合同内容可分为基本内容、实质性内容和非实质性内容三个层次。从《招标投标法》的角度而言，招标文件必须包括实质性内容；投标文件必须对实质性内容积极响应；评标必须主要以实质性内容的合意程度为标准；最终签订合同的实质性内容也必须按招投标形成的合意进行约定。而建设工程合同的实质性内容是指在承包范围内承包内容所指向的工程质量、工程期限和工程价款。若承包人不按时保质完成建设工程，发包人有可能取得解除该建设工程合同的单方解除权。反之，发包人不按时足额支付工程价款，则承包人有可能取得解除该建设工程合同的单方解除权。若招标发包的，在承包范围、承包内容的前提下，建设工程合同中的建设工期、建设质量和建设价款的内容按招标合意签署时，该合同就是"阳合同"。反之，民事上不予认可，行政上予以责令改正并可能罚款。

三、招标发包的"阴阳合同"的理解

建设工程的发包，作为承发包之间关于合同订立的民事法律行为，依据《合同法》关于内部法条适用的排序规定，其实施行为与后果应当首先遵循《合同法》第十六章建设工程合同的相关规定。而在此基础上，鉴于建设工程合同属于特殊的承揽合同的性质，对于《合同法》第十六章未做规定的内容，应当适用该法第十五章关于"承揽合同"的分则规定，然后才适用总则。

同时，鉴于"特别法优先"的原则，相对于《合同法》，建设工程发包应当首先适用《建筑法》等特别法律规定。《建筑法》第十六条，"建筑工程的招标投标，本法没有规定的，适用有关招标投标法律"。所以建设工程的招标发包应当适用《招标投标法》。

综上，建设工程的发包应首先遵循《建筑法》、《招标投标法》等法律的相关规定。在此前提下，适用《合同法》。

其次，根据所签订的建设工程合同是否经过招投标程序，建设工程合同可分为未经过招标投标程序和经过招标投标程序。而根据是否必须招标投标程序，招标投标程序可分为必须经招标投标程序和非必须经过招标投标程序。但无论是必须招标项目经过招标发包，还是自愿选择招标发包的，均应当遵循《招标投标法》，这一点在《司法解释（二）》第九条予以明确。总而言之，经过招标程序签订的建设工程合同在招标投标阶段主要受《招标投标法》调整，在签订和履行阶段主要受《合同法》调整。

相对《合同法》而言，《招标投标法》的强行性条款较多。《招标投标法》需通过该强制性条款保证《招标投标法》最本质的宗旨——"公平"，不仅针对招标人和中标人，也针对未中标人和潜在投标人，这一点与《合同法》所追求的"公平"是有所区别的。

实践中，可能为了规避法律，也可能是发包的前提条件发生变化，建设工程招标后往往会出现两份合同，其一是招标人与中标人根据中标文件签订并备案的"阳合同"，其二则是承发包双方不根据中标实质性内容签订的"阴合同"。而建设工程招标发包中提及的"阴阳合同"主要触犯的是《招标投标法》的效力性强制性条款，多为《招标投标法》第四十六条的相关规定。因为其明确规定，签订合同的实质性内容必须以招标投标过程的合意为准。否则不被法律所认可，还会受到责令改正、罚款等行政处罚。

四、对实质性内容改变的方法及法律后果分析

1. 投标文件对招标文件中有关工程价款的内容改变

根据民法原理，招标行为属于要约邀请，招标文件则是要约邀请内容的具体化。但是法律对招标文件这一要约邀请的行为有特别的规定。法律规定：招标文件中应具有所有实质性要求的内容。例如，招标文件应当包括招标项目的技术要求、投标人资格审查的标准、投标报价要求和评标标准等所有实质性要求和条件以及拟签订合同的主要条款。

而投标行为则属于要约，投标文件则是要约内容的具体化。但是法律对投标文件这一要约行为又有一些特别的规定。法律规定：要求投标文件中应当对招标文件中的实质性要求作出响应。而所谓对实质性要求作出响应是指投标文件应该与招标文件中的实质性要求相符，无显著差异或保留。如果投标文件在实质性内容上不响应或不符合招标文件要求的，该投标应做废标处理。

2. 招标人与中标人签署改变招投标文件关于工程价款内容的条款

根据民法原理，中标行为是承诺，中标通知书则是承诺的具体化。但是法律对中标这一承诺的行为有些特别规定：

1）招投标中的承诺，中标通知书发出后即发生法律效力。一般情况下，承诺是承诺通知书到达要约人时才发生法律效力。

2）招投标中的承诺如果生效，合同并未成立，还需要根据招投标文件中的实质内容签订合同。一般情况下，承诺生效时合同就成立。

如果所签订合同中关于工程价款的约定与招投标文件不一致，行政机关有权不予备案，责令改正，并可以处以一定数额的罚款。

3. 招标并备案的施工合同与补充合同并存的情况

在实务中，经招投标签订的施工承包合同备案后，可能会由于各种原因出现一份补充合同。对该补充合同的法律地位，一般可能存在以下几种情形：

（1）如果补充合同是在中标之前所签。法律规定：在确定中标人前，招标人不得与投标人就投标价格、投标方案等实质性内容进行谈判，更不允许有串标行为。因此如果在中标之前，发包人与承包人就已签订所谓的补充合同，一般认定为无效合同。

（2）如果补充合同是在中标之后所签，则可分为以下几种情况：

1）补充合同仅对非实质性条款进行必要的变更或补充，则该合同是有效的。

在中标后所签订的施工承包合同中，只要求实质性条款与招标投标文件相一致，并不要求非实质性条款与招标投标文件相一致。所以无论是在签订施工承包合同中，还是在以后的协充协议中，对非实质性条款的约定法律并未有相应的限制，则补充合同有效。

2）补充合同对工程价款的内容进行了变更，则可分为两种情况：

①如果出现了招投标过程中没有发生且无法预见的新情况，使招投标的前提条件发生了根本的变化，若不进行变更，将会使建设工程施工承包合同的权利和义务显失公平，则补充合同对工程价款的内容进行变更是合法有效的。这一点在《司法解释（二）》第九条中已予以明确。

②如果未出现上述（即"招投标过程中未发生且无法预见的"）新情况，则按中标备案的合同作为结算工程价款的根据。

如果未出现上述（即"招投标过程中未发生且无法预见的"）新情况，允许承发包双方变更实质性条款，有悖于招投标法的宗旨，也是对其他未中标的投标人合法权益的侵犯，因此出现这种情况，工程竣工结算还是以中标备案的合同约定进行。

以何种约定进行结算才是合法，关键是要把握好确认正常的合同变更行为与规避中标行为的界限。既要不悖于招标法的主旨，又要遵循合同法的意思自治原则，既要尊重《招标投标法》所倡导的公平，也注意保护建设工程合同双方当事人修改、变更合同的权利。

综上所述，经过招标程序所签订的施工承包合同，承发包双方对工程价款的约定要受到某种程度的限制，如果发生在签订施工承包合同时无法预见的客观事件，使当时的前提条件发生了变化，必须对工程价款的内容进行变更或若不变更则会比较大地影响承发包双方当事人的权利和义务，这种情形应该是允许变更工程价款条款的，反之不得变更；而对非实质性内容，则完全遵循意思自治原则，无论前提是否变化，均允许变更。

第三节　建设工程签证问题

一、当今的工程价款是否是市场价的问题

1. 工程价款属于价格体系中的市场价

当今中国的经济形态是社会主义市场经济，而市场经济的本质之一是由市场竞争来决定价格。因此当今中国价格体系中，除极少数的商品或服务是采用政府定价或政府指导价外，其余绝大多数的价格均属于市场价。

某一商品或服务的价格要成为政府定价或政府指导价，必须同时满足必要条件和充分条件，即在定性上，其必须属于关系到国计民生或稀缺垄断等的商品或服务这一必要条件；在程序上，其必须被列入国家或地方的定价目录中这一充分条件。而工程价款既不具备政府定价或政府指导价所需要的必要条件，也不满足其充分条件，鉴于工程项目建设及供求状态的不确定，工程价款也很难制定统一的政府价或政府指导价，因此工程价款不属于政府定价或政府指导价，而属于价格体系中的市场价。

假设工程价款是政府定价或政府指导价，则会出现当建设工程领域的各参与方不执行政府指导价或政府定价时，行政主管部门，除了可以责令改正，没收当事人违法所得外，还可以处以罚款等其他行政处罚。事实上，由于工程价款属于市场价，所以从未出现且也不可能出现此类的处罚，这再一次用反证的方式证明了工程价款就是市场价这一观点。

2. 法律直接（或间接）地肯定工程价款是市场价

无论是直接发包还是招标发包，工程价款均由承发包双方在工程施工承包合同中约定，并按该约定进行工程价款的结算。两者区别仅在于招标发包还应遵守招投标法的相关规定，即在招标过程形成的工程价款的合意不得擅自改变。因此法律直接肯定了工程价款就是市场价。

其实法律在直接肯定了工程价款是市场价的同时，还间接地肯定工程价款的属性。

（1）"固定价不予鉴定"的规定。中华人民共和国最高人民法院对承包人希望通过鉴定结论证明其签约时的"固定价"低于履行时的市场价，从而得到予以调整的目的是持否定态度的，由此作出了"固定价不予审价"的规定。

该规定的实质是正面肯定了工程价款是市场价，同时也间接否定了作为工程价款的要素（人、材、机等），若其价格是政府定价或政府指导价调整，也是不予调整的，并且，立法者从合同履行时"商业风险"和"超额利润"可能性并存的角度出发，诠释"公平原则"的本质。

（2）"逾期不结算视为认可"的规定。法律为了尽可能防止发包人拖延支付工程结算余款，对当事人"逾期不结算视为认可"的约定予以正面肯定。

若工程价款不是市场价，则不可能产生结算价，也无论如何不可能出现由于"逾期未结算"而认可送审价情形，因此该规定是建立在工程价款是市场价的基础上的，强调对双方形成的合意应当尊重立法精神。

（3）"原则上按审价为准"的规定。如果某个建设工程属于国有投资的项目，则该项目有可能既经过"社会审价"，又经过"国家审计"，若二者结果不一致时，法律明确规定原则上按审价为准。该规定对"社会审计"的效力予以了肯定，这种肯定是以承认工程价款是市场价为前提的。

3. 法律对工程价款合意的适当限制

通过市场竞争形成的工程价款虽然属于市场价，但由于工程质量关系到不特定人的生命安全和社会资源的合理利用，因此质量优先作为当代中国建筑法立法宗旨，从而有必要对当事人关于工程价款所形成的合意进行适当的限制。

工程价款的总价不得低于成本价，如果是招标发包，《招标投标法》不仅不允许招标人以低于成本价的价格进行招标，而且也不允许投标人以低于成本价的报价进行投标；如果是直接发包，我国相关法律则明确规定不允许以低于成本价作为工程价款的合意。

从发包人取得的物化劳动的工程价款数额则是市场竞争的结果，与供求关系和博弈技巧有关，因此无论是法律规定还是价格体系，均肯定了工程价款属于市场价。

二、"工程签证"由来和本质要点

建设工程施工合同的签订是基于签订时的静态承包范围、设计标准、施工条件等为前提的，施工合同承发包双方权利和义务的分配也以此为基础。合同所体现的"公平合理"，乃至权利和义务冲突保障机制均是基于这一静态前提的。但实践中由于建设工程项目的结果唯一性和过程不确定性，这种静态往往会被打破。这种情况下，双方就需要在新承包范围、新设计标准或新施工条件等前提下建立新的平衡，追求新的"公平合理"。这就是为什么承发包双方事先在合同中约定"结算"的原因。

工程价款之所以存在"结算"这一步骤主要有两个原因：其一，合同履行过程中发包人引起的变化主要针对承包范围和承包内容，即承包范围的增加减少、承包内容的改变等。其二，合同履行过程中非发包人引起的"干涉"，主要针对建设工期和建造条件，即工期的中止、承包状态的变化等。而"结算"是在"尊重历史、立足当前"的原则下厘清价款。

实践中，承发包人双方往往以发包人签发的"签证"为依据进行结算。

1. 工程签证分为工程变更签证和工程索赔签证

根据签证发生的原因不同，签证可分为"工程签证"和"索赔签证"。其中，工程签证指因签订合同时承包范围和承包内容与最终竣工产生差异而出现的结算依据；索赔签证则是指合同履行过程中因非承包人原因导致建造状态引起成本增加的结算依据。

2. 工程签证是发包人所认可承包人权利的定量化

无论是工程签证还是索赔签证，均是承包人权利定量化被发包人认可的一种体现。因此无论《司法解释（一）》第十九条的精神，还是《司法解释（二）》第十二条的精神，均明确即便没有签证但只要有其他证据能够证明承包人获得该权利的，法院均应予以支持。

3. 工程变更签证的主要特点

从法律层面而言，工程指令与工程签证可以要约和承诺构成补充（或变更）协议，而具有要约性质的"指令"往往具有以下特点：

（1）未必具备要约所有要件。要约定的内容应当具体确定，即对应的承诺生效后能基本构成一个成立的合同。但作为要约的工程指令往往只涉及变更内容而不涉及变更的时间成本（如工期是否延期）和资金成本（如造价如何确定）。

（2）表达形式具有多样性。建设工程合同应当采用书面形式。但实务中，工程指令的形式往往多样，可能是书面，也可能经由口头指令后转为书面确认；可能明确以指令形式表达，也可能通过会议纪要形式体现。

（3）承包人原则上必须执行。承诺是受要约人对要约的认可，换而言之，对于要约的意思表示，受要约人可以自由选择同意与否。但建设工程实务中，作为承诺人的承包人原则上必须对作为要约的工程指令进行承诺并切实执行指令内容。

（4）工程变更计价的独立性。建设工程施工合同的计价是签订合同时点下承发包双方就项目承包事宜达成的合意。而工程变更的计价是工程变更时点下双方就变更内容达成的双方合意。很明显，两者前提截然不同。因此合同约定的计价方式不必然等同于工程变更的计价方式。这一点在《司法解释（一）》第十六、第十九条中也有明确体现。

4. "工程索赔签证"的主要特点

工程索赔指承包人或发包人在履行建设工程施工合同过程中，对于因相对方原因造成实际损失而向其提出经济补偿和（或）工期顺延要求的行为。

根据索赔内容的分类，工程索赔可分为费用索赔和工期索赔两类。工程索赔具有如下特点：

（1）索赔原因并非一定在于发包人违约。承包人可就非自身原因导致的为该工程多花费的成本（如时间成本或其他成本）向发包人提出索赔，而"非自身原因"可能是第三人原因，可能是不可抗力事件，也可能是发包人不属于违约的正当行为。

（2）索赔理由主要源自行业惯例。国际惯例是中国法律的非正式渊源之一。而工程索赔的主要依据来自国内外建筑业长期形成的行业惯例。所谓惯例是指某一行业经过大量案件和各种事件所形成的一种约定俗成的"规矩"，一般具有明显的行业性和专业性，目的在于保障该行业的公平合理。

（3）索赔计价工程计价不相等同。工程价款是针对物化劳动的计价，包括人、材、机等费用，而索赔费用是主要针对为特定事件所花费的费用。因此索赔计价不能等同于工程计价。

综上，结算这一行为是承发包双方事先在合同中约定以调整承发包双方权利义务从而保证动态公平合理的手段。因此无论是政府出具的《建设工程施工合同（示范文本）》，还是国际上通行的 FICD、JCT、AIA 等合同体系，建设工程施工合同与一般双务合同相比均有两个显著的特色条款，即工程变更和工程索赔。其目的就是为了服务最后的结算程序。

三、"工程变更签证"如何确定的问题

由于工程签证的以上特点，在实务中，工程变更签证往往会出现不同形式，例如，有变更指令而无通常概念上的"工程签证"，只签量而未签价的"工程签证"等，对不同情形的"工程变更签证"如何认定、如何计价是我们要讨论的问题。

1. 常态下的"工程变更签证"的情形

如果发包人工程变更的要求是以工程变更指令来下达的，往往会存在一个与之对应的工程签证，根据所形成的工程签证对变更事实和变更成本的确定情况，可分为两种情形：

（1）明确变更事实和变更成本的工程签证。

这类工程签证是最有利于维护承包人利益的。并且这种对工程价款或工期延期的约定，无论与其当地建设行政主管部门发布的计价方法或者计价标准有什么差异，还是与施工承包合同中关于工程价款的计价方法或者计价标准的约定不同，一般均是合法有效的。

根据意思自治原则，只要当事人在自愿诚信的原则下，达成的合意不违反法律和行政法规的强制性规定，均是合法有效的。在除斥期内对方向有关法院（或仲裁委员会）以约定显失公平为由主张撤销或变更并得到支持的除外。承发包双方所签证的施工承包合同中关于工程价款的计价方法或者计价标准并非必须适用于变更工程，除非在施工承包合同中有明确的约定。

（2）明确变更事实，未明确变更成本的工程签证。

这类工程签证对所需要变更的内容是明确的，无非对承包人完成的变更工程如何进行计价和是否顺延工期是要求讨论的，对承包人而言，这类工程签证与没有工程变更签证来说是相对有利的。

工期顺延问题，承包人要证明该工程变更已影响到本建设工程的施工关键线路，并影响了总工期，如果与发包人协商不能达成一致的情况下，可以由法院判定或仲裁机构裁决。工程价款的问题，如果承包人与发包人事后协商不能达成一致，则可参照签订施工合同时当地建设工程行政主管部门发布的计价方法或计价标准结算工程价款。

根据法律规定，合同生效后，当事人就价款没有约定或者约定不明确的，如果能事后达成协商一致意见，按协商一致的结果执行；如果不能达成协商一致的，则可按合同有关条款或者交易习惯确定；如果根据合同有关条款或交易习惯仍不能确定，则按照订立合同时履行地市场价格履行。但是如果该价款属于政府定价或者政府指导价的，按政府定价或者政府指导价执行。

从法律层面而言，工程变更指令与工程签证组成了一个经过要约和承诺的新合同，因此如果对工程价款没有约定，理应遵循法律关于价款约定不明进行补救的规定。即先协商，后推理、再法定，而法定确定价款的原则是当地当时的市场价，除非属于政府定价或指导价的范畴。建设工程的当地建设工程行政主管部门发布的计价方法或计价标准是根据本地建筑业市场的建安成本的平均值确定的，应属于政府指导价的范畴，因此并非属于强制性规范。所以当工程变更价款约定不明时，法律规定是参照当地建设工程行政主管部门发布的计价方法或计价标准执行。

2. 非常态下"工程变更签证"的情形

如上所述，工程变更指令与工程签证组成了一个经过要约和承诺的新合同。由于工程变

更指令的特点，在实务中，发包人向承包人发出工程变更指令的形式往往多种多样，并非完全以明确的"工程变更指令"形式出现，这种情况有可能会出现无工程签证的状态。为此，如果承包人能证明其实际施工是由发包人同意或要求进行的，应当视为完成了要约和承诺。而发包人同意或要求其施工的指令可能按以下形式出现：

（1）会议纪要。会议纪要主要有例行会议纪要和专项会议纪要。例如，在由发包人、承包人和监理方等参加的每周例行工程例会上，所形成的有关工程变更方面的决定，可视为工程变更指令。

（2）工程洽商记录。工程洽商记录主要是在施工承包合同履行过程中，发包人就工程问题组织有关设计、施工或监理单位进行洽商所形成的记录。如果在该工程洽商中，各方形成了工程变更的意思，则可视为工程变更指令。

（3）工程检验记录。工程检验记录主要指在施工过程中，对某些技术参数的记录以及隐蔽工程验收的记录。例如，基础验槽记录、建筑定位放线验收单等，这种工程检验记录一般不会涉及价款，但是在一定程度上反映出工程量的变化。

（4）来往电报、函件。在施工过程中，就工程变更问题，承发包双方往来电报或函件。例如，发包人要求改变某些工程的位置或工程质量的电报或函件。

（5）工程通知资料。就工程的某些技术参数的改变向承包人发出的工程通知资料。例如，发包人变更场地范围、施工作业时间等。

如果工程指令是上述形式，往往有可能没有以工程签证的形式来肯定发生的变更事实，更不可能以工程签证来确定发生的变更事实的成本，即没有就该工程变更是否工程顺延和工程价款达成合意。这种情况对承包人最不利。

鉴于以上情形，如果承包人认为其实际施工的工程量多于合同或合同附件中列明的工程量的，根据"谁主张，谁举证"的原则，承包人应当证明发包人同意或要求其施工的证据。如果承包人能提供以上形式的工程变更指令，只要这些形式的工程变更指令经过举证、质证等程序后足以证明该工程变更指令所呈现的实际工程量事实的真实性、合法性、关联性的情况，是可以作为计算工程量的依据的。如果承包人不能举证证明所超出设计图纸完成的建设工程是由发包人指令完成的，严格来说，应属于承包人自身超越设计图纸施工或者质量未达到设计要求。

在解决了以上关于工程指令的问题后，确定因此发生的工程变更而引起的工程价款。首先，承发包双方事后协商，如果能协商一致，按协商的结果执行；如果不能协商一致，则可参照订立施工承包合同时履行地行政主管部门发布的计价方式或计价标准计算工程价款。

综上所述，不仅是可调合同价，就是固定和成本加酬金合同价，只要签订建设工程施工承包合同的前提条件发生变化，就可能存在工程变更的情形。所以一般情况下，建设工程合同价款不完全等同于工程竣工结算造价。并且建设工程合同价款的计价方式并不自然适用于工程追加合同价部分的计价。工程追加合同部分的计价遵循"有约定，从约定；无约定，从法定"的原则。

四、"工程索赔签证"如何确定的问题

《司法解释（二）》第一次提出了索赔签证的概念，按其规定认为：工程索赔是承包人的一项权利，而权利是无需对方同意即可行使的。故发包人对签证的确定本质上是对通过该

权利对定量的确定。

如果当事人约定，承包人未在约定时间提出签证所对应的权利则视为无权利或放弃该权利的，承包人未在约定时间内提出或超过约定时间提出的，法院原则上不予支持。但是即便这种情况，只要发包人事后同意顺延或承包人的抗辩理由是合理的，则工期仍应顺延。

如果当事人没有约定，承包人未在约定时间签证所对应的权利则提出视为无权利或放弃该权利的，承包人只要有证据证明其行使过该权利，且签证所对应的事项合法合理的，法院原则上应予以支持。

无论是否当事人有"承包人未在约定时间提出签证所对应的权利视为无权利或放弃该权利的"的约定，只要承包人取得合法签证的，法院原则上应予以支持。

工程索赔签证包括两种类型，一类是费用索赔签证和工期索赔签证，通常情况下，存在工期索赔签证往往会存在费用索赔签证，反之，则不然。

1. 工程索赔签证的确定

承包人提出工期索赔应符合一定逻辑性，具有一定的层次感，以下是承包人因工期延误提出和计算工期索赔的一般程序：

第一步：分析工期延误的原因。

工期延误的原因包括三种：

（1）承包人自己原因引起的，不得提出工期索赔。

（2）不是承包人也不是发包人原因引起的，承包人可以提出工期索赔，但不能要求费用索赔。

（3）发包人原因引起的，承包人原则上既可提出工期索赔，也可以提出费用索赔。

第二步：分析延误的工期是否是关键线路。

（1）延误的工期属于关键线路，或者是一条非关键线路。但因延误已变成关键线路，承包人可以提出工期索赔。

由于关键线路的时间就是网络计划的总工期（即施工项目的总工期），关键线路的实际进度提前或拖后均直接影响施工总工期。所以如果不是承包人自己原因造成的关键线路的工期延误的，一般情况下，承包人是可以向发包人提出工期索赔请求的。

虽然延误的关键线路的工期不是由承包人引起的，但是具体原因也可分为发包人原因引起的和自然事件引起两种情形：

一种是，延误的关键线路工期是由发包人引起的。承包人不仅可以向发包人提出工期索赔，而且可以向发包人提出延误工期所增加的费用。

另一种是，延误的关键线路工期不是发包人引起的。虽然延误的工期是处在关键线路，但并非由发包人引起的，而是由发包人和承包人无法控制的原因引起的，则承包人在向发包人索赔该工期延误时，仅仅只能起出索赔工期的延误，而不能提出因延误工期所增加的费用。

（2）延误的工期属于非关键线路，则承包人不可以提出工期索赔。

由于非关键线路上的工序存在一定的机动时间，所发生的延误并不会导致整个工程的工期延误，所以如果不是承包人自己原因造成的非关键线路的工期延误的，一般情况下，承包人不得向发包人提出工期索赔的请求。

2. 工程费用签证的确定

不同的索赔事件，其费用索赔的计算构成是不同的，以下根据建筑业的惯例，总结了不同情况引起承包人费用索赔事件以及相应的计算构成。

（1）工程中断。

通常认为，工程中断是指发包人的原因要求承包人暂停施工的行为。一般情况下，当工程中断时，如果承包人放弃行使合同解除权的，则享有向发包人要求工期顺延和费用索赔的权利。其中，费用索赔的内容主要包括人工费、机械费和其他费用。

根据建筑业的惯例，人工费损失应考虑这部分工作的工人调配到其他工作时工效降低的损失费用，一般用工日单价乘以一个测算的降效系数计算这一部分损失，而且只按成本费用计算，不包括利润。机械使用费，一般按折旧费或停滞台班费或租赁费计算，不包括运转费用。而其他费用是指工程中断所造成的其他费用，一般是指停工复工所产生的其他额外费用，工地重新整理等费用。

（2）工期顺延。

一般情况下，承包人提出工期索赔可分为三种情形：第一种情形是由发包人引起的关键线路工期的延误，这种情形承包人既可提出工期索赔又可提出费用索赔；第二种情形是由发包人引起的非关键线路工期的延误，这种情形承包人只可提出费用索赔而不能提出工期索赔；第三种情形是既非发包人引起也非承包人引起的关键线路工期的延误，这种情形，承包人只可提出工期索赔而不能提出费用索赔。对第一种和第二种情形，承包人提出费用索赔的内容主要包括：人工增加费、材料增加费、机械设备增加费、现场管理增加费、分包工程索赔等。

根据建筑业的惯例，人工增加费包括人工工资的上涨、不合理使用劳动力所增加的人工工资等；材料增加费包括因工期顺延所引起的材料价格的上涨等，机械设备增加费主要包括增加的机械折旧费或增加的设备租赁费（包括必要的机械进出场费）等；现场管理费的增加主要包括现场管理人员的工资津贴，现场办公设施等；分包工程索赔费用包括分包人向总包人索赔的分包费以及相应管理费用。

（3）工期赶工。

如果承包人提出的工期索赔请求是成立的，且施工承包合同中约定的建设工期比较长，但是对竣工时间的要求比较严的情况，只要实际工期是在"合理工期"范围内的，发包人往往会不同意工期顺延。这种情况下，承包人可以向发包人支付"赶工费"。

赶工费的计算主要包括：①人工费用的增加，如新增加投入的劳动力、不经济使用劳动力等；②材料费的增加，如不经济使用材料所造成的过多的损耗、材料提前交货所增加的费用、材料运输费的增加；③机械设备费的增加，如增加机械投入、不经济地使用机械等。

如果是工程量增加而提出的费用索赔，其费用的构成原则上，如果承包人与发包人达成一致的，则按双方的合意计价；如果承包人与发包人不能达成一致的，除非施工承包合同中有特别约定外，并非按照施工合同中的计价标准和方式计价，而应当按照签订施工承包合同时当地行政部门发布的计价方法或者计价标准结算，所以严格来说，工程量增加而提出的费用索赔的计算，其实质就是重新报价的过程，应遵循工程价款的原则和组成。

第四节　建设工程价款结算问题

一、肯定"逾期不结算视为认可"的理由

1. 工程竣工移交后双方共同目的不存在

建设工程施工合同是先由承包人按时保质完成建设工程后由发包人按时足额支付工程价款的有履行顺序的特别承揽合同。因此合同实质性内容就是在承包范围内的承包内容所指向的工程质量、工程价款和工程期限。

承发包双方对工程质量、工程价款和工程期限的态度不完全相同。但工程建设阶段，发包人希望按时结束工程投入使用，承包人希望按时完成工程取得工程款，即此时双方对工程期限的追求是一致的。但在工程验收合格并移交后，双方对工期的共同追求不复存在。不仅如此，此时承包人已基本完成合同义务，发包人对于拖欠承包人进度款可能造成承包人单方解除合同的顾虑也不复存在。

2. 承包人优先受偿权的行使存在障碍

由于承揽合同中承揽人的先履行义务，为了防止定作人在取得定作物后拖欠价款，故法律赋予承揽人法定的留置权。但鉴于建设工程合同的标的物是不动产，而法律明确规定留置权不适用不动产，故为保障承发包双方的"物款两清"，法律赋予承包人优先受偿权。

需要注意的是，只有部分工程价款能行使优先受偿权，且部分工程项目不适用优先权。同时，行使优先受偿权存在程序要求，其中最关键的在于行使优先受偿权存在法定除斥期间。

3. 对支付节点的认识不足

发包人拖欠结算余款的方式一般为拖延竣工结算，而该方式的理论基础大致在"结算完毕是支付竣工结算余款的前提"。换言之，若未完成结算，则无法就工程结算余款进行支付。

但其实应支付的时点与实际支付的时点是两个截然不同的概念。从承揽合同中的留置权规定可以看出，定作人支付款项的时点在于接受定作物。而建设工程合同作为特殊承揽合同，虽然不适用留置权，但支付价款的法定时点并无特殊规定。这就意味着即便发包人拖延结算，支付时点仍然不变。结算完毕后，发包人不仅应支付工程结算余款，还应支付逾期利息。

发包人通过拖延工程竣工结算审核以拖延支付工程结算余款的行为，在建设工程行业中属于出现频率较高的问题。而因其涉及人员上至总承包人，下至农民工，其不利影响也较大。故行业、社会及国家均对其予以高度重视。法律对于"逾期不结算视为认可"的相关规定就是其意志的体现。

二、如何约定"逾期不结算视为认可"

严格来说，最高人民法院关于"逾期不结算视为认可"的规定并不是新确定的法律责任，只是以司法解释的形式肯定了发包人与承包人在施工合同中约定的这种附条件的民事法律行为的有效性，肯定了发包人与承包人选择这种确定工程款的结算是可行的，其实质是对

当事人约定的尊重。

"逾期不结算视为认可"的规定附有"发包人收到竣工结算文件后，在约定期限内不予答复"的消极的延缓条件。当该条件成立时，即"在约定期间内不予答复"，则可以认可竣工结算文件。本条款的实质是：当条件成立时，发包人以默示的方式承诺以承包人递交的结算文件中的价款支付工程结算余款的一种民事法律行为。所谓的默示行为是指当对方当事人提出民事权利要求时，未用口头或书面明确表示意见，却以其行为表明已接受的，被认定为默示。但是如果以消极不作为的默示表示意思表示，只有两种情况有效：第一种是法律明确的规定。这里所称的法律仅仅是指由全国人民代表大会以及常务委员会所制定的法律。因为涉及民事基本制度的事项只能由法律来规定。第二种是当事人明确约定。本条款显然属于第二种情况，故这一切必须建立在发包人与承包人双方约定的前提上。从逻辑学的角度来看，要使发包人默示认可承包人所递交的结算文件结算价款的，可分为三个逐级层次的条件。

1. 以"约定"为内容的前提条件

"约定"必须明确两方面的内容：所附条件的内容（主要是约定答复的期限），所附条件成就与非的法律后果。

2. 以"递交"为内容的必要条件

递交应当注意两个问题：

（1）应迅速递交，因为递交时间不仅是约定期限的起始点，而且在大多数施工合同中双方约定工程价款应付时间为工程竣工决算时。此时，递交时间就决定了工程价款计息时间。

（2）承包人递交结算文件应当是书面的。

3. 以"逾期"为内容的充分条件

逾期应注意以下两点：

（1）发包人逾期答复不影响以结算文件作为决算依据的法律后果。

（2）发包人在约定的期限内对竣工结算文件的答复应是书面。

经过以上的分析可知，只有同时满足前提条件（发包人与承包人共同"约定"为内容）、必要条件（承包人单方"递交"结算文件）、充分条件（发包方单方"逾期"不予答复），才能导致以承包人递交的结算文件作为工程结算余款的依据。

但必须注意以下几点：首先，若合同中仅约定收到竣工结算报告后的审核期限而未明确约定逾期没有答复视为认可竣工结算报告的，即便发包人未在约定的时间予以答复，承包人也不能以此条要求法院支持其"按照竣工结算文件结算工程价款"。其次，即便合同中明确有此约定，发包人在约定期内予以答复而承包人对其答复不满意的，则当自承包人对发包人的答复提出异议时应重新起算"约定时间"。

综上，即便"逾期不结算视为认可"的规定旨在赋予承包人维护自身利益的权利，但其行使仍有法定的限制条件。这就要求承包人在未面临"被拖欠结算余款"时就应对此类事情的发生，对自身的权益有着清醒的认知和预判，从而在真正面临困境时能够顺利正当地行使法定权利，维护自身利益。

三、工程欠款利息的法律属性

工程款包括工程预付款、工程进度款和工程竣工结算余款。因此发包人按时足额支付工程款，应该理解为发包人按时足额支付预付款、工程款和工程竣工结算余款。

法律规定，当发包人未按时足额支付工程款时，除支付工程款外，还应当支付欠付工程款的利息。所以支付工程款利息是以发包人欠付工程款为前提的，即工程款本身无利息可言，只有工程欠款才谈得上利息。因此工程款利息可能因欠付工程款的形式不同存在三种情形，即工程预付款利息、工程进度款利息以及工程结算余款利息。

欠付工程款利息的性质是法定孳息。所谓孳息，是指母物所生的收益。在民法上，孳息包括天然孳息和法定孳息。而法定孳息是指因法律关系所得到的收益。只有当发包人按期足额支付工程款，承包人才能支付相应的建材、构配件、商品混凝土的货款，机械台班的租赁费用或维修保养费，以及相应人工费用，工程才能按约定继续正常施工。所以发包人如果没有按时足额支付工程款，通常认为欠付工程款已转化为类似于借款关系，而法律规定，在借款关系中，存在属于法定孳息的利息。

在商品货币经济中，资金是劳动资料、劳动对象和劳动报酬货币的表现。资金运动反映了物化劳动和活劳动的运动过程。在这个运动过程中，会创造出新的价值，使得资金经过一定时间后增值，这就是所谓的资金时间价值。

衡量资金时间价值的指标主要有相对值的利率和绝对值的利息。所谓利息，是占有资金在一定时间内增值的绝对数。所谓利率，是单位资金在单位时间的增值数。如果计算利息超过一个单位时间（即计息期）的，就存在一个"单利"和"复利"的问题。单利是指仅对本金计息，对所获得的利息不再计息。计算公式为：

$$F = P \times (1 + n \times i)$$

式中：F——本金与利息之和（简称为本利和）；

　　　　P——本金；

　　　　i——利率；

　　　　n——计息期。

复利是指不仅本金计息，而且先前周期的利息在后继的周期也要计息。计算公式为：

$$F = P \times (1 + i)^n$$

利息则是本金、利率和计息时间的函数。利息的多少由三个因素决定。

（1）关于计息本金的问题。

如果欠付工程预付款，则计息的本金应该是施工承包合同中约定的工程预付款的绝对数。在实务中，往往是以暂定合同价的一定比率作为工程预付款的。如果欠付工程进度款，则计息的本金应该是经过约定的程序所确定的各时间节点的进度款项。而如果欠付工程竣工结算后的余款，则计息的本金应该是确认了竣工结算工程款减去工程预付款和工程进度款的余额。

（2）关于利息利率的问题。

如果承发包双方当事人对欠付工程价款计息的利率有约定，从其约定，法律一般不干涉；而工程垫资款约定的利率超过一定幅度，法律是要干涉的；只有当约定的利率实在太高，发包人以显失公平，请求变更的除外。如果承发包双方当事人对欠付工程价款计息的利率没有约定，则按照中国人民银行发布的同期同类贷款利率执行。

（3）关于计息时间的问题。

支付工程款利息是以发包人欠付工程款为前提的，因此计息的开始时间是工程款该付而未付的时间，计息的结束时间是款欠付工程款已付的时间。如上所述，工程款利息包括工程预付款利息、工程进度款利息和工程竣工结算余款利息。

一般情况下，工程建设施工承包合同均对工程预付款、工程进度款有明确的约定，且工程预付款和工程进度款是发生在承包合同的履行过程中的。如果发包人未按约定支付工程预付款或工程进度款的，会影响到工程正常施工。

按时竣工通常是承发包双方共同追求的目标，如果发包人没有按时支付工程款，经催告后仍未支付，影响到承包人正常施工的，法律则赋予承包人单方解除施工承包合同的权利。所以一般情况下，发包人欠付预付款和进度款的概率远远低于欠付工程竣工结算余款的概率。

关注工程竣工结算余款的支付时间是非常重要的。即便建设工程施工承包合同中对欠付工程款利息没有约定，发包人也应按照中国人民银行发布的同期同类贷款利率支付利息，这是工程款欠款的法律性质所决定的。

四、工程结算余款欠款计息时间

鉴于承揽合同的特殊性赋予承揽人法定留置权，但因留置权只适用动产，对于作为特殊承揽合同的建设工程合同，法律赋予承包人优先受偿权。但价款的支付时点未变，与留置权一样仍以移交标的物的时点为准，"但当事人另有约定的除外"，即竣工结算余款支付时点有约定按约定，没有约定则按法定执行。法定工程竣工结算余款的支付时间规定如下：

（1）若建设工程已实际交付，为建设工程实际交付之日。

承包人将其物化劳动的成果交付发包人，说明承包人已完成施工合同最主要的义务，发包人已达到合同的根本目的。此时，发包人完全可以对其占有和控制的建设工程进行处分、使用和收益。在这种情况下，坚持不支付承包人工程竣工结算余款，显然于情于法均说不通。所以法律规定工程竣工结算余款应付时间为交付之日。如果工程已实际交付发包人，而发包人尚未支付工程竣工结算余款的，工程竣工结算余款的计息时间从工程交付之日的第二天开始。

（2）若已提交竣工结算文件但未交付建设工程的，为提交竣工结算文件之日。

承包人提交竣工结算文件的前提条件是建设工程经过竣工验收合格。而工程竣工验收合格说明承包人已完成施工合同最主要义务，已具备要求发包人支付工程款的前提。但在实务中，发包人往往会故意推延审核时间以达到延期支付工程结算余款的目的。为督促发包人尽快审核工程结算报告，及时支付工程结算余款，法律规定，若建设工程没有交付而承包人已提交竣工结算文件的，以提交竣工结算文件之日为发包人支付工程竣工结算余款的时间。

（3）若建设工程既未交付又未完成价款结算的，为起诉人民法院之日。

实务中，大多存在建设工程未完工或虽完工尚未通过竣工验收程序的情况。此时的工程结算条件不成熟，无法确定应付工程结算余款的时间，为了避免扩大承包人的损失，平衡承发包双方当事人的利益，法律规定，这种情况的工程结算余款的支付时间为当事人向法院起诉之日。向人民法院起诉之日的正确理解，应当是法院立案之日。

综上，工程竣工结算余款支付时间若没有约定或约定不明确的，应按照以上法律规定的时间作为付款时间。当然这种情况下，工程竣工结算余款的确切数额往往尚未确定，但这并不影响最终计算欠付工程款的利息。

第五节　建设工程价款鉴定问题

一、从工程价款属性理解鉴定的前提

1. 计价方式按合意为准

市场价由双方合意形成，原则上法律不予干涉。即便是以质量为宗旨的《建筑法》体系，对于合同造价也仅要求不得低于成本价，价格的属性由最终进行交易的标的物决定，与其组成的基础价格的属性无关。所以工程造价组成的基础价格可能是政府定价或政府指导价，但这绝不影响工程造价的市场价属性。而既然合同造价属于市场价，则其形成的计价方式以双方合意结果为准，一旦合意成功就应诚信履行。

《司法解释（一）》第十六条是直接表达合同造价"按照约定结算工程价款"，事实上，《司法解释（一）》第二十条的"逾期不结算视为认可"、第二十二条的"固定价不予鉴定"等法条则间接肯定合同造价的计价方式是承发包合意为准。

所谓鉴定，是对有争议的事项进行，若双方对计价方式没有争议，仅对计价后的结果有争议，即如何计价有争议，可以委托第三方进行鉴定。如果双方对计价方式的约定有争议，则原则上不属于鉴定范围，而应由法律进行判断。若双方对约定是按"固定价"作为计价方式无争议且无变更，则一方要求鉴定，法院不予支持。

2. 计价方式按最后合法合意为准

以双方合意为准的真正内容是按双方最后合意为准。只要双方法律关系尚未消失或终止，双方就可以协商一致变更之前的合意，只要最终合意是合法有效的，就应当遵循。

若施工承包合同的发包是直接发包，只要双方协议一致，完全可以改变之前的计价方式。例如，之前的双方合意的计价方式是固定价，在结算时双方协商一致按照可调价也是完全可以的。

若施工承包合同的发包是招标发包的，双方协议一致，改变招标合意的计价方式，《司法解释（一）》第二十一条对此是明确否定的。根据《招标投标法》的相关规定可能还会受到行政处罚。同时，若计价方式没有改变，但改变或变相改变结算结果的，《司法解释（二）》第一条第二款也明确表达了否定的态度。

3. 最终的合法"合意"就应"诚信"履行

在民事合同关系中，主观上强调"诚信"，客观上强调"合意"，只要"合意"是"最终的""合法的"，就应当诚信履行。而只有在"合意"这一时点才讨论其"合意结果是否显失公平"的"公平"问题。

"诚信"原则贯穿于合意的全过程。合意过程要"诚信"，否则将承担缔约过失责任；合意结果要"诚信"，否则将承担违约责任；合意结果履行完毕后，对于后合同义务仍需"诚信"。若履约后的不利结果与最终合意结果进行比较，从而大叫不公，要求对合意结果进行"鉴定"，这种做法本身是不公平的，其本质是企图用履约过程中的正常商业风险与签约时的合意进行比较，从而利用虚假的公平原则冲击确实的诚信原则以达到真正不公平的结果。

4. 最终合法的合意是总价也应诚信履行

根据以上的分析，即使最终合法的合意不是对计价方式的重新合意，而是就是直接对合同造价的总额进行一个合意，该合意也应尊重。大体可以分为以下两种情形：

第一种情形，开始就是对合同造价的总价额进行合法的合意。例如，订立合同时就约定本合同承包范围内的合同造价就是某一个总价，即某一固定总价。这种情况不存在鉴定的前提，因此在《司法解释（一）》中予以明确表达：不予再鉴定。

第二种情形，开始双方对合同造价的总价额不是直接约定的，而约定的是对该合同造价总额的一个计价方式，在竣工结算中，开始以约定的计价方式进行竣工结算，出具了一个初稿，然后在该初稿的基础上，双方就最终的合同造价的总额进行了一个最终合意，签订了结算文件，这种情况也是不存在鉴定的前提的，因此在《司法解释（二）》中明确表达，"当事人在诉讼前已经对建设工程价款结算达成协议，诉讼中一方当事人申请对工程造价进行鉴定的，人民法院不予准许"。

二、价款鉴定前提的正确理解

由于工程价款属性是市场价，因此要遵循"有约定从约定，无约定从法定"，"约定要合法，法定要知道"的原则。而法律对工程价款的"干涉"只有两点，即约定的造价不得低于成本价；而造价中措施费不得参与竞争。

"按中标合意计价"则是《招标投标法》第四十六条在施工承包合同结算中的具体强调。所以只要承发包双方的合意合法，就应执行。

鉴定首先前提是要存在异议，且该异议必须是专业性问题，需要专业人员予以确定。因此无异议肯定不鉴定，有异议但不属专业问题的，也不鉴定。只有有异议的专业问题才有必要进行鉴定。

1. "固定价结算"签约时已经合意

承发包双方就合同造价约定按固定价进行计价的，即便一方不同意该固定价，认为存在异议，原则上也不存在鉴定的问题。

"固定价"的本质就是"签约定时双方就已将基础价格的风险分配完毕"，而"固定总价"则不仅"签约定时双方就已将基础价格的风险分配完毕"，而且"签约定时双方就计量的风险也分配完毕"。"固定价"的特点是"合同造价与成本造价无关"，签约时已经将合同造价合意完成，所以不存在鉴定的前提。

退一步说，即便鉴定，也没有鉴定对象，合同造价已合意，不存在异议。强行鉴定，只能鉴定成本造价，而固定价的合同造价与成本造价是无关的，这是通过鉴定改变承发包双方合意，故法律明确：固定价不予鉴定。

只有当承包人履行义务与承包范围不一致时，才可能鉴定。而不一致主要分为两种：一是超出承包范围，如工程变更增加工程量的，若双方对工程变更部分的价款没有合意或不能达成合意，可以就增加部分进行鉴定；二是小于承包范围，主要有工程量的减少，合同被解除，过程中合同被认定为无效三种情况。

2. 审价要求三方签章不可视为合意

如上文所述，三方盖章是审价单位要求的，而不是承发包双方充分磋商后形成的合意，也不是双方的主动行为，且其出具的审价报告本质上是有资质的单位的工作成果，故不存在也不可能是双方的合意结果。因此通常不认为是承包人与发包人对价款的合意。所以《司法解释（二）》关于"双方合意不得鉴定"与"审定单上三方盖章"可以鉴定并不矛盾。

若承发包双方在审价单位审价过程中出现不明确的价格或签证需要双方确认的，经双方确认后，该"确认"应当认定为双方合意，即在由第三方审价的情况下，双方对总价款的盖章不认为是合意，但对具体子项的确认应当认定为双方合意。

3. "咨询意见"与"结算协议"

《司法解释（二）》第十三条核心在于，承发包双方共同委托的造价咨询单位出具的《工程价款审价报告》（以下简称"审价报告"）原则上不认为是双方的结算协议。其作为纯粹的咨询报告，根据双方意愿，可能产生以下不同后果：

（1）充分采信审价报告。

将该审价报告作为承发包双方的《结算协议》予以采信，即"咨询意见＝结算协议"。具体做法有两种：

一种是事先约定。双方在施工承包合同中或者在共同委托造价咨询单位的《工程结算审价委托合同》中明确表示：审价报告可视为双方的结算协议。

另一种是事后确认。虽然双方没有在施工承包合同或审价委托合同中确认审价报告性质，但双方在审价报告出具后以口头或书面形式表达该审价报告就是双方的结算协议，或者以行为表达其为双方的结算协议。

（2）参考使用该报告。

在没有事先约定或事后确认的情况下，审价报告出具后，承发包双方在参考该审价报告的基础上，需要就工程价款的结算达成合意并签订协议。

（3）彻底否定审价报告。

在没有事先约定的情况下，承发包双方事后也没有达成任何工程价款的结算协议。此时，审价报告对于结算协议的效力被彻底否定。

无论是《宪法》对当代中国市场经济性质的明确，还是《建筑法》的体系，无论《价格法》的价格体系，还是《司法解释（一）》《司法解释（二）》的相应条款，都可以看出，工程价款毫无疑问属于市场价。故工程价款以双方最终合法合意为准。

而鉴定是指双方对存在异议的专业问题委托第三方作出专业意见。在双方已对工程价款达成合意的情况下，理应不存在鉴定的前提条件。此时，一方提出鉴定，法院理所当然"不予准许"。

综上，第一种情况下，"咨询报告＝结算协议"，即双方就工程价款达成一致，则若一方要求鉴定工程价款，人民法院不应当予以准许。第二种情况下，双方最终达成"结算协议"的合意，则若一方要求对双方在参考审价报告基础上协商达成的工程价款进行鉴定的，人民法院同样不应当准许。只有第三种情况下，承发包双方未达成合意，则一方不认可审价报告的，可要求对工程价款进行司法鉴定。

三、应当鉴定发包人应付的工程价款

建设工程中的价款可分为工程价款和成本价款。"工程价款"是指承包人保质完成建设工程发包人应付的对价；而"成本价款"则是指承包人为了取得工程价款而保质完成建设工程所花费的成本和费用。工程造价鉴定主要是基于施工承包合同纠纷而发生的，因此法院在确定造价鉴定时，应当注意以下几个问题：

1. 造价鉴定应当是"发包人""应付"的"工程价款"

工程价款和成本价款除均受具体项目的技术参数影响外，相比较而言，工程价款作为市场价，更主要受工程发包形式、市场供求关系、承发包双方的博弈技巧等左右。本质是承发包双方合意的结果，只要该合意合法有效，一旦承包人按时保质地完成建设工程，发包人就"应当支付"双方约定的"工程价款"，由于工程价款的专业性和不确定性，其在建设工程合同中以计价方式、确定形式、结算方式等条款方式予以锁定，但并不影响法律性质。

而成本价款则更主要受承包人的管理水平、技术水准等所制约，并最终以其与第三方就人工、材料、机械等签订的采购合同以及内部管理的成本所反映。就施工承包合同而言，是承包人的内部价格，原则上与施工承包合同的纠纷没有关系。

工程价款是双方合意的结果，约束承发包双方；而成本价款则是一方内部成本和费用花费的结果，原则上只能影响承包人一方。从理论上而言，二者彼此独立，互不干涉。就建设工程合同而言，承包人要求发包人支付的只能是工程价款，不可能是成本价款。

2. 造价鉴定并非鉴定"承包人已做"的"成本价款"

建设工程合同纠纷中的造价鉴定的对象是工程价款，即建设工程合同纠纷中的造价鉴定所鉴定的是发包人"应付数额"。必须明确，发包人的应付数额与承包人已做数额并不完全等同。

首先，存在计量风险承担的问题。例如，在双方合意的建设工程合同中约定固定价固定在施工图纸中而清单报价的计量的风险由承包人承担，则可能出现某一子项承包人已做而发包人不应支付的情形。

其次，存在适当履行的问题。例如，承包人擅自提高技术参数的规格或尺寸，虽然实际已做，但从法律角度而言，是一种违约行为。发包人不仅不应支付超规格或超尺寸部分的价格，而且有权要求承包人承担违约责任。

通常情况下，工程价款应当大于成本价款，但也有可能存在工程价款小于成本价款的情况。对于后者，只要约定时的工程价款不低于承包人当时的成本价款，就应当认定为正常商业风险。

3. "固定价不予鉴定"的本质是防止鉴定成本价款

《司法解释（一）》第二十二条的"固定价不予鉴定"本质就是防止在施工合同纠纷中鉴定成本价。

首先，该规定的实质是从正面强调应当尊重承发包双方当事人对固定价的合意。对承发包双方当事人的"您情我愿"的计价标准或造价确定形式的约定，《建筑法》一般不予干涉。所以在建设工程施工合同中，承发包双方选择何种价款确定形式完全由承发包双方当事人决定。法律明确规定，"当事人对建设工程的计价标准或者计价方法有约定，按照约定结算工程价款"。

其次，该规定更充分、更全面地体现了公平原则。通常情况下，要求打开"包死价"进行"鉴定"的动机往往是建筑材料等涨价所致。但是提出时却往往以寻求公平原则为借口，名曰建筑材料涨价，若按"包死价"结算工程价款将背离民法的公平原则，故要求进行鉴定以达到相对公平的结果。但在出现商业风险时提出所谓的"公平"，企图通过鉴定"成本价款"来得到改变发包人应付的"工程价款"明显是不诚信、不公平。

只要在订立建设工程施工合同时，承发包双方确定的固定价是公平的，当事人就应当遵循诚实信用的原则，完全、充分和适当地履行双方的各自权利和义务。

第六节　建设工程合同解除问题

一、发包人取得单方解除权的法定情形

建设工程合同是特殊承揽合同，故《合同法》分则第十六章（建设工程合同）没有规定的，应按照《合同法》分则第十五章（承揽合同）相关条款执行。同时，《合同法》赋予定作人任意单方解除权，而《合同法》第十六章（建设工程合同）中没有对作为特殊定作人的发包人是否具有任意单方解除权作出规定。因此依据逻辑推理，发包人应是具有任意单方解除权的。

法律原则上不提倡合同解除，同时鉴于建设工程合同的标的物多为不动产，故直白地认定发包人具有任意单方解除权不利于建筑市场行业的稳定发展，也不利于社会财富的有效利用。因此，《司法解释（一）》第八条明确规定，发包人不具有任意单方解除权。

但若承包人未按时或未保质完成建设工程的，发包人仍有可能取得单方解除施工承包合同的权利。《司法解释（一）》的第八条中具体规定了以下四种情形：

1. 承包人明确表示或者以行为表示不履行合同主要义务

该项司法解释的法律依据是《合同法》第九十四条第（二）项和第一百零八条，其法理基础在于预期违约制度。所谓"预期违约"，是指合同有效成立后，履行期限尚未到来之前，一方当事人没有正当理由却肯定明确地表示将不履行合同主要义务；或一方当事人根据客观事实预见到另一方将会到期不履行合同主要义务。

该司法解释的必要条件是承包人有明示的毁约行为，主要形式包括：明示方式，如通过律师函或公司函形式明确表示不再履行合同主要义务等；默示方式，如没有合理理由拒绝按进度施工、将施工现场中的人员和重要机械撤离现场等。

该项司法解释的充分条件是承包人毁约行为的指向是建设工程施工承包合同中所约定（或法定）承包人的主要义务。

2. 承包人没有在约定期限内完成承建工程，且经催告后仍未完工

该司法解释的法律依据是《合同法》第九十四条第（三）项，其法理基础是迟延履行制度。所谓迟延履行是指对债务人因自身原因在履行期限届满后仍未履行其债务。迟延履行会造成对债权的消极侵害，这是一种时间上的不完全履行。

该司法解释的必要条件是约定合理工期，且造成的工期延迟完全是因承包人原因引起。法律规定发包人不得任意压缩合理工期。因此如果发包人以压缩合理工期形成的所谓"约定工期"为标准达到"工期迟延"的，不属于该司法解释所规定的工期迟延的情形。另外，该司法解释的工期应作广义解释，既包括建设工程的总工期，也包括建设工程的节点工期。而该司法解释中所称的工期迟延主要指节点工期的迟延。

该司法解释的充分条件是发包人必须催告承包人，即工程迟延工期，经催告后的合理期限内仍未完工。需要特别注意的是，法律虽然没有明确规定发包人催告的形式和内容，但催告的形式仍必须符合《中华人民共和国民事诉讼法》以及相关规定对证据的要求。

3. 已完建设工程质量不合格，且拒绝修复

该司法解释的法律依据是《合同法》第九十四条第（四）项、第二百八十一条以及《建设工程质量管理条例》第三十二条，其法理基础是承揽人的质量保证制度。所谓承揽人的质量保证制度是指承揽完成的定作物应当符合约定或法定的质量要求，不存在危及人身、财产安全的危险，具备约定和法定的使用功能。

该司法解释的必要条件是完工的建设工程已由法定检测机构作出质量不合格的结论。若该建设工程质量不合格且承包人拒绝进行修复的，则工程不可能通过竣工验收；而不能通过竣工验收的建设工程，发包人不能投入使用，发包人更无法实现建设工程施工合同的根本目的。

该司法解释的充分条件是在发包人向承包人提出工程质量存在瑕疵需要修复后，承包人以明示方式或默示方式拒绝修复。

4. 承包人将承包的建设工程非法转包或违法分包

该司法解释的法律依据是《合同法》第二百七十二条第二、三款，《建筑法》第二十八条及《建设工程质量管理条例》第七十八条，法理基础是承揽合同的人身性特点。建设工程合同作为特殊的承揽合同，法律没有对建设工程合同进行规定的，适用承揽合同的规定。而法律规定，承揽人未经定作人同意将主要工作交由第三人完成的，定作人可以解除合同。

该司法解释的必要条件是存在的施工总承包合同合法有效。否则不可能存在合法有效的施工分包合同，更不可能发生违法分包或非法转包的情况。该司法解释的充分条件是存在违法分包合同或非法转包合同。如果总承包人进行的分包是非法的，则该分包合同无效，发包人还可以因该非法分包行为解除与总包所签订的施工承包合同。

综上，如果承包人预期违约、迟延履行、拒绝履行返修义务以及违法分包、非法转包等行为，发包人可以取得施工承包合同的解除权。

二、承包人取得单方解除权的法定情形

发包人的主要义务是按时足额支付工程价款，而建设工程施工合同的主要目的是建造符合质量标准的建设工程。因此发包人不履行主要义务或影响合同目的实现，承包人可能取得单方解除该施工承包合同的权利。

《司法解释（一）》第九条中规定了承包人享有单方解除权的三种情形：

（1）发包人未按约定支付工程价款，致使无法施工，且在催告的合理期限内仍未支付工程价款的情形。

本项司法解释的法律依据是《合同法》第二百六十九条规定、第二百八十六条规定，其法理基础是根本违约制度。建设工程施工承包合同中的发包人的主要义务是按时足额支付工程款，如果发包人不履行主要义务，致使无法施工，即合同目的不能完成，承包人当然可以解除合同。

本项司法解释的必要条件是发包人未按约定支付工程价款。发包人的主要义务是按时足额支付工程价款。而所谓的工程价款是指发包人用以支付承包人按时保质完成建设工程的物化劳动以及承担质量保修责任的合理对价。发包人未支付工程价款，包括未按时支付工程预付款，未按时支付工程进度款，未按时支付工程竣工结算余款，这种未按时支付的违约行为已影响到施工是否正常进行的程度。这里要提醒的是，足以影响施工无法进行的举证责任在

承包人。

本项司法解释的充分条件是承包人已向发包人发出催告后的合理时间内仍未支付，承包人才享有单方解除权。催告应注意以下几点：

1）已经催告过的举证责任在承包人一方；

2）催告的方式要符合民事诉讼法律对证据的要求；

3）催告的内容要明确表达必要条件的内容。若在发包人与承包人所签订的建设工程施工承包合同中没有对"合理期限"有一个定义，可以在催告函中予以明确。

（2）发包人提供的主要建筑材料、建筑构件或设备不符合强制性标准的，致使无法施工，且在催告的合理期限内仍未改正的情形。

本项司法解释的法律依据是《建筑法》第五十四条第一款、《建设工程质量管理条例》第十四条、《实施工程建设强制性标准监督规定》第二条等规定。

（3）发包人没有履行合同约定的协助义务，致使无法施工，且在催告的合理期限内仍未履行合同约定的协助义务的情形。

本项司法解释的法律依据是《合同法》第九十四条第四项、第二百五十九条、第二百八十三条、第二百八十七条的规定。

本项司法解释的必要条件是发包人没有履行合同约定的协助义务，致使承包人无法施工，本项司法解释的必要条件必须注意以下几点：

1）本项发包人的协助义务的实质要求是，若发包人不及时履行该义务，会使承包人无法施工或者继续施工。

2）虽然本项的司法解释从文字上要求该协助义务要在合同中约定，但不应当机械教条理解，还应当包括法定的协助义务。这些法定的协助义务主要包括提供符合施工要求的场地、办理施工所需的相关手续、提供关系到安全及质量的有关资料、提供施工图纸等。

本项司法解释的充分条件是承包人已向发包人发出催告函表明，发包人没有履行相关的协助义务，要求发包人在合理期限内履行该相关的协助义务，在合理期限过后，发包人仍然没有履行其相关的协助义务。

综上所述，承包人取得单方解除的原因主要是发包人没有完全或充分地履行其主要义务，从而使承包人无法施工。但是承包人在程序上必须进行催告，并在合理期限内还不完全或充分履行其义务，承包人才可解除施工承包合同。

三、施工合同单方解除后的法律后果

合同解除是合同终止情形之一，是一个合法有效的合同非常态的"夭折"。既然是"夭折"，就存在对"夭折"前行为的评价和"夭折"后事的处理问题，所以合同解除后存在以下两个问题：

1. 合同解除后对前行为的评价

建设工程的质量涉及公共安全和公共财产，《建筑法》中的"质量优先"原则在施工承包合同被解除后处理中得到充分体现。如果以建设工程质量是否合格为标准，将建设工程施工承包合同解除后对已完工程的评价可分为以下两种情形：

（1）已完成的建设工程质量合格的。如果施工承包合同被解除后，验收表明已完建设工程符合法定和约定的质量要求的，或者承包人整改后质量合格的，发包人应当按照约定支

付相应的工程价款。但是若已完工程质量存在问题，一般发包人不愿由承包人整改，并且实务上，由承包人整改也有一定的难度，通常双方可以约定扣除相应的款项。

（2）不合格的已完工程质量经修复后仍然不合格的。

施工合同解除后，承包人已完成的建设工程质量不合格的，经承包人或第三人修复后仍不合格的，根据遵循"工程质量优先"原则，对丧失了使用价值的建设工程，只能炸掉重新进行建设。

出现这种情况，承包人不仅没有请求支付工程价款的权利，而且还需要支付对不合格的在建工程的炸毁（或拆除）费用、重新招投标费用及赔偿延误工程正常使用造成的损失等。

2. 请求损失赔偿的计算原则

建设工程施工合同解除的赔偿问题，一般是守约方依据法定的单方解除权而解除施工合同后，因造成的损失向违约方提出赔偿的问题。根据单方解除权是发包人还是承包人，损害赔偿存在以下两种情形：

（1）发包人单方解除施工合同的赔偿损失的计算原则。

发包人取得单方解除权的前提条件是承包人存在以上法定的违约行为，取得赔偿的必要条件是有损失存在（除了发包人与承包人在施工合同中有关于违约金的约定外），发包人可以提出损害赔偿范围，主要包括以下几个方面：

1）预期利益部分。

预期利益是指施工合同解除后，实际竣工日期与被解除合同中约定的竣工日期的差距给发包人建设该工程所带来的正常利润。预期利益应当是以违约者在签订合同时预见到或应当预期见到为前提的。

为了提高预期利润主张被法院支持的概率，在签订建设工程施工合同中应明确告知承包人延期竣工对发包人造成的可得利益的计算方式，或者明确约定承包人延期竣工应向发包人支付违约金的计算方式。

关于解除合同的延期竣工的时间问题，是一个理论意义的问题，也是一个实际性问题。现实情况往往是，发包人享有合法的单方解除权，但承包人就是不撤场，并以此作为所谓谈判的砝码。解除权的原因发生后，并不当然发生解除的效力，只有享有解除权人行使解除权，合同才因解除而消灭。因此解除权的行使可以向相对人意思表示，也可以直接通过法院诉讼而解除（或提起仲裁而解除）。若承包人对解除有异议，可以请求人民法院或仲裁机构确认。但是若人民法院或仲裁机构确认解除合法，合同的解除应当是发包人提出解除合同之日，而不是人民法院或仲裁机构判决生效之日。因此工程延误开始日应当是发包人提出解除合同之日。

2）实际损失部分。

实际损失是施工合同被解除后，造成发包人多发生的费用和支出。由于非法转包和违法分包为法律所禁止，故法律规定因承包人非法转包或违法分包的合同为无效合同。发包人可以直接通过解除总包合同而使非法转包合同或违法分包合同没有意义；也可以通过法律途径确认非法转包合同或违法分包合同为无效后，再追索总承包人的违约责任。

（2）承包人单方解除施工合同的赔偿损失的计算原则。

1）预期利益部分。

承包人的可得利益部分是指由于合同解除后，未完工程部分若承包人继续完成后该部分的工程承包人应得的利润。

2）实际损失部分。

实际损失是施工合同被解除后，造成承包人多发生的费用和支出。但是当施工合同被解除后，承包人向发包人提出时，往往存在一个举证困难的问题。因此，在投标文件中的技术标中，应把施工过程中的各个节点的机械台班、人工安排等作出比较详细的规定。

如上所述，施工承包合同解除后是已完工程主要遵循"质量优先"原则，质量合格，包括修复后合格，按约定结算工程价款，不能修复合格的，不予计价。解除施工承包合同造成的损失承担主要遵循"谁违约谁承担"的原则。

第七节　建设工程合同其他问题

一、建设工程的"竣工日期"的确定

1. 竣工日期的法律意义

竣工日期是指承包人按照约定或法定的质量要求完成了所有承包范围内建设工程的时间。从法律层面而言，竣工日期是代表建设工程项目实施阶段的完成，是承包人享有优先受偿权的除斥期的起算点，也是承包人开始履行质量保修义务的起始点，同时也是判断承包人是否工期违约的主要标准。因此对承发包双方而言，不仅重要而且敏感。从定量层面而言，竣工日期与开工日期之差在数量上等于建设工期。若存在工期延期的情况，则存在以下等式：

实际建设工期 = 约定建设工期 + 顺延工期

例如，合同约定：建设工期为 365 天，开工日期为签订建设工程施工合同后的 15 天，如果没有顺延工期，则竣工日期为签订建设工程施工合同后的 380 天。如果存在顺延工期 30 天的，则竣工日期为签订建设工程施工合同后的 410 天。

2. 竣工日期的确定

如果承发包双方当事人对竣工日期有约定并且无争议，则按照双方约定的时点作为竣工日期；如果承发包双方当事人对竣工日期没有约定或约定不明而引起纠纷的，则按照如下的法律规定来确定实际的竣工日期。

（1）擅自使用以转移占有为竣工日期。

如果建设工程未经竣工验收，发包人就擅自使用的，以转移占有建设工程之日为竣工日期。因为建设工程的质量涉及公共安全和公共财产，法律规定未经验收或者验收不合格的建筑工程不得交付使用。如果未经验收而擅自使用的，发包人承担责令改正和罚款的行政处罚。

竣工验收是发包人对承包人完成的建设工程进行全面考核，检查是否符合设计要求和工程质量的重要环节。如果发包人未经竣工验收而擅自使用的，除了对地基基础工程和主体结构质量在合理使用寿命内承包人承担民事责任外，应该视为发包人对工程质量认可，因此如果发包人擅自使用建设工程，以转移占有建设工程之日为竣工日期。

（2）拖延验收以递交申请为竣工日期。

如果建设工程已经竣工，承包人已按要求提交了相关竣工验收报告，但是发包人就是不组织验收，以承包人提交验收报告之日为竣工日期。

对建设工程进行竣工验收是发包人的权利和义务。建设工程完工后，首先由承包人向发包人提供完整的竣工资料和竣工报告，发包人应及时组织设计、施工、工程监理单位参加验收，因此发包人在建设工程竣工验收过程中处于主导地位。

在实务中，发包人往往为了自己利益恶意使验收这一条件不成就，根据法律规定，这种恶意使条件不成就的行为应视为条件成就。因此这种情形承包人已提交验收报告之日为竣工日期。

法律法规应当规定合理期限，以判断发包人在受到承包人提交竣工验收报告的多长时间组织验收属于拖延验收，否则在具体操作上存在一定的难度；如果发包人以后组织了竣工验收，也应以承包人提交竣工验收报告之日为竣工日期较为合理；同样并未免除发包人组织验收的责任，发包人应当组织验收。

（3）引起争议以验收合格为竣工日期。

如果建设工程一次竣工验收合格或经整改后验收合格，则以竣工验收合格之日为竣工日期。建设工程竣工后，发包人应当根据施工图纸及说明书、国家颁发的施工验收规范和质量检验标准及时进行验收。验收合格的，发包人应当按照约定支付价款，并接收该建设工程。

如果建设工程在竣工后一次验收合格，则以一次验收合格之日作为竣工日期。如果建设工程在竣工后第一次验收不合格，则以承包人返工、整改后验收合格之日作为竣工日期。

在实务中，建设工程经竣工验收合格之日作为竣工日期是最为常见的情况，也是相对比较容易被承发包双方所接受的，因此在建设工程施工合同中约定验收合格之日为竣工日期较为妥当；竣工后需要整改的项目或部位应当明确和具体，以免防止发包人无止境地要求所谓整改。

二、"顺延工期"如何影响工程价款

顺延工期不是由承包人引起，而是由发包人、第三人或不可归于不可抗力的事件引起的，其法律责任由发包人承担。换言之，造成建设工程总工期的延长及造成承包人损失的责任均由发包人承担。

当出现以上顺延事由时，一般情况下需要经过一定程序加以锁定。由于施工承包合同的价款约定与约定工期内按质完成的建设工程相对应，故工程价款是以约定时间段为前提的。如果存在顺延工期的情形，承包人除存在窝工损失外，还可能存在工程价款中的单价（包括人工、材料、机械台班等）在原有预计计价基础上有所增加的情况。

如果工程价款的计价方式按可调价计价的，则一般情况下，发包人应当承担承包人的窝工损失。

如果工程价款的计价方式按清单固定单价的，则一般情况下，发包人除应当承担承包人的窝工损失外，还应当承担工程价款中的单价（包括人工、材料、机械台班等）的涨价部分。

鉴于实际建设工期 = 约定建设工期 + ∑顺延工期 + ∑延误工期，所以（实际建设工期 − 约定建设工期）− ∑顺延工期 = ∑延误工期如果承包人可证明顺延工期小于实际建设工期减去约定建设工期的，则承包人应当就其差额承担延误工期的责任。

通常情况下，施工承包合同中会约定承包人延误工期的违约金，但若承包人的延误工期造成的损失大于约定工期违约金的，发包人可以请求法院（或仲裁机构）要求承包人按实际损失承担工期违约责任。

综上所述，施工承包合同价款与工期内按质完成承包范围内的建设工程相对应。而由于建设工程不确定的内禀性，建设工期十分动态。这种动态性可以通过如下等式体现：

$$实际建设工期 = 约定建设工期 + \sum 顺延工期 + \sum 延误工期$$

因此一般情况下，顺延工期会使发包人支付的工程价款增加，而延误工期则会使承包人承担相应责任，间接影响到其所得到的工程价款。

约定工期与实际工期不符对工程造价的影响具体可通过合同造价和成本造价来反映。这种反映基于合同造价确定形式的不同而有所不同，也根据顺延工期和延误工期的不同，承发包双方的权利和义务分配亦有所不同。

1. 按可调价确定合同造价时的影响

以可调价方式确定合同造价时，通常其调整范围包括对原价格的调整。因此因顺延工期而造成成本造价涨价的因素通常在可调范围中已予以调整完毕。但由于顺延工期造成承包人在现场的停工、窝工、倒运、机械设备调迁、材料和构件积压等的损失和实际费用，以及因顺延工期导致迟于约定时间支付的进度款和竣工结算余款所产生的相应利息，应当由发包人承担。

2. 按固定价确定合同造价时的影响

除非承发包双方有约定，否则在通常情况下以固定价方式确定合同造价的，其总价（或单价）不予调整。

但对于因顺延工期造成的成本造价上涨部分（等于实际工期对应的成本造价 – 约定工期对应的成本造价）应由发包人承担。同时，因顺延工期造成承包人在现场的停工、窝工等损失和实际费用，以及迟于约定时间支付工程款所产生的相应利息也应当由发包人承担。

三、竣工结算余款支付时间的确定

承揽合同是先由承揽人完成工作成果后由定作人支付价款的存在履行顺序的双务合同。若定作人未支付相应价款时，承揽人享有法定留置权。这再次说明，其履行顺序是先付款再交物。

建设工程合同是特殊承揽合同，其同样是先由承包人完成建设工程后由发包人支付价款的存在履行顺序的双务合同。而由于留置权只能使用于动产，因此法律为承包人设立了法定优先受偿权。而发包人支付工程结算余款的时间为工程交付时间，这一点与承揽合同完全一致。

关于工程竣工结算余款的支付时间，原则上应遵循"有约定从约定，无约定从法定"，而法定支付时间规定如下：

（1）若建设工程已实际交付，为建设工程实际交付之日。

承包人将物化劳动的成果交付给发包人，说明承包人已完成施工合同最主要义务，发包人已达到合同的根本目的。此时，发包人完全可以对其占有和控制的建设工程进行处分、使用和收益。这种情况下，迟迟不支付承包人工程竣工结算余款，显然于情于法均不合。故法律规定，工程竣工结算余款应付时间为工程交付之日。如果工程已实际交付发包人，而发包人还未支付工程竣工结算余款的，余款计息时间从工程交付之日的第二天起算。

（2）若已提交竣工结算文件但尚未交付建设工程的，为提交竣工结算文件之日。

承包人提交竣工结算文件的前提条件是建设工程经竣工验收合格。而竣工验收合格说明承包人已完成施工合同最主要义务，已具备要求发包人支付工程款的前提。但实务中，发包人往往会故意拖延审核时间以达到延期支付余款的目的。因此为督促发包人尽快审核工程结算报告，及时支付工程结算余款，法律规定，若建设工程没有交付但承包人已提交竣工结算文件的，以提交竣工结算文件之日为发包人支付工程竣工结算余款的时间。

（3）若建设工程既未交付又未完成价款结算，为起诉人民法院之日。

在实务中，大多建设工程未完工或虽完工但尚未通过竣工验收程序。此时，工程结算条件不成熟，无法确定应付工程结算余款的时间。为了避免扩大承包人的损失，平衡承发包双方当事人的利益，法律规定，此时的工程结算余款支付时间为当事人向法院起诉之日。而所谓向法院起诉之日，最恰当的时间应是法院立案之日。

工程竣工结算余款的支付时间若没有约定或约定不明确的，应按照上述法律规定执行。而这种情况下，往往由于发包人原因导致余款的确切数额尚未确定，但并不影响欠付工程款利息的最终计算。

四、发包人不适当行为承担质量责任

通常的承揽工作是在承揽人了解定作人的意图或要求后，开始丈量或勘察，再进行准备或设计。最后，由其制作或施工完成定作物。因此一般认为，承揽人的工作包括某些勘察和设计工作。

作为特殊承揽合同的承包人，理论上应当是建设工程总承包的承包人。从该角度而言，发包人只要表达明确己方对最终标的物的意图后，此后至标的物成形间的所有工作均由承包人完成。发包人只要不犯错，该"付钱"就"付钱"，最终出现质量问题，是不应当由其承担责任的。但也有例外存在：

1. 擅自使用产生的责任

对《司法解释（一）》第十三条的正确理解应当是：若发包人擅自使用建设工程，承包人仅对地基基础工程和主体结构部位承担保修义务，对使用部位不仅不承担返修义务，且不承担保修义务。

首先，该条款明确表明对"质量不符合约定"的主张权利不予支持，而法律明确规定承包人对"质量不符合约定"的责任承担包括返修责任和保修责任。因此若发包人擅自使用建设工程，承包人既不承担返修责任，也不承担保修责任。若这种情形还需要承包人承担返修责任的，则应当表述为"发包人擅自使用后，需要承包人承担除地基基础工程和主体结构的返修义务的，不予支持"。

其次，由于未经过多方组织竣工验收，一方发包人的擅自使用无法判断其应属于"返修"范畴，还是"保修"范畴。

再次，本条款最后用肯定性的兜底条款，再次肯定其不承担"保修责任"，仅对"地基基础工程和主体结构质量承担民事责任"。

最后，发包人不组织验收而擅自使用的行为与《建筑法》保证公共安全的立法宗旨相违背。法律明确要求其责令改正，予以罚款。造成损失，还要承担赔偿责任。因此以上理解是完全符合《建筑法》立法精神的。

2. 技术资料瑕疵产生的责任

除了按时足额支付工程款的主要义务外，按时提供施工条件是建设单位的附随义务。具体表现就是要求其按时提供施工场地和保证质量要求的施工图纸等技术资料。

如果发包人提供的设计文件、勘察数据、施工图纸以及说明书等技术资料存有缺陷，施工单位按图施工却造成建设工程质量问题。首先，应由发包人承担责任。其次，根据技术资料存在瑕疵的原因，依据其与勘察单位、设计单位或工程监理单位所签订的委托合同关系，判断是否追究委托单位的相应法律责任。

如果勘察单位未按国家强制性标准进行勘察，或因其他原因造成勘察文件不真实或不准确以致设计文件出现瑕疵，最终施工单位按图施工却造成工程质量不合格的，其最终责任应由勘察单位承担。

如果设计单位未按国家强制性标准进行设计，或者设计文件所选用的建筑材料、建筑构配件或设备不符合国家规定等原因造成最终工程质量不合格的，其最终责任应由设计单位承担。

3. 不纯粹行为产生的责任

建设工程合同是承包人按时保质完成建设工程，发包人按时足额支付工程价款特殊承揽合同，其标的物是物化的劳动，而标的物的对价是工程造价，即由人、材、机组成的直接费，由措施费、管理费等组成的间接费，以及税费和利润等。因此无论就定性还是定量的组成，完整的承包权应当包括材料和设备的采购以及分包权。但实践中发包人往往会通过材料、设备采购和分包体现其意志，导致自己无法成为"纯粹"的发包人。发包人要对其"插手行为"可能产生的不利后果承担责任。

（1）"甲供料"不符合国家强制性标准。

通常情况下，建筑材料、建筑构配件和设备由承发人提供，即由承包人"包工包料"，但是发包人为了控制造价和保证工程质量，在施工承包合同中约定部分价贵量多的建筑材料、建筑构配件和设备由发包人提供，俗称"甲供料"；也可以约定由发包人提定，承包人采料的形式，俗称"甲定乙供"。

无论"甲供料"还是"甲定乙供"，建设单位均应保证所提供的建材、构配件和设备既要满足符合设计文件的要求，也要满足施工承包合同的要求。

但无论约定由施工单位提供，还是由建设单位提供，建设单位均不得明示或暗示施工单位使用不合格的建材、构配件和设备。

（2）指定分包的单位有误。

在实务中，为了保证工程质量和控制工程造价，在施工承包合同中，承发包双方约定分包主体由发包人选择，即俗称"指定分包"。

法律规定，分包与总包就分包工程共同连带对发包人承担责任。但如果由于发包人指定分包的主体有误造成工程质量问题的，发包人应就指定有误承担相应的责任。这既是对总承包人承包权的保护，也是公平原则的具体体现。

五、从造价理论理解"固定价不可鉴定"

当今中国的价格体系由政府定价、政府指导价和市场价组成。政府定价按政府确定的绝对数执行；政府指导价由政府确定的一个绝对数，但允许当事人在一定幅度进行合意；市场价则主要通过市场供求关系，遵循替代原则和价值规律确定。需要注意的是，确定价格属性应以交易时价格为准，与基产品或商品组成材料的价格无关，例如，电视机是市场价，但是其组成中的水、电等可能是政府定价，但这不影响其市场价的属性。

由于中国的经济形态是社会主义市场经济，因此大多数的价格是市场价，只有少数与国计民生有关或资源稀缺等商品价格才采用政府指导价或政府定价，并制定价目表进行严格约束。

在改革开放之前的计划经济年代，工程造价是政府定价。各行业均有相应定额站制定本地区或本行业的工程造价的政府定价，但是现在的工程造价是市场价。

工程造价是发包人针对承包人保质完成的物化劳动的对价，具有明确的专业性和契约性。根据订立合同时双方约定对基础价格商业风险分担方式的不同，工程造价确定形式主要有可调价、固定价两种。一般认为，可调价是基础价格的商业风险按某一公式进行分担，通常是主要基础价格随行就市；而固定价是指基础价格的商业风险在订立合同时一次性分配完毕。

由于可调价的工程造价本质上是由承包人履行过程中的成本价来确定，而该成本价的确定主要是由履行过程中基础价格的市场平均来确定。因此可调价的工程造价确定形式对承包人而言几乎无风险，利润相对固定但不高。所以一般适用于工期长、规模大的工程，对图纸设计深度要求不高。

由于固定价的工程造价本质上是由承发包双方订立合同时的成本价为基础一次性确定的，与以后履行过程中承包人的成本价无关。因此固定价的工程造价确定形式对承包人而言风险较大，相对应的利润也可能较大。所以一般适用于工期比较短、工程规模较小的工程，一般对图纸设计深度要求也比较高。

固定价俗称为"包死价"。根据"包死"程度不同，又可分为两种：一种是价与量作为一个整体"包死"，就是所谓的"固定总价"。另一种是仅仅价格"包死"，就是所谓的"固定单价"。由于工程造价是市场价，因此选择可调价还是固定价也是双方合意的结果。这也是市场价的体现，理应得到尊重。

如果合同中的工程造价选择了固定价，则其与承包人在履行过程中的成本价无关。举个极端的例子，订合同时约定一定规格的钢筋，其市场平均价是每吨 3000 元。若合同约定可调价，则在合同履行过程中，若该规格的钢筋上涨到每吨 3500 元，则发包人应按 3500 元计价；若其价格下降到 2500 元，则发包人原则上按 2500 元计价。但若合同约定的是固定价每吨 3200 元，则即便合同履行过程中，其市场均价下降到 2500 元，发包人仍应按 3200 元计价支付；反之，即便其涨到每吨 3500 元，发包人也只需按 3200 元计价。

从中可以看出，首先，固定价原则上与成本价无关；其次，固定价固然风险大，但利润也可能高。

如果采用固定价的条件不充分或者施工期间的建筑材料等波动较大的，承包人往往会找出各种理由要求对固定价进行"鉴定""审价"或"评估"等，企图通过鉴定手段使固定价变为可调价，从而达到使"包死价""包而不死"的目的。

六、从法理上理解固定价不予鉴定条款

"固定价不予鉴定"从正面强调如果合同约定以固定价结算工程款的，建设工程施工合同中的当事人任何一方提出所谓的造价鉴定，法院不应支持。

首先，该规定的实质是从正面强调应当尊重承发包双方当事人对固定价的合意。其属于民法范畴的《建筑法》，虽然强制性规定相对较多，但是这些强制性规定主要为了保证建设质量和安全，并遵循"意思自治"原则，对承发包双方当事人的"您情我愿"的计价标准或造价确定形式的约定，《建筑法》一般不予干涉。相反，法律明确规定，如果有约定的，应当遵守执行。因此最高人民法院关于"固定价不予鉴定"的规定，不仅不是对当事人意思自治的干涉，恰恰是以司法解释的形式正面并具体地肯定了当事人"固定价"的约定。

其次，该规定更充分、更全面地体现了"公平原则"。通常情况下，要求打开"包死价"进行"鉴定"原因之一是建筑材料等涨价，承包人提出时往往以"公平原则"为依据，名曰：因为建筑材料涨价，如果按"包死价"结算工程价款，背离了民法的"公平原则"，因此要求进行"鉴定"以达到公平的结果。

"公平原则"是指在民事活动中，以利益均衡价值标准来评判民事主体之间的利益关系是否均衡合理的原则。但是必须强调的是，评判是否公平的时间节点是在双方当事人确立权利和义务时，即在当事人订立合同时，而绝非在权利和义务履行完毕后。如果评判时间混淆，将会使商业风险与公平原则混为一谈。只要在订立建设工程施工合同时，承发包双方确定的固定价是公平的，当事人就应当遵循诚信原则，完全、充分和适当地履行。履行后的结果有两种情形：

（1）第一种情形是按固定价确定的工程造价低于市场通常建造的工程造价。如果同样工程的建设工程，按固定价确定的工程造价与市场通常的工程造价的差额应属于商业风险的范畴，理应由承包人承担。

（2）第二种情形是按固定价确定的工程造价高于市场通常建造的工程造价。如果同样工程的建设工程，按固定价确定的工程造价与市场通常的工程造价的差额属于超额利润，是与商业风险相对应的。

第一种情形，相对当时市场通常的工程造价，发包人确实是少付了一部分工程款。但是，第二种情形则是发包人多付了一部分工程款，对发包人而言，这两者是对应的，而这两者对应的结果对承包人而言则是超额利润与商业风险的结果。因此作为一个整体而言是均衡的、公平的。

再次，该规定以强调"诚实信用"肯定了工程造价具有契约性的特点。诚实信用是一个高度抽象的概念，其内涵和外延具有很大的伸缩性。但是有一点是明确的，即"承诺必须遵守"。因为完全相同的一个建设工程项目，由于承发包双方对法律体系的了解程度不同，对招标文件的要约人数的不同、商业博弈结果的不同，对履行过程中的造价控制程度不同等，最终的竣工结算造价有很大的差异，这充分说明了工程造价兼有技术性和契约性。一般而言，"固定价"，尤其是以"固定总价"的价款确定工程造价的形式，其契约性体现得更充分些。而该规定在肯定了工程造价的契约性的同时，要求承发包双方本着"诚实信用"

的原则按约定结算工程价款。

最后，关于情势变更原则的不适用。《合同法》中原本并不存在情势变更原则，只有合法原则、合意原则和诚信原则。但由于出台《最高人民法院关于适用〈中华人民共和国〉若干问题的解释（二）》时正值金融危机，为防范其对中国市场的冲击，故增加该原则。由此可见，情势变更原则在一定程度上是具有适用限制的。实践中最高人民法院一再强调要求法院慎重适用该原则。即便确实存在需要适用的情况，也必须经过最高人民法院审核，甚至必要时报最高人民法院进行审核方可适用。

七、正确适用固定价不予鉴定的条款

该规定只是定性地肯定：当事人已经约定按"包死价"进行结算的，依据"诚实信用"原则理应遵循。但是实际情况多种多样，现以"固定总价"为例，分析在具体操作上存在的几种情形：

1. 未出现工程变更的情形

承发包双方当事人约定按固定总价结算价款的，在合同履行过程中并未出现工程变更的情况，当合同履行完毕后，工程竣工结算款就等于当时约定的固定总价，则存在以下等式：

工程竣工结算价款＝固定总价款

这种情况，承发包双方当事人要求对固定总价申请鉴定，法院不应支持。

2. 出现工程变更的情形

由于建设工程项目的不确定性，在施工过程中经常会出现设计变更、进度计划变更、施工条件变更以及发包人提出的"新增工程"等变更。因为承发包双方当事人约定按固定总价作为工程价款的确定形式是基于签订合同时的承包范围为前提的，所以超出建设工程施工合同约定幅度范围外的工程变更，理应计算工程价款。工程变更引起的工程价款一般以工程追加合同价款的形式表现。而该部分的工程价款的计价方式和确定形式并非一定与承包范围内的计价方式和确定形式一样。如果当事人在建设工程施工合同中约定按固定总价结算价款的，在合同履行过程中出现了工程变更的情况，当合同履行完毕后，工程竣工结算款就等于当时约定的固定总价与工程追加合同款的之和，则存在以下等式：

工程竣工结算价款＝固定价款＋工程追加合同价款

工程追加合同价款＝工程设计变更增减的工程价款＋

工程增减而引起的增减的工程价款＋

施工条件变更增减的工程价款＋

工程索赔的工程价款

如果承发包当事人对追加款约定不明确，申请就工程追加款进行鉴定，法院应当支持，与整个合同约定的按固定价结算工程款的原则并不矛盾，不应当因此而支持对固定价部分进行鉴定的申请。

3. 出现工程变更的在建工程的情形

建设工程施工合同终止的常态是承发包双方按约履行完毕各自债务。但是在实际情况下，还存在施工承包合同由于各种原因而被解除的非常态的合同终止，而施工承包合同的解除无溯及既往的效力。所以法律规定，工程质量合格的在建工程，按照被解除的施工承包合同中的约定进行计价。

采取固定总价确定工程价款的通常做法是：在招标时由投标人向招标人递交投标报价清单，招标人对工程量计算错误承担风险，招标人最终确定中标人。如果被解除的建设工程施工合同中对工程价款的确定形式是采用固定总价的，往往当事人的一方需要申请工程造价鉴定，以确定已完工程的价款。这种情况下，法院应当予以支持。

在对在建工程鉴定时，往往会存在两种计算程序：第一种是"按实结算"，即单价按报价单中的单价，工程量则按承包人实际完成的数量。这种结算方式存在如下等式：

$$在建工程价款 = 按实结算的价款$$

似乎这种结算方式"天经地义"，但是存在以下三个问题：

（1）将工程量计算的误差风险无形中转移至发包人，这种专业的计价程序来改变当事人的合意，重新分配当事人的权利和义务显然与工程价款鉴定单位的工作性质不符。

（2）将承包人可能未按图施工的瑕疵责任免除，而且还"按实结算"给其价款，这种做法于情于理均无法通过。

（3）将按法定或约定缺乏合法要件而不应计价的工程给予计价，这种"以审代判"的做法不仅是对当事人合意的不尊重，而且也是以技术性否定契约性的行为。

为了避免以上"按实结算"所产生的三个问题，正确的做法是在建工程的工程价款的计算应当在固定总价的基础上扣除未完工程量所对应的工程造价再加上工程变更确认的追加工程价款，则存在以下等式：

$$在建工程的工程造价 = 固定价款 - 未完工程量的价款 ± 工程追加合同价款$$

综上所述，当事人约定工程价款的确定形式为固定价的，应按固定价结算工程价款是对承发包双方当事人合意的尊重，是真正体现了公平原则，也是诚实信用原则的需要。企图通过"鉴定"改变固定价为可调价的做法是法律不允许的。

相关法律条款摘要如下：

1.《合同法》第二百六十九条：

建设工程合同是承包人进行工程建设，发包人支付价款的合同。建设工程合同包括工程勘察、设计、施工合同。

2.《建筑法》第十三条：

从事建筑活动的建筑施工企业、勘察单位、设计单位和工程监理单位按照其拥有的注册资本、专业技术人员、技术装备和已完成的建筑工程业绩等资质条件，划分为不同的资质等级，经资质审查合格，取得相应等级的资质证书后，方可在其资质等级许可的范围内从事建筑活动。

3.《建筑法》第十四条：

从事建筑活动的专业技术人员，应当依法取得相应的执业资格证书，并在执业资格证书许可的范围内从事建筑活动。

4.《建筑法》第二十九条：

建筑工程总承包单位可以将承包工程中的部分工程发包给具有相应资质条件的分包单位；但是，除总承包合同中约定的分包外，必须经建设单位认可。

施工总承包的，建筑工程主体结构的施工必须由总承包单位自行完成。建筑工程总承包单位按照总承包合同的约定对建设单位负责；分包单位按照分包合同的约定对总承包单位负责。

总承包单位和分包单位就分包工程对建设单位承担连带责任。禁止总承包单位将工程分包给不具备相应资质条件的单位。禁止分包单位将其承包的工程再分包。

5.《招投标法》第二条：

在中华人民共和国境内进行招标投标活动，适用本法。

6.《司法解释（一）》第四条：

承包人非法转包、违法分包建设工程或者没有资质的实际施工人借用有资质的建筑施工企业名义与他人签订建设工程施工合同的行为无效。人民法院可以根据民法通则第一百三十四条规定，收缴当事人已经取得的非法所得。

7.《司法解释（一）》第八条：

承包人具有下列情形之一，发包人请求解除建设工程施工合同的，应予支持：

（一）明确表示或者以行为表明不履行合同主要义务的；

（二）合同约定的期限内没有完工，且在发包人催告的合理期限内仍未完工的；

（三）已经完成的建设工程质量不合格，并拒绝修复的；

（四）将承包的建设工程非法转包、违法分包的。

8.《司法解释（一）》第九条：

发包人具有下列情形之一，致使承包人无法施工，且在催告的合理期限内仍未履行相应义务，承包人请求解除建设工程施工合同的，应予支持：

（一）未按约定支付工程价款的；

（二）提供的主要建筑材料、建筑构配件和设备不符合强制性标准的；

（三）不履行合同约定的协助义务的。

9.《司法解释（一）》第十条：

建设工程施工合同解除后，已经完成的建设工程质量合格的，发包人应当按照约定支付相应的工程价款；已经完成的建设工程质量不合格的，参照解释第三条规定处理。因一方违约导致合同解除的，违约方应当赔偿因此而给对方造成的损失。

10.《司法解释（一）》第十三条：

建设工程未经竣工验收，发包人擅自使用后，又以使用部分质量不符合为由主张权利的，不予支持；但是承包人应当在建设工程的合理使用寿命内对地基基础工程和主体结构质量承担民事责任。

11.《司法解释（一）》第十六条第二款：

因设计变更导致建设工程的工程量或者质量标依准发生变化，当事人对该部分工程价款不能协商一致的，可以参照签订建设工程施工合同时当地建设工程行政主管部门发布的计价方法或计价标准结算工程价款。

12.《司法解释（一）》第二十条：

当事人约定，发包人收到竣工结算文件后，在约定期限内不予答复，视为认可竣工结算文件的，按照约定处理。承包人请求按照竣工结算文件结算工程价款的，应予支持。

13.《司法解释（一）》第二十五条：

因建设工程质量发生争议的，发包人可以总承包人、分包人和实际施工人为共同被告提起诉讼。

14.《司法解释（一）》第二十二条：

当事人约定按照固定价结算工程价款，一方当事人请求对建设工程造价进行鉴定的，不予支持。

15.《司法解释（二）》第六条：

当事人约定顺延工期应当经发包人或者监理人签证等方式确认，承包人虽未取得工期顺延的确认，但能够证明在合同约定的期限内向发包人或者监理人申请过工期顺延且顺延事由符合合同约定，承包人以此为由主张工期顺延的，人民法院应予支持。

当事人约定承包人未在约定期限内提出工期顺延申请视为工期不顺延的，按照约定处理，但发包人在约定期限后同意工期顺延或者承包人提出合理抗辩的除外。

16.《司法解释（二）》第九条：

发包人将依法不属于必须招标的建设工程进行招标后，与承包人另行订立的建设工程施工合同背离中标合同的实质性内容，当事人请求以中标合同作为结算建设工程价款依据的，人民法院应予支持，但发包人与承包人因客观情况发生了在招标投标时难以预见的变化而另行订立建设工程施工合同的除外。

17.《司法解释（二）》第十九条：

当事人双方在提起诉讼前已经对工程价款结算形成有效合意，诉讼中一方当事人申请对工程造价进行鉴定的，人民法院不予准许。

18.《司法解释（二）》第二十二条：

承包人行使建设工程价款优先受偿权的期限为六个月，自发包人应当给付建设工程价款之日起算。

19.《建设工程质量管理条例》第十四条第二款：

建设单位不得明示或暗示施工单位使用不合格的建筑材料、建筑构配件和设备。

20.《价格法》第三条第三款、第四款：

政府指导价，是指依照本法规定，由政府价格主管部门或者其他有关部门，按照定价权限和范围规定基准价及其浮动幅度，指导经营者制定的价格。

附录一　全国投资项目在线审批监管平台
投资审批管理事项统一名称清单
（2018 年版）

全国投资项目在线审批监管平台投资审批管理事项统一名称清单（2018 年版）

序号	审批事项名称	适用情形
1	政府投资项目建议书审批	政府直接投资或资本金注入项目
2	政府投资项目可行性研究报告审批	政府直接投资或资本金注入项目
3	政府投资项目初步设计审批	政府直接投资或资本金注入项目
4	企业投资项目核准	企业投资《政府核准的投资项目目录》内的固定资产投资项目（含非企业组织利用自有资金、不申请政府投资建设的固定资产投资项目）
5	企业投资项目备案	企业投资《政府核准的投资项目目录》外的固定资产投资项目（含非企业组织利用自有资金、不申请政府投资建设的固定资产投资项目）
6	建设项目用地预审	不涉及新增建设用地，在土地利用总体规划确定的城镇建设用地范围内使用已批准建设用地的建设项目，可不进行建设项目用地预审
7	选址意见书	按照国家规定需要有关部门批准或者核准的建设项目，以划拨方式提供国有土地使用权的
8	港口岸线使用审批	在港口总体规划区内建设码头等港口设施使用港口岸线的
9	无居民海岛开发利用申请审核	无居民海岛的开发利用。其中，涉及利用特殊用途海岛，或者确需填海连岛以及其他严重改变海岛自然地形、地貌的，由国务院审批
10	建设项目压覆重要矿产资源审批	建设铁路、工厂、水库、输油管道、输电线路和各种大型建筑物或者建筑群压覆重要矿床的
11	海域使用权审核	建设项目需要使用海域的
12	建设项目环境影响评价审批	按照《建设项目环境影响评价分类管理目录》执行
13	节能审查	除年综合能源消费量不满 1000 吨标准煤，且年电力消费量不满 500 万 kW·h 的固定资产投资项目，涉及国家秘密的固定资产投资项目，以及《不单独进行节能审查的行业目录》外的固定资产投资项目
14	江河、湖泊新建、改建或者扩大排污口审核	建设单位在江河、湖泊新建、改建或者扩大排污口

序号	审批事项名称	适 用 情 形
15	洪水影响评价审批	（一）在江河湖泊上新建、扩建以及改建并调整原有功能的水工程（原水工程规划同意书审核）； （二）建设跨河、穿河、穿堤、临河的桥梁、码头、道路、渡口、管道、缆线、取水、排水等工程设施（原河道管理范围内建设项目工程建设方案审批）； （三）在洪泛区、蓄滞洪区内建设非防洪建设项目（原非防洪建设项目洪水影响评价报告审批）； （四）在国家基本水文测站上下游建设影响水文监测的工程（原国家基本水文测站上下游建设影响水文监测工程的审批）
16	航道通航条件影响评价审核	建设与航道有关的工程，包括： （一）跨越、穿越航道的桥梁、隧道、管道、渡槽、缆线等建筑物、构筑物； （二）通航河流上的永久性拦河闸坝； （三）航道保护范围内的临河、临湖、临海建筑物、构筑物，包括码头、取（排）水口、栈桥、护岸、船台、滑道、船坞、圈围工程等
17	生产建设项目水土保持方案审批	在山区、丘陵区、风沙区以及水土保持规划确定的容易发生水土流失的其他区域开办可能造成水土流失的生产建设项目
18	取水许可审批	利用取水工程或者设施直接从江河、湖泊或者地下取用水资源的建设项目
19	农业灌排影响意见书（占用农业灌溉水源灌排工程设施补偿项目审批）	工程建设项目占用农业灌溉水源、灌排工程设施，或者对原有灌溉用水、供水水源有不利影响的。其中，工程建设项目占用农业灌溉水源或灌排工程设施需要建设替代工程满足原有功能的，需要进行占用农业灌溉水源灌排工程设施补偿项目审批；不能建设替代工程的需要进行评估，补偿相关费用上交财政用于灌排设施改造建设
20	移民安置规划审核	涉及移民安置的大中型水利水电工程
21	新建、扩建、改建建设工程避免危害气象探测环境审批	在气象台站保护范围内的新建、扩建、改建建设工程
22	雷电防护装置设计审核	油库、气库、弹药库、化学品仓库、烟花爆竹、石化等易燃易爆建设工程和场所，雷电易发区内的矿区、旅游景点或者投入使用的建（构）筑物、设施等需要单独安装雷电防护装置的场所，以及雷电风险高且没有防雷标准规范、需要进行特殊论证的大型项目，由气象部门负责防雷装置设计审核（房屋建筑工程和市政基础设施工程防雷装置审核，整合纳入建筑工程施工图审查；公路、水路、铁路、民航、水利、电力、核电、通信等专业建设工程防雷管理，由各专业部门负责）

续表

序号	审批事项名称	适 用 情 形
23	建设项目使用林地及在森林和野生动物类型国家级自然保护区建设审批（核）	（一）使用防护林林地或者特殊用途林林地面积 10hm² 以上，用材林、经济林、薪炭林林地及其采伐迹地面积 35hm² 以上的，其他林地面积 70hm² 以上的；使用重点国有林区林地的（原建设项目使用林地审核）； （二）在森林和野生动物类型国家级自然保护区修筑设施
24	矿藏开采、工程建设征收、征用或者使用草原审核	矿藏开发、工程建设征收、征用或者使用 70hm² 以上草原审核
25	风景名胜区内建设活动审批	在风景名胜区内除下列禁止活动以外的建设项目： （一）开山、采石、开矿、开荒、修坟立碑等破坏景观、植被和地形地貌的活动； （二）修建存储爆炸性、易燃性、放射性、毒害性、腐蚀性物品的设施； （三）违反风景名胜区规划，在风景名胜区内设立各类开发区； （四）在核心景区内建设宾馆、招待所、培训中心、疗养院以及与风景名胜资源保护无关的其他建筑物
26	建设工程文物保护和考古许可	（一）在文物保护单位保护范围内建设其他工程，或者涉及爆破、钻探、挖掘等作业的建设项目（原文物保护单位保护范围内其他建设工程或者爆破、钻探、挖掘等作业审批）； （二）文物保护单位建设控制地带内的建设项目（原文物保护单位建设控制地带内建设工程设计方案审批）； （三）大型基本建设工程（原进行大型基本建设工程前在工程范围内有可能埋藏文物的地方进行考古调查、勘探的许可）； （四）经考古调查、勘探，在工程建设范围内有地下文物遗存的（原配合建设工程进行考古发掘的许可）
27	建设用地（含临时用地）规划许可证核发	在城市、镇规划区内以划拨方式提供国有土地使用权的建设项目，经有关部门批准、核准、备案后，应提出建设用地规划许可申请，依据控制性详细规划核定建设用地的位置、面积、允许建设的范围
28	乡村建设规划许可证核发	在乡、村庄规划区内进行农村村民住宅、乡镇企业、乡村公共设施和公益事业建设的

序号	审批事项名称	适 用 情 形
29	建设工程规划类许可证核发	（一）在城市、镇规划区内进行建筑物、构筑物、道路、管线和其他工程建设的，建设单位或者个人应当申请办理建设工程规划许可证，提交使用土地的有关证明文件、建设工程设计方案等材料。需要建设单位编制修建性详细规划的建设项目，还应当提交修建性详细规划； （二）涉及历史文化街区、名镇、名村核心保护范围内拆除历史建筑以外的建筑物、构筑物和其他设施的； （三）涉及历史建筑实施原址保护的措施，以及因公共利益必须迁移异地保护或拆除的； （四）涉及历史建筑外部修缮装饰、添加设施以及改变历史建筑的结构或者使用性质的
30	超限高层建筑工程抗震设防审批	超限高层建筑工程
31	建设工程消防设计审核	（一）具有下列情形的人员密集场所： 1. 建筑总面积大于 2000m² 的体育场馆、会堂，公共展览馆、博物馆的展示厅； 2. 建筑总面积大于 15000m² 的民用机场航站楼、客运车站候车室、客运码头候船厅； 3. 建筑总面积大于 10000m² 的宾馆、饭店、商场、市场； 4. 建筑总面积大于 2500m² 的影剧院，公共图书馆的阅览室，营业性室内健身、休闲场馆，医院的门诊楼，大学的教学楼、图书馆、食堂，劳动密集型企业的生产加工车间，寺庙、教堂； 5. 建筑总面积大于 1000m² 的托儿所、幼儿园的儿童用房，儿童游乐厅等室内儿童活动场所，养老院、福利院，医院、疗养院的病房楼，中小学的教学楼、图书馆、食堂，学校的集体宿舍，劳动密集型企业的员工集体宿舍； 6. 建筑总面积大于 500m² 的歌舞厅、录像厅、放映厅、卡拉 OK 厅、夜总会、游艺厅、桑拿浴室、网吧、酒吧，具有娱乐功能的餐馆、茶馆、咖啡厅。 （二）具有下列情形之一的特殊建设工程： 1. 设有上条所述的人员密集场所的建设工程； 2. 国家机关办公楼、电力调度楼、电信楼、邮政楼、防灾指挥调度楼、广播电视楼、档案楼； 3. 单体建筑面积大于 40000m² 或者建筑高度超过 50m 的公共建筑； 4. 国家标准规定的一类高层住宅建筑； 5. 城市轨道交通、隧道工程，大型发电、变配电工程； 6. 生产、储存、装卸易燃易爆危险品的工厂、仓库和专用车站、码头，易燃易爆气体和液体的充装站、供应站、调压站

续表

序号	审批事项名称	适 用 情 形
32	工程建设涉及城市绿地、树木审批	工程建设涉及占用城市绿地、砍伐或迁移树木的
33	市政设施建设类审批	工程建设涉及占用、挖掘城市道路，依附于城市道路建设各种管线、杆线等设施，城市桥梁上架设各类市政管线的
34	因工程建设需要拆除、改动、迁移供水、排水与污水处理设施审核	因工程建设需要改装、拆除或者迁移城市公共供水设施，拆除、移动城镇排水与污水处理设施的
35	建筑工程施工许可证核发	各类房屋建筑及其附属设施的建造、装修装饰和与其配套的线路、管道、设备的安装，以及城镇市政基础设施工程的施工
36	水运工程设计文件审查	水运工程初步设计、施工图设计审查
37	公路建设项目设计审批	公路（包括各行政等级和技术等级公路）建设项目
38	公路建设项目施工许可	公路（包括各行政等级和技术等级公路）建设项目
39	水利基建项目初步设计文件审批	水利基建项目
40	民航专业工程及含有中央投资的民航建设项目初步设计审批	民航专业工程及含有中央投资的民航建设项目
41	涉及国家安全事项的建设项目审批	（一）重要国家机关、军事设施、国防军工单位和其他重要涉密单位周边安全控制区域内的建设项目的新建、改建、扩建行为； （二）部分地方法规规章中明确的国际机场、出入境口岸、火车站、重要邮（快）件处理场所、电信枢纽场所，以及境外机构、组织、人员投资、居住、使用的宾馆、旅馆、酒店和写字楼等建设项目新改扩建行为
42	民用核设施建造活动审批	民用核设施项目

附录二　全国投资项目在线审批监管平台
投资审批管理事项申请材料清单
（2018 年版）

全国投资项目在线审批监管平台投资审批管理事项申请材料清单（2018 年版）

序号	审批事项名称	材料序号	申请材料清单	提供单位	适 用 情 形
1	政府投资项目建议书审批	01	项目建议书审批申请文件	项目单位或主管部门	
		02	项目建议书文本	项目单位或主管部门	
2	政府投资项目可行性研究报告审批	01	项目建议书批复文件	项目审批部门	已列入相关规划的项目无需提供
		02	可行性研究报告审批申请文件	项目单位或主管部门	
		03	可行性研究报告	项目单位或主管部门	
		04	选址意见书	主管部门	以划拨方式提供国有土地使用权的项目
		05	用地（海）预审意见	自然资源主管部门	自然资源部门明确可以不进行用地（海）预审的情形除外
		06	节能审查意见	节能审查机关	除年综合能源消费量不满 1000 吨标准煤，且年电力消费量不满 500 万 kW·h 的固定资产投资项目，涉及国家秘密的固定资产投资项目，以及《不单独进行节能审查的行业目录》外的固定资产投资项目
		07	项目社会稳定风险评估报告及审核意见	项目报送单位，项目所在地人民政府或其有关部门	重大项目
		08	移民安置规划审核	省级人民政府水利水电工程移民管理机构	涉及移民安置的大中型水利水电工程

续表

序号	审批事项名称	材料序号	申请材料清单	提供单位	适 用 情 形
2	政府投资项目可行性研究报告审批	09	航道通航条件影响评价审核意见	交通运输主管部门	涉及影响航道通航的项目
		注：需要由国务院审批的重大项目，由国务院投资主管部门依法另行制订公布办事指南			
3	政府投资项目初步设计审批	01	可行性研究报告批复文件	项目审批部门	
		02	项目初步设计报告审批申请文件	项目单位或主管部门	
		03	项目初步设计文本	项目单位或主管部门	
4	企业投资项目核准	01	项目申请报告	项目单位	
		02	选址意见书	主管部门	以划拨方式提供国有土地使用权的项目
		03	用地（海）预审意见	自然资源主管部门	自然资源部门明确可以不进行用地（海）预审的情形除外
		04	项目社会稳定风险评估报告及审核意见	项目报送单位，项目所在地人民政府或其有关部门	重大项目
		05	移民安置规划审核	水利水电工程移民管理机构	涉及移民安置的大中型水利水电项目
		06	中外投资各方的企业注册证明材料及经审计的最新企业财务报表（包括资产负债表、利润表和现金流量表）。投资意向书，增资、并购项目的公司董事会决议。以国有资产出资的，需提供有关部门出具的确认文件。并购项目申请报告还应包括并购方情况、并购安排、融资方案和被并购方情况、被并购后经营方式、范围和股权结构、所得收入的使用安排等	项目单位、国有资产主管部门	外商投资项目
		注：需要由国务院核准的特殊行业项目，由国务院投资主管部门依法另行制订公布办事指南			

序号	审批事项名称	材料序号	申请材料清单	提供单位	适 用 情 形
5	企业投资项目备案	01	项目备案信息登记表	项目单位	
6	建设项目用地预审	01	建设项目用地预审申请表	项目单位	
		02	建设项目用地预审申请报告	项目单位	
		03	地方自然资源主管部门初审意见	地方自然资源主管部门	
		04	项目建设依据（项目建议书批复文件、项目列入相关规划文件或相关产业政策文件）	项目单位或主管部门	其中，占用永久基本农田的需提供项目列入相关规划文件和符合相关政策要求的文件
		05	标注项目用地范围的土地利用总体规划图、土地利用现状图、占用永久基本农田示意图（包含城市周边范围线）及其他相关图件	地方自然资源主管部门	
		06	土地利用总体规划修改方案（暨永久基本农田补划方案）	地方自然资源主管部门	
		07	项目用地边界拐点坐标表、占用永久基本农田拐点坐标表、补划永久基本农田拐点坐标表（2000 年国家大地坐标系）	项目单位	
7	选址意见书	01	建设项目选址意见书申请书（表）	项目单位	
		02	项目建设依据（项目建议书批复文件、项目列入相关规划文件或相关产业政策文件）	项目单位或主管部门	
		03	选址意向方案〔包括项目选址方案图件和文字说明。方案文本应分析说明项目拟选用地范围和四至，与有关城市、镇（乡）、村和风景名胜规划区、文物保护单位建设控制地带范围的关系，项目建设控制要求〕	项目单位	

续表

序号	审批事项名称	材料序号	申请材料清单	提供单位	适 用 情 形
7	选址意见书	04	项目所在地市、县有关主管部门出具的规划选址初审意见。其中，跨市、县的建设项目，应有沿线各市、县有关主管部门分别出具的初审意见	主管部门	由省级有关主管部门审批的选址意见书
		05	《建设项目规划选址论证报告》及专家审查意见	项目单位	（一）未纳入依法批准的城镇体系规划、城市总体规划（或城乡总体规划）、相关专项规划的交通、水利、电力、通信等区域性重大基础设施建设项目； （二）因建设安全、环境保护、卫生、资源分布以及涉密等原因需要独立选址建设的国家或省重点建设项目、棚户区改造项目
8	港口岸线使用审批	01	港口岸线使用申请表	项目单位	
		02	海事、航道部门关于建设项目的意见	海事、航道主管部门	
		03	项目单位身份材料（包括项目单位统一信用代码证、营业执照或组织机构代码证，申请人身份证复印件）	项目单位	
		04	建设项目工程可行性研究报告或项目申请报告	项目单位	
9	无居民海岛开发利用申请审核	01	无居民海岛开发利用申请书	项目单位	
		02	无居民海岛开发利用具体方案	项目单位	
		03	无居民海岛开发利用项目论证报告	项目单位	

序号	审批事项名称	材料序号	申请材料清单	提供单位	适 用 情 形
10	建设项目压覆重要矿产资源审批	01	建设项目压覆重要矿产资源审批申请函	项目单位	
		02	地方自然资源主管部门初审意见	地方自然资源主管部门	
		03	建设项目压覆重要矿产资源评估报告（含建设项目选址位置图、建设项目压覆矿产资源范围与拟压覆矿区关系叠合图、建设项目压覆矿产资源储量估算结果表、建设项目压覆矿产资源不可避免性论证材料等内容）	项目单位	
		04	建设项目压覆重要矿产资源评估报告的评审备案证明	项目单位	
		05	建设单位与矿业权人签订的协议原件、矿业权许可证复印件（加盖矿业权人公章）	项目单位	建设项目压覆已设置矿业权矿产资源的
11	海域使用权审核	01	项目用海申请报告（包括海域使用申请书内容）	项目单位	
		02	申请海域的坐标图	项目单位	
		03	海域使用论证报告	项目单位	
		04	资信证明材料	项目单位	
		05	项目可研审批、核准或备案文件	项目审批部门	
		06	与利益相关者的协议或解决方案	项目单位	
		07	抵押权人同意变更的证明	项目单位	涉及已设立抵押权的建设项目
12	建设项目环境影响评价审批	01	建设项目环境影响评价文件报批申请书	项目单位	
		02	建设项目环境影响报告书（表）	项目单位	
		03	关于建设项目环境影响评价文件中删除不宜公开信息的说明	项目单位	
		04	公众参与说明（环境影响报告书项目）	项目单位	

续表

序号	审批事项名称	材料序号	申请材料清单	提供单位	适 用 情 形
13	节能审查	01	项目节能审查申请书	项目单位	
		02	固定资产投资项目节能报告	项目单位	
14	江河、湖泊新建、改建或者扩大排污口审核	01	排污口设置申请书	项目单位	
		02	项目可研审批、核准或备案文件	项目审批部门	
		03	排污口设置论证报告（包括排污口选址方案、建设方案、排污口设置环境影响预测分析、水环境保护及风险防范措施）	项目单位	
		04	与排污口设置有利害关系第三方的承诺书或达成的协议	项目单位	
15	洪水影响评价审批	01	水工程建设规划同意书申请表	项目单位	在江河湖泊上新建、扩建以及改建并调整原有功能的水工程（原水工程规划同意书审核）
		02	拟报批水工程的（预）可行性研究报告（项目申请报告、备案材料）	项目单位	
		03	与第三者利害关系的相关说明	项目单位	
		04	水工程建设规划同意书论证报告	项目单位	
		05	河道管理范围内建设项目工程建设方案审批申请书	项目单位	建设跨河、穿河、穿堤、临河的桥梁、码头、道路、渡口、管道、缆线、取水、排水等工程设施（原河道管理范围内建设项目工程建设方案审批）。其中，重要的建设项目还需提交第10项防洪评价报告
		06	项目建设依据（项目建议书等批复文件、项目列入相关规划文件或相关产业政策文件）	项目单位或主管部门	
		07	建设项目所涉及河道与防洪部分的初步方案	项目单位	
		08	占用河道管理范围内土地情况及该建设项目防御洪涝的设防标准与措施	项目单位	
		09	说明建设项目对河势变化、堤防安全、河道行洪、河水水质的影响以及拟采取的补救措施	项目单位	
		10	防洪评价报告	项目单位	

续表

序号	审批事项名称	材料序号	申请材料清单	提供单位	适 用 情 形
15	洪水影响评价审批	11	非防洪建设项目洪水影响评价报告审批申请表	项目单位	在洪泛区、蓄滞洪区内建设非防洪建设项目（原非防洪建设项目洪水影响评价报告审批）
		12	洪水影响评价报告	项目单位	
		13	建设项目可行性研究报告或初步设计报告（项目申请报告、备案材料）	项目单位	
		14	与第三者达成的协议或有关文件	项目单位	
		15	国家基本水文测站上下游建设影响水文监测工程的审批申请书	项目单位	在国家基本水文测站上下游建设影响水文监测的工程（原国家基本水文测站上下游建设影响水文监测工程的审批）
		16	建设工程对水文监测影响程度的分析评价报告	项目单位	
		17	项目实施进度计划	项目单位	
16	航道通航条件影响评价审核	01	航道通航条件影响评价审核申请书	项目单位	
		02	项目单位身份材料（包括项目单位统一信用代码证、营业执照或组织机构代码证，申请人身份证复印件）	项目单位	
		03	航道通航条件影响评价报告	项目单位	
		04	项目建设依据（项目建议书批复文件、项目列入相关规划文件或相关产业政策文件）	项目单位或主管部门	
		05	规划调整或拆迁已取得同意或已达成一致的承诺函、协议等材料	项目单位	
17	生产建设项目水土保持方案审批	01	生产建设项目水土保持方案审批申请	项目单位	
		02	生产建设项目水土保持方案	项目单位	

序号	审批事项名称	材料序号	申请材料清单	提供单位	适 用 情 形
18	取水许可审批	01	取水许可申请书	项目单位	
		02	与第三者利害关系的相关说明	项目单位	
		03	项目备案证明	备案机关	属于备案类的项目
		04	项目单位身份材料（包括项目单位统一信用代码证、营业执照或组织机构代码证，申请人身份证复印件）	项目单位	
		05	有利害关系第三者的承诺书或其他文件	项目单位	
		06	建设项目水资源论证报告书（表）	项目单位	
		07	初审文件	具有管辖权的县级以上地方人民政府水行政主管部门或流域管理机构	
19	农业灌排影响意见书（占用农业灌溉水源灌排工程设施补偿项目审批）	01	项目可研审批、核准或备案文件	项目审批部门	
		02	占用灌排设施补偿项目申报文件	项目单位	占用灌溉水源或灌排设施的
		03	占用灌排设施补偿项目设计文件	项目单位	
		04	占用灌排设施申请表	项目单位	
		05	与被占用灌排设施的工程管理单位以及利益相关方达成的具有法律效力的协议	项目单位	
20	移民安置规划审核	01	移民安置规划审核申请函	项目单位	涉及移民安置的大中型水利水电工程
		02	移民安置规划报告及附件	项目单位	
		03	移民安置规划大纲批复文件	水利水电工程移民管理机构	

续表

序号	审批事项名称	材料序号	申请材料清单	提供单位	适 用 情 形
21	新建、扩建、改建建设工程避免危害气象探测环境审批	01	新建、扩建、改建建设工程避免危害气象探测环境行政许可申请表	项目单位	
		02	项目单位身份材料（包括项目单位统一信用代码证、营业执照或组织机构代码证，申请人身份证复印件）	项目单位	
		03	新建、扩建、改建建设工程概况和规划总平面图	项目单位	
		04	新建、扩建、改建建设工程与气象探测设施或观测场的相对位置示意图	项目单位	
		05	委托协议书	项目单位	委托代理的项目
22	雷电防护装置设计审核	01	雷电防护装置设计审核申请表	项目单位	
		02	设计单位和人员的资质证明和资格证书的复印件	项目单位	
		03	雷电防护装置设计说明书、设计图纸及相关资料	项目单位	
		04	设计中所采用的防雷产品相关资料	项目单位	
23	使用林地及在森林和野生动物类型国家级自然保护区建设审批（核）	01	使用林地申请表	项目单位	面积 10hm² 以上，用材林、经济林、薪炭林林地及其采伐迹地面积 35hm² 以上的，其他林地面积 70hm² 以上的；使用重点国有林区林地的（原建设项目使用林地审核）
		02	项目单位身份材料（包括项目单位统一信用代码证、营业执照或组织机构代码证，申请人身份证复印件）	项目单位	
		03	建设项目有关批准文件（包括可行性研究报告批复、核准批复、备案确认文件、勘查许可证、采矿许可证、项目初步设计等批准文件；属于批次用地项目，提供经有关人民政府同意的批次用地说明书并附规划图。符合城乡规划的项目，还需提供规划许可证或选址意见书）	项目审批部门或有关人民政府	

序号	审批事项名称	材料序号	申请材料清单	提供单位	适 用 情 形
23	使用林地及在森林和野生动物类型国家级自然保护区建设审批（核）	04	建设项目使用林地可行性报告或林地现状调查表	项目单位	面积 10hm² 以上，用材林、经济林、薪炭林林地及其采伐迹地面积 35hm² 以上的，其他林地面积 70hm² 以上的；使用重点国有林区林地的（原建设项目使用林地审核）
		05	初步审查意见	地方林草行政主管部门	
		06	现场查验表	县级林草行政主管部门	
		07	拟修筑设施的规划或工程设计文件（机场、铁路、公路、水利水电、围堰、围填海等建设项目，还应当提供修筑设施在选址选线上无法避让国家级自然保护区的比选方案）	项目单位	在森林和野生动物类型国家级自然保护区修筑设施
		08	保护、管理、补偿等协议	项目单位	
		09	县级以上人民政府及有关部门批准修筑设施的文件	相关审批部门或有关人民政府	
		10	拟修筑设施对国家级自然保护区主要保护对象和自然生态系统影响的评价报告或者评价登记表，以及减轻影响和恢复生态的补救性措施（湿地恢复或者重建方案，修建野生动物通道、过鱼设施等消除或者减少对野生动物不利影响的方案）	项目单位	
		11	公示材料	项目单位	
		12	省级林草行政主管部门意见	省级林草行政主管部门	
		13	建设项目在林草行政主管部门管理的自然保护区建设申请表	项目单位	

续表

序号	审批事项名称	材料序号	申请材料清单	提供单位	适用情形
24	矿藏开采、工程建设征收、征用或者使用草原审核	01	草原征占用申请表	项目单位	
		02	申请单位法人证明材料	项目单位	
		03	项目批准文件	项目单位	
		04	草原权属证明材料	项目单位	
		05	与草原所有权者、使用者或者承包经营者签订的约定草原补偿费等内容的补偿协议	项目单位	
		06	拟征收使用草原的区域坐标图	项目单位	
		07	拟征收使用各类自然保护地内草原的，需要提供相关行政主管部门同意征收使用草原的批复文件	相关保护地行政主管部门	
		08	省级林草行政主管部门出具在对拟占用草原现场核实的基础上形成的包括拟征占用草原范围、面积以及环境影响等内容的审查意见	省级林草行政主管部门	
25	风景名胜区内建设活动审批	01	拟建项目选址方案（主要包括：①项目的必要性、合理性、可行性分析；②项目的选址比选方案；③项目对风景名胜区的资源生态和景观环境影响评价分析；④项目的初步设计及其他基础资料；⑤项目用地红线图）	项目单位	
		02	在风景名胜区内实施重大建设工程项目的申请文件	项目单位	
		03	拟建项目所在风景名胜区管理机构出具的审查报告（报告中附专家审查意见）	风景名胜区管理机构	
		04	拟建项目所在风景名胜区的规划文件及批复（经批准的风景名胜区《总体规划》《详细规划》文本及批复文件）	相关审批部门	

续表

序号	审批事项名称	材料序号	申请材料清单	提供单位	适 用 情 形
26	建设工程文物保护和考古许可	01	征求意见文件（内容包括：建设单位名称、建设项目、建设地点、建设规模、必须进行该工程的理由说明）	县级以上地方人民政府	在文物保护单位保护范围内建设其他工程，或涉及爆破、钻探、挖掘等作业的建设项目（原文物保护单位保护范围内其他建设工程或爆破、钻探、挖掘等作业审批）
		02	建设单位申请函	项目单位	
		03	建设工程的规划、设计方案〔内容包括：1/500或1/2000现状地形图（标出涉及的文物保护单位），建设工程设计方案还需上报相关建筑的总平面图、平面、立面、剖面图〕	项目单位	
		04	工程对文物可能产生破坏或影响的评估报告及为保护文物安全及历史、自然环境所采用的相关措施设计	项目单位	
		05	文物保护单位的具体保护措施	文物保护单位	（一）在文物保护单位保护范围内建设其他工程，或涉及爆破、钻探、挖掘等作业的建设项目（原文物保护单位保护范围内其他建设工程或爆破、钻探、挖掘等作业审批）； （二）经评估影响文物保护单位本体及环境安全的建设工程
		06	考古勘探发掘资料	项目单位	（一）在文物保护单位保护范围内建设其他工程，或涉及爆破、钻探、挖掘等作业的建设项目（原文物保护单位保护范围内其他建设工程或爆破、钻探、挖掘等作业审批）； （二）涉及地下埋藏文物的建设工程
		07	申请书（包括：建设单位名称及法人登记证明；文物名称；工程名称、地点、规模）	项目单位	文物保护单位建设控制地带内的建设项目（原文物保护单位建设控制地带内建设工程设计方案审批）

序号	审批事项名称	材料序号	申请材料清单	提供单位	适 用 情 形
26	建设工程文物保护和考古许可	08	建设工程的规划、设计方案（内容包括：1/500 或 1/2000 现状地形图，并标出涉及的文物保护单位，建设工程设计方案还需上报相关建筑的总平面图、平面、立面、剖面图）	项目单位	文物保护单位建设控制地带内的建设项目（原文物保护单位建设控制地带内建设工程设计方案审批）
		09	工程对文物可能产生破坏或影响的评估报告及为保护文物安全及历史、自然环境所采用的相关措施设计	项目单位	
		10	文物保护单位的具体保护措施	文物保护单位	（一）文物保护单位建设控制地带内的建设项目（原文物保护单位建设控制地带内建设工程设计方案审批）；（二）经评估影响文物保护单位本体及环境安全的建设工程
		11	考古勘探发掘资料	项目单位	（一）文物保护单位建设控制地带内的建设项目（原文物保护单位建设控制地带内建设工程设计方案审批）；（二）涉及地下埋藏文物的建设工程
		12	文物行政主管部门意见	相应级别的文物行政主管部门	（一）文物保护单位建设控制地带内的建设项目（原文物保护单位建设控制地带内建设工程设计方案审批）；（二）涉及全国重点文物保护单位或省级文物保护单位建设控制地带的建设工程
		13	项目建设单位申请函	项目单位	大型基本建设工程（原进行大型基本建设工程前在工程范围内有可能埋藏文物的地方进行考古调查、勘探的许可）
		14	建设工程工程范围相关材料	项目单位	
		15	考古发掘申请书	项目单位	经考古调查、勘探，在工程建设范围内有地下文物遗存的应提供（原配合建设工程进行考古发掘的许可）
		16	文物行政主管部门意见	文物行政主管部门	

续表

序号	审批事项名称	材料序号	申请材料清单	提供单位	适 用 情 形
27	建设用地（含临时用地）规划许可证核发	01	项目可研审批、核准或备案文件	项目审批部门	
		02	建设用地规划许可申请表	项目单位	
		03	国有土地使用权出让合同	项目单位	涉及出让地的建设项目
		04	国有土地使用批准文件或书面意见	地方自然资源主管部门	涉及划拨用地的建设项目
28	乡村建设规划许可证核发	01	乡村建设规划许可证申请表	项目单位或个人	
		02	建设工程设计方案或简要设计说明	项目单位或个人	乡镇企业、乡村公共设施和公益事业建设、农民住宅，其中简要设计说明仅适用于农民自建低层住宅
		03	村民委员会讨论同意、村民委员会签署的意见	村民委员会	
		04	乡镇（街办）的初审意见	乡镇（街办）	
		05	拟建项目用地的土地权属证明材料	项目单位或个人	
		06	房屋用地四至图（含四邻关系）	项目单位或个人	
		07	农用地转用批复文件	自然资源主管部门	涉及占用农用地的建设项目
29	建设工程规划类许可证核发	01	建设工程规划许可申请报告和申请表	项目单位	
		02	土地权属证明文件（国有土地使用权证、用地批准书或不动产权证书）	自然资源主管部门	
		03	项目可研审批、核准或备案文件	项目审批部门	
		04	建设工程设计方案	项目单位	
		05	历史文化街区、名镇、名村核心保护范围内拆除历史建筑以外的建筑物、构筑物或其他设施的申请	项目单位	涉及历史文化街区、名镇、名村核心保护范围内拆除历史建筑以外的建筑物、构筑物或其他设施的

续表

序号	审批事项名称	材料序号	申请材料清单	提供单位	适用情形
29	建设工程规划类许可证核发	06	历史建筑实施原址保护申请	项目单位	涉及历史建筑实施原址保护的
		07	历史建筑外部修缮装饰、添加设施以及改变历史建筑的结构或使用性质的申请	项目单位	涉及历史建筑外部修缮装饰、添加设施以及改变历史建筑的结构或使用性用性质的
30	超限高层建筑工程审批	01	超限高层建筑工程抗震设防专项审查申请表	项目单位	
		02	建筑结构工程超限设计的可行性论证报告	项目单位	
		03	建设项目的岩土工程勘察报告	项目单位	
		04	结构工程初步设计计算书	项目单位	
		05	初步设计文件（建筑和结构专业部分，含勘察设计企业资质证书副本、出图专用章和执业专用章）	主管部门	
		06	相应的说明文件	项目单位	涉及参考使用国外有关抗震设计标准、工程实例和震害资料及计算机程序的项目
		07	抗震试验研究报告	项目单位	涉及需进行模型抗震性能试验研究的结构工程
		08	项目可研审批、核准或备案文件	项目审批部门	
		09	规划（建筑）方案批准意见书或建设工程规划许可证	主管部门	
		10	风洞试验报告	项目单位	涉及进行风洞试验研究的结构工程
		11	地震安全性评价报告	项目单位	对国家标准《建筑工程抗震设防分类标准》GB 50223 规定的特殊防范类（甲类）建筑工程

续表

序号	审批事项名称	材料序号	申请材料清单	提供单位	适 用 情 形
31	建设工程消防设计审核	01	建设工程消防设计审核申报表	项目单位	
		02	项目单位身份证明文件（包括项目单位统一信用代码证、营业执照或组织机构代码证，申请人身份证复印件）	项目单位	
		03	设计单位资质证明文件	项目单位	
		04	消防设计文件	项目单位	
		05	建设工程规划许可证明文件	主管部门	依法需要办理建设工程规划许可的，应当提供
		06	主管部门批准的证明文件	主管部门	依法需要主管部门批准的临时性建筑，属于人员密集场所的，应当提供
		07	提供特殊消防设计文件，或者设计采用的国际标准、境外消防技术标准的中文文本，以及其他有关消防设计的应用实例、产品说明等技术资料	项目单位	（一）国家工程建设消防技术标准没有规定的；（二）消防设计文件拟采用的新技术、新工艺、新材料可能影响工程消防安全，不符合国家标准规定的；（三）拟采用国际标准或者境外消防技术标准的
32	工程建设涉及城市绿地、树木审批	01	工程建设涉及城市绿地、树木审批申请文件	项目单位	
		02	拟建项目施工平面图、涉及影响改变城市绿化规划、绿化用地性质，临时占用城市绿地或修剪、移植、砍伐树木平面图，树木移植、大修剪方案（含现状树木位置图）	项目单位	
		03	建设工程规划许可证	主管部门	
		04	古树名木移植专家论证意见	项目单位	仅涉及古树名木移植时提供
		05	城市绿化工程设计方案及工程建设项目附属绿化设计变更方案和图纸	项目单位	
		06	项目完工后恢复协议（包括恢复承诺书、恢复具体时间和方案）	项目单位	

续表

序号	审批事项名称	材料序号	申请材料清单	提供单位	适 用 情 形
33	市政设施建设类审批	01	市政设施建设类审批申请文件	项目单位	
		02	拟建建筑工程施工许可证和建设工程规划类许可证	主管部门	
		03	市政设施建设的设计文书	项目单位	
		04	施工单位的资质证明（含施工组织设计方案、安全评估报告及事故预警和应急处置方案）	项目单位	
		05	占用城市道路的平面图	项目单位	涉及占用城市道路的建设项目
		06	挖掘影响范围内的地下管线放样资料；挖掘破路设计图和挖掘道路的施工组织设计	项目单位	涉及挖掘城市道路的建设项目
		07	城市排水指导意见	城市排水主管部门	对与城镇排水与污水处理设施相连接的建设项目
		08	对桥梁、隧道的沉降和位移的监测方案，以及对桥梁、隧道影响的分析评估报告，或原设计单位的荷载验算书及安全技术意见	项目单位	涉及挖掘城市道路，并需在城市桥梁、隧道的安全保护区域内申请的挖掘项目
		09	安全评估报告（桥梁、隧道的原设计单位的荷载验算书及技术安全意见、施工组织、事故预警和应急抢险方案、城市桥梁上架设各类市政管线的定期自行检修方案和配合桥梁管理部门做好日常检测、养护作业的承诺书）	项目单位	涉及城市桥梁上架设各类市政管线的建设项目
34	因工程建设需要拆除、改动、迁移供水、排水与污水处理设施审核	01	因工程建设需要拆除、改动、迁移供水、排水与污水处理设施的申请文件	项目单位	
		02	同意改装、拆除或迁移城市公共供水、排水、污水设施的书面意见	相关产权单位或企业	
		03	具有市政设计资质单位出具的供水、排水、污水处理设施迁移、改建设计方案、设计图纸、位置平面图及详细数据资料	项目单位	

续表

序号	审批事项名称	材料序号	申请材料清单	提供单位	适 用 情 形
35	建筑工程施工许可证核发	01	建筑工程施工许可证申请表	项目单位	
		02	建筑工程用地批准手续（国有土地使用证、国有土地使用权出让批准书、建设用地批准书或建设用地规划许可证等）	自然资源主管部门	
		03	建设工程规划许可证	主管部门	
		04	中标通知书（按照规定可直接发包的工程应直接发包备案表）	项目单位	
		05	施工合同	项目单位	
		06	施工图设计文件审查合格书	施工图审查机构	
		07	建筑工程质量监督登记表	项目单位	
		08	建筑工程安全监督登记表	项目单位	
		09	建设资金已经落实承诺书	项目单位或相关部门	
36	水运工程设计文件审查	01	申请文件或行政许可申请书原件	项目单位	
		02	初步设计文件及其电子版本	项目单位	申请初步设计审查的项目
		03	经批准的可行性研究报告，或核准的项目申请书，或备案证明	项目单位	
		04	施工图设计文件及其电子版本	项目单位	涉及申请施工图设计审查的建设项目
		05	经批准的初步设计文件	项目单位	
37	公路建设项目设计审批	01	勘察设计文件（包括附件）	项目单位	
		02	下一级地方交通运输主管部门报批的文件（如有）	地方交通运输主管部门	
		03	项目可研审批、核准或备案文件	项目审批部门	

续表

序号	审批事项名称	材料序号	申请材料清单	提供单位	适 用 情 形
37	公路建设项目设计审批	04	建设单位管理机构设置及主要管理人员情况	项目单位	项目单位报批初步设计时应提供建设单位管理机构设置及主要管理人员情况； PPP项目在初步设计批准后进行投资人招标、组建建设管理机构的，报批初步设计可不提供，但报批施工图设计应提供
		05	保证工程质量、安全所需的专题论证材料	项目单位	对涉及特殊复杂工程的建设项目，包括但不限于跨海或特大水体的水下隧道、跨径1000m以上的特大桥梁、长度10km以上的特长隧道应提供
38	公路建设项目施工许可	01	施工图设计文件批复	交通运输主管部门	
		02	建设资金落实情况的审计意见	交通运输主管部门	
		03	征地的批复或控制性用地的批复	自然资源主管部门	
		04	建设项目各合同段的施工单位和监理单位名单、合同价情况	项目单位	
		05	应当报备的资格预审报告、招标文件和评标情况	项目单位	
		06	已办理的质量监督手续材料	项目单位	
		07	保证工程质量和安全措施的材料	项目单位	
39	水利基建项目初步设计文件审批	01	初步设计审批申请函	项目单位	
		02	初步设计报告及附件	项目单位	
		03	环境影响评价报告及批复文件	生态环境主管部门	
		04	水土保持方案报告及批复文件	水利主管部门	
		05	移民安置规划报告及审核意见	水利水电工程移民管理机构	

续表

序号	审批事项名称	材料序号	申请材料清单	提供单位	适 用 情 形
39	水利基建项目初步设计文件审批	06	资金筹措文件	项目单位	
		07	项目建设及管理机构批复文件	项目单位	
		08	管理维护经费承诺文件	项目单位	
		09	用地（海）预审意见	自然资源主管部门	
		10	取水许可	水利主管部门	
		11	压矿审批文件	自然资源主管部门	
		12	地质灾害评估	项目单位	
		13	地震安全性评价报告	项目单位	
40	民航专业工程及含有中央投资的民航建设项目初步设计审批	01	请示公文及申请书	项目单位	
		02	初步设计文件	项目单位	
		03	经批准的预可行性研究报告、可行性研究报告（或项目申请报告）、机场总体规划，以及通信、导航、监视、气象等台（站）址的批准（或核准）的文件	相关审批部门	
		04	环境影响评价文件	生态环境主管部门	
		05	相应的工程勘察、地震评估以及工程试验等报告书	项目单位	
41	涉及国家安全事项的建设项目审批	01	涉及国家安全事项的建设项目建设申请书	项目单位	
		02	项目单位身份材料（包括项目单位统一信用代码证、营业执照或组织机构代码证，申请人身份证复印件）	项目单位	
		03	建设项目投资性质、使用功能、地理位置及周边环境说明文件	项目单位	

续表

序号	审批事项名称	材料序号	申请材料清单	提供单位	适 用 情 形
41	涉及国家安全事项的建设项目审批	04	建设项目规划红线范围内的 1：2000 地形图或 1：500 总平面图	项目单位	
		05	建设项目整体规划设计方案或内部智能化集成系统、办公自动化系统、信息网络系统等设计方案	项目单位	
42	民用核设施建造活动审批	01	核设施建造申请书	项目单位	
		02	初步安全分析报告	项目单位	
		03	质量保证文件	项目单位	
		04	环境影响评价文件	生态环境主管部门	